Die Talsperre.

Die Talsperre

Tragisch abenteuerliche Geschichte eines Insektenvölkchens

Mit französischen Original-
Holzschnitten von C. Renard

Dem Französischen des Dr. Ernest Candèze nacherzählt
von

Prof. Dr. William Marshall

Autorisierte Übersetzung

Dritte Auflage

Springer-Verlag Berlin Heidelberg GmbH
1913

ISBN 978-3-662-33650-2 ISBN 978-3-662-34048-6 (eBook)
DOI 10.1007/978-3-662-34048-6

Softcover reprint of the hardcover 3rd edition 1913

Erstes Hauptstück.

Worin man die Bekanntschaft von zweien unserer Helden macht.

„Ihr seid heute abend nicht besonders aufgelegt, Freundchen! Zweimal habt Ihr schon ganz harmlose Äußerungen von mir so aufgenommen, als ob ich sie extra gemacht hätte, um Euch damit zu kränken. Wißt Ihr was? Morgen seid Ihr vielleicht besser bei Laune, für heute will ich mich drücken. Adieu denn, — machen Sie es gut!"

„Halt, Phili, halt! Ihr müßt mein brummiges Wesen nicht so hoch aufnehmen. Ich bin schon seit einigen Tagen, aber ganz besonders heute reizbar, übellaunig und mit mir und der Welt zerfallen. Seit vorgestern habe ich mit keiner Seele ein Sterbenswörtchen gewechselt. Ich glaube, ich habe den Spleen."

„Das glaub ich auch. Aber weshalb spielt Ihr denn auch den Einsiedler? Ihr lebt zu einsam, das muß ich Euch wieder und immer wieder betonen, und gerade Ihr seid ganz und gar nicht für die Einsamkeit geschaffen. So werdet Ihr noch einmal lebensüberdrüssig, das ist das Ende vom Liede."

„Ach, das bin ich schon."

„Seht Ihr wohl! und das wird immer ärger und ärger werden."

„Leider, leider! indessen — es ist nun einmal so, die Zeitverhältnisse bringen das so mit sich."

„Zeitverhältnisse? darf man Euch da mit einer politischen Frage kommen?"

„Um Gottes willen nicht!"

„Aber alle Welt spricht jetzt davon."

„Ach so! Ihr meint die berühmte Geschichte, von der Ihr mir erzählen wolltet? Nun, — wie steht's denn damit?"

„Es ist eine sehr, sehr ernste Geschichte . . . . bevor wir aber davon reden, verzeiht einen Augenblick, — ich komme gleich wieder."

* * *

Diese Unterhaltung fand zwischen zwei Insekten, einem Schwimmkäfer und einem Bockkäfer, statt, und zwar in einer vom Wasser ausgewaschenen Höhlung unter der überhängenden Wurzel einer alten, morschen Weide, die mit mehreren ihresgleichen in einer Reihe am Ufer eines zurzeit ausgetrockneten Flüßchens stand. Zu den Füßen der Bäume hin zog sich das alte Flußbett, voll von runden Steinen und Felsstücken, deren graue Farbe hin und wieder von gelbgrün gewordenen Klumpen von Wassermoos und Fetzen eingetrockneter Algen unterbrochen wurde.

Der Bockkäfer hatte dem Schwimmkäfer das Geleit bis zur Türe seiner unter einem solchen Moosklumpen befindlichen Wohnung gegeben und nachdem er ihn in dieselbe hatte verschwinden sehen, ging er wieder in seine Höhle und setzte sich, um auf die Wiederkunft seines Gefährten zu warten.

Unser Bockkäfer war ein stattlicher Geselle, schwarz, von untersetzter, stämmiger Gestalt, mit einem festen, rauhen Panzer, bewaffnet mit einem derben Kieferpaare, kurz einer von der Sorte, die man Weber nennt und die mit Vorliebe das Gebüsch am Ufer der Flüsse, besonders aber mit Weiden bepflanzte Stellen bewohnen. Denn in Galerien, die das mulmige Holz dieser Bäume allenthalben durchkreuzen, verleben sie in Gestalt von weichen, weißen, wurmförmigen Larven ihre Kindheit und Jugend, bis sie sich verpuppen. Nachdem sie ihre Puppe verlassen haben, führen sie ein einsames Dasein, marschieren mit gravitätischem Wesen langsam auf dem Boden, den sie, flügellos wie sie sind, niemals verlassen, ganz im Gegensatze zu anderen Bockkäfern, besonders zu den Moschusböcken und den Cerambyciden, die auf Bäumen leben, rasch auf ihnen herumklettern, ja, wenn warmer Sonnenschein ihre Lebensgeister anfacht, von einem zum anderen fliegen. Die Fühlhörner der Weberböcke sind weder so beweglich noch so schlank wie die ihrer Vettern, die wir vielleicht später einmal kennen zu lernen Gelegenheit haben werden.

Der Bursche, mit dem wir es hier zu tun haben, ist dazu berufen, in dieser lehrreichen Geschichte noch eine große Rolle zu spielen. Er ist von ansehnlicher Statur, nicht mehr ganz jung, und sein griesgrämiges Gesicht straft der unliebenswürdigen brummigen Art, mit der er seinem Freunde begegnete, durchaus nicht Lügen. Man würde ihm indessen unrecht tun, wenn man etwa seine augenblickliche Mißstimmung für einen stehenden Zug seines Charakters halten wollte.

Freilich hat W e b e r ein ernsthaftes Wesen; er ist ein ruhiger, besonnener Geist, gereift durch vieles Denken, von kühlem Verstande, mit gesundem, realistischem Urteile und ohne Spur von Schwärmerei. Der Umgang mit Fliegen, den er in seinen jungen Tagen lange Zeit pflegte, hat in hervorragender Art dazu beigetragen, seine Bildung zu einer ausgebreiteten und vielseitigen zu machen. Weiß man doch, daß die Fliegen, deren Neugier, ja Klugheit sprichwörtlich ist, zu den unterrichtetsten Insekten gerechnet werden müssen. Das kommt von den Beziehungen, in die sie Tag für Tag zu den Menschen treten, und von ihrer Neigung, unseren innersten Geheimnissen nachzuspüren. Herr Karl Lamy Weber gen. Weidner, wie unser Freund heißt, hat durch die Fliegen vielerlei erfahren und sich, wie wir im folgenden sehen werden, zunutze gemacht.

Was den Schwimmkäfer betrifft, den sein Freund abgekürzt Phili nannte, so heißt er Hydrophilus Karpfenstecher und ist ein guter Kamerad und das, was man gewöhnlich einen Lebemann zu nennen pflegt. Sein munteres Auge, sein offenes Gesicht, seine behäbige Figur, lassen auf ein herzliches, joviales Gemüt schließen, während sie zugleich einen gewissen Hang zu einem gemächlichen, guten Leben verraten.

Wenn er geht, humpelt er, denn sein Beingestell ist mehr auf das Schwimmen als auf das Laufen eingerichtet.

Doch da erscheint er wieder bei seinem Freunde.

„Ich habe eben einen hinter die Binde gegossen," sagte er mit den Lippen schmatzend, „das ist eine kleine Freude, die ich mir möglichst oft gönne. Leider freilich steht zu befürchten, daß das Vergnügen am längsten gedauert hat."

„Wieso?" fragte Weber.

„Das will ich Euch sagen. Die Geschichte, die ich vorhin andeutete, wird Euch alles erklären. Wenn Ihr ein bißchen mehr unter die Leute kämt, so würdet Ihr auch wissen, was alle Welt seit einigen Tagen beschäftigt und worum sich die ganze Unterhaltung dreht. Aber, wie ich vorhin schon bemerkte, Ihr lebt viel zu einsam, in nichts, was die Gesellschaft interessiert, seid Ihr auf dem Laufenden, und ...."

Phili Karpfenstecher und Karl-Lamy Weber gen. Weidner im freundschaftlichen Zwiegespräche.

„Also die Geschichte, von der alle Welt spricht und von der ich allein, wie es scheint, nichts weiß. 's wird wahrscheinlich auch wieder so 'ne Klatscherei sein."

„Eine Klatscherei? Hat sich was mit Klatscherei! Es ist eine Geschichte, eine Geschichte, sage ich Euch, die für mich, für alle Welt vom allerhöchsten Interesse ist. Eine allgemeine Unruhe hat sich der Geister bemächtigt und nicht mit Unrecht."

„Na, na! macht's nur nicht gar so toll."

„Ihr werdet sehen, daß ich nicht die Spur übertreibe."

„O, bewahre! Ihr übertreibt nie! das wissen wir schon."

„Immer zu, lacht nur, das Lachen wird Euch schon noch vergehen."

„Na, da schießt endlich einmal los!"

„Gleich! Aber erst muß ich an Euer Gedächtnis appellieren. Könnt Ihr Euch noch auf die Zeit erinnern, wo da unter uns ein klares, helles Flüßchen floß?"

„Natürlich! Das ist ja noch gar nicht so lange her."

„Habt Ihr auch bemerkt, wie dieses klare, helle Flüßchen sich eines schönen Tages trübte, wie es schlammiger und schlammiger wurde, wie sein Spiegel mehr und mehr fiel, — bis man endlich da, wo einst das Flüßchen rann, zurzeit nur ein wüstes Durcheinander dürrer, trockner Kiesel sieht, zwischen denen für mich nur ein elendes Pfützchen blieb mit so wenig Wasser, daß es kaum langt meinen Durst zu stillen?"

„O ja! das habe ich alles gar wohl bemerkt."

„Könnt Ihr Euch erinnern, wie unser Tal, einst so grün, so lieblich, so friedlich, jetzt widerhallt von Lärm allerlei Art, wie es überschwemmt ist von Scharen von Leuten, Pferden, Karren, und das kommt und geht den lieben langen Tag und manchmal selbst noch bis in die

Nacht hinein? Das ganze Getreibe wirbelt, Ihr könnt es hier gewahr werden, Wolken von Staub auf, läßt den Boden erzittern und macht ein Getöse, daß einem Hören und Sehen vergeht."

„Natürlich seh' und hör' ich das alles auch, Phili; aber da der ganze Klimbim sich am anderen Ufer abspielt, so habe ich, aufrichtig gestanden, nicht viel Notiz davon genommen. All das Kommen und Gehen hat mich nicht im mindesten abgehalten, meine regelmäßigen Mahlzeiten zu halten und ein Schläfchen zu machen, wenn mir die Lust dazu ankommt. Was geht denn Euch das an, was alles das Getier, großes und kleines, da drüben auf dem Wege treibt? Wenn sich die Menschen den Weg gemacht haben, warum sollten sie ihn nicht benutzen? Sie benutzen ihn freilich außergewöhnlich stark, das stimmt, aber wenn sie mich in Frieden lassen, so ist es mir ganz ungeheuer gleichgültig, was sie sonst treiben."

„Scharmante Logik! Ich bewundere Euren Gleichmut, kann ihn aber meiner Seel'! nicht teilen. Ja, ich bin sogar überrascht, um Euch die Wahrheit zu sagen, daß Ihr allen diesen Dingen so gar wenig Bedeutung beimeßt, Dingen, sage ich Euch, die mir und vielen andern verteufelt bedrohlich vorkommen. Euer sonst so klarer Blick scheint Euch diesmal im Stiche zu lassen. Werdet Ihr denn gar nicht gewahr, wie sich alles um uns her verändert und ein wie trauriges Ansehen es genommen hat? Es liegt so was in der Luft, das mir sagt, unsere ganze Existenz stehe auf dem Spiele. Seht Euch um nach den Gewächsen, die vordem die Ufer einsäumten, — sie sind verdorrt! Das Gebüsch, die Schlingpflanzen, Weiden und Erlen um uns her sind gelb geworden und verlieren ihre Blätter, als ob schon der Winter vor der Tür stände, anstatt, daß es Anfang Juli wäre. Die ganze schöne noch vor vier Wochen so üppige Vegetation bietet jetzt einen traurigen, unheimlichen, trostlosen Anblick. Wohin sind die Schmetterlinge, die uns unlängst noch umgaukelten? Verschwunden sind sie mit den Blumen, mit denen sie kosten. Wohin sind die Schwalben, deren lustiges Geschrei uns des Abends erfreute? von dannen. Und die Bachstelzchen, die Wasseramseln? weggezogen. Und der Eisvogel, dessen farbenprächtiges Gefieder wir so oft bewunderten? auf und davon seit 14 Tagen schon. Man sieht keine einzige Libelle, keine Florfliege, keine Wasserjungfer mehr in der Umgegend, alle, alle haben sie diese Stätte verlassen. Die Blattkäferchen, die Goldhähnchen, die Schildkäfer, die Busch und Kraut ringsum bedeckten, flogen von hinnen und suchten sich eine neue Heimat. Selbst mein Vetter, der Gelbrand, machte sich aus dem Staube."

„Ja, wahrhaftig! das letztere zumal ist höchst bedauerlich!"

„Seht, nun zieht Ihr die Sachen schon wieder ins Lächerliche. Freilich, wenn die zunehmende Verödung keinen anderen Erfolg hätte, als uns vom Gelbrande und seiner Sippschaft zu befreien, ich wäre der letzte, der etwas gegen sie einzuwenden hätte, denn es lebt sich ganz behaglich ohne diese gefräßigen, blutdürstigen Räuber zu Nachbarn zu haben. Aber leider ist das nicht alles. Auch meine nächsten Angehörigen, was die Karpfenstechers sind, sind mit den anderen ausgewandert, und was mich betrifft, könnte ich meine Flügel noch gebrauchen, wozu ich leider seit einem Unfall in der Jugend, wie Ihr wißt, nicht mehr imstande bin, ich hätte mich ihnen sofort angeschlossen, darauf könnt Ihr Euch verlassen."

„Ich kann Eure Seufzer würdigen, mein alter Freund.

für jemanden, der wie Ihr sein Leben im Wasser dahinbringt, der wie Ihr gewohnt ist, aller Augenblicke einen zu genehmigen, für den muß es ein trauriges Ereignis sein, daß wir hier so auf das Trockene geraten sind. Ich selbst habe, in der Tat, so gut wie Ihr alle diese Veränderungen um uns her gar wohl bemerkt, und wenn ich einerseits auch einige Freunde verloren habe, so haben mich doch andererseits diese wiederholten Auswanderungen alter Landsleute von allerlei Unzuträglichkeiten, ja selbst von Feinden befreit, z. B. von der alten Wasserratte, die gleich hier nebenan hauste und mir mit ihrem ewigen Hin und Her oft den Schlaf geraubt hat. Jetzt ist sie fort, und ich weine ihr keine Träne nach, ihr so wenig, wie den Schwalben, Meisen, Spitzmäusen, Igeln, Fröschen und Kröten, ein diebisches, blutdürstiges Gesindel, das, Gott sei Dank, mit ihr verschwunden ist. Ich kann darin kein Unglück sehen; im Gegenteil. Und dann haben wir noch den Fischotter, der auch hier ganz dichtbei seinen Schlupfwinkel hat, der muß sich auch verzogen haben, ich bin wenigstens seit einigen Tagen nichts von ihm gewahr geworden."

„Freilich ist er fort, wie die anderen und wenn es dabei bliebe, dann hätte niemand Grund zu klagen, das stimmt. Aber ich weiß nicht, mir kommt es ganz so vor, als ob es eben dabei nicht bleiben würde. Die Dürre muß noch immer mehr zunehmen, denn der Sommer fängt erst an und wenn uns nicht von Zeit zu Zeit ein Platzregen zu Wasser verhilft, dann wird, wie könnte es anders sein, der entsetzliche Mangel an diesem wichtigsten Elemente uns in Massen dahinraffen. Das Publikum beschäftigt sich sehr lebhaft mit der Erörterung dieser Möglichkeit und es hat allen Grund dazu."

„Das ist alles schön und gut, aber was soll man dagegen tun."

„Ja, du mein Gott, das weiß ich auch nicht, aber gerade diese Frage will man gemeinsam in Erwägung ziehen. Morgen findet deshalb eine Versammlung statt, und alle Insekten der Umgegend sind aufgefordert, sich gegen Sonnenuntergang am Fuße des Schwarzensteins, den Ihr da unten rechts am Ufer seht, einzufinden. Jedes kann seine Meinung abgeben, man wird erwägen, verhandeln, sich über das, was zu tun ist, schlüssig machen, kurz und gut, es wird etwas geschehen, denn diese quälende Unsicherheit ist nicht länger zu ertragen. Ihr werdet Euch doch ohne Zweifel auch zu der Versammlung einfinden?"

„Vielleicht. Ich will sehen. Sollte ich indessen nicht kommen, so werdet Ihr mir doch wohl mitteilen, was beschlossen ist."

„Versteht sich, aber macht es nur möglich, daß Ihr beim Stelldichein persönlich erscheint. Für heute, Weber, muß ich Euch verlassen und meine Wohnung aufsuchen, bevor es dunkel wird. Bis morgen denn."

* * *

Mit diesen Worten verabschiedete sich Karpfenstecher von seinem Freunde und stieg halb purzelnd, halb laufend den Abhang hinab, auf dem die mitgeteilte Unterhaltung stattgefunden hatte.

Als er auf dem Boden des Wasserrisses angekommen war, geriet er auf eine Art Fußpfad, der sich zwischen den Kieseln hinwand. Der Boden war hier völlig trocken und niemand würde, wenn er nicht leere Muschelschalen und Fischgräten hier und da zerstreut hätte liegen sehen, auf die Idee verfallen sein, daß vor noch gar nicht langer Zeit diese jetzt so dürren, trostlosen Stätten von Wasser überflossen gewesen seien.

Bei einer Biegung des Pfades, den Karpfenstecher verfolgte, stieß er gegen ein Tier, das unter einen Stein verkrochen, bewegungslos dalag und zu schlafen schien. Er machte einen Seitensprung, um nicht über dasselbe zu stolpern und auf das Geräusch hin, das durch diese Bewegung entstand, warf ihm der Krebs, denn ein solcher war es, einen traurigen Blick zu und sagte mit leidender Stimme, die einen hohen Grad von Erschöpfung verriet:

„Fürchtet nichts von wir, mein Lieber, ich bin nicht mehr imstande, Euch das geringste Leid zuzufügen, Ihr findet mich da in einer trostlosen Lage."

„Was fehlt Euch denn", fragte Karpfenstecher.

„Ich sterbe vor Durst. Ich bin Rekonvaleszent von einer langen Krankheit und habe mich in dieser Steinwüste verirrt. Seit drei Tagen habe ich keinen Tropfen getrunken und Ihr würdet mir den größten Liebesdienst erweisen, wenn Ihr mir sagen wolltet, wo Wasser zu finden ist. Wäret Ihr mir nicht zu Hilfe gekommen, so würde ich an dieser Stelle elend verschmachtet sein."

„Ich hätte eher alles andere erwartet, als einen von Euch hier zu finden, sagte Karpfenstecher. Das ist schon lange her, daß Eure Leute ausgewandert sind. Warum seid Ihr denn nicht mit ihnen gezogen?"

„Weil ich nicht konnte. Damals war ich noch krank und ganz außerstande, zu marschieren. Doch, lieber Freund, verschafft mir Wasser, Wasser um aller Heiligen willen, sonst muß ich sterben."

„Wasser? Ja du meine Güte, davon gibt's hier herum auch nur blitzwenig. Ich habe zwar noch einige Tropfen, die ich mir zu meinem eigenen Gebrauch sorgsam aufgespart habe. Es ist dort unten unter einem Haufen Moos — aber ich weiß doch nicht .... Na, kommt nur, Ihr dauert mich und ich bin nun einmal ein gutmütiger Kerl. Kommt denn, wenn Ihr Euch wenigstens noch so weit schleppen könnt. Ich will meinen Vorrat mit Euch teilen."

„Dank, heißen Dank, Herr Karpfenstecher. Eure Worte geben mir neues Leben. Geht nur voran, ich glaube, daß ich die paar Schritte schon noch machen kann."

Karpfenstecher zögerte nicht, sich wieder auf den Weg zu machen, und der Krebs folgte ihm. An Ort und Stelle angekommen forderte der Käfer seinen Gast auf, unter das Moos zu kriegen, wo er das Nötige finden würde, seinen Durst zu löschen. Das Krustentier ließ sich das nicht zweimal sagen, und sofort verschwand sein Körper unter dem grünen Haufen, nur sein Schwanz blieb sichtbar, und verriet durch krampfhafte Zuckungen und vergnügtes Wackeln den Genuß, den sein Träger beim Schlürfen des feuchten Labsals empfand.

„Halt, halt! mein Bester, Ihr dürft nicht alles trinken, schrie Karpfenstecher und schüttelte den Krebs an einem seiner Beine. Laßt noch was für morgen drinnen. Wie Ihr's treibt, da geht ja mein ganzer Vorrat flöten."

Aber der Krebs nahm davon nicht die geringste Notiz, und umsonst wiederholte der arme Karpfenstecher seine Bitten. Endlich kroch jener rückwärts unter dem Moose wieder hervor. Sein Auge hatte den trüben Ausdruck verloren, der es eben noch umschleierte, und sein Gesicht strahlte vor Befriedigung.

„Ha!" rief er aus, „das hat gut getan! Ihr habt mir das Leben gerettet, mein Freund, Ihr kamt noch gerade recht, es war die höchste Zeit."

„Das freut mich von Herzen, aber ich glaube, wenn ich Euch das Leben gerettet habe, so geschah es ein wenig auf meine eigenen Kosten. Ich fürchte fast, Ihr habt alles getrunken."

„Ja, das kann sein, aber welch ein Genuß ist es auch, zu trinken, wenn man vor Durst halbtot ist. Aber sagt mir doch, woher rührt hier die Trockenheit bei Euch? Weshalb ist dieser Bach versiegt?"

„Das weiß ich so wenig wie Ihr. Kein Insekt, das ich deshalb befragte, konnte mir befriedigende Auskunft darüber geben. Das eine meinte, dies sei schuld, das andere jenes; nicht zwei waren einer Ansicht. Vielleicht, daß wir morgen darüber ins reine kommen."

„Was gibt's denn morgen?"

„Eine große Versammlung der Insekten hier aus dem Tale. Es soll darüber verhandelt werden, was unter den Umständen, in denen wir uns befinden, zu tun ist."

„Es gibt also doch noch Insekten hier im Tale?"

„Freilich. Eine Menge, eine sehr große Menge sogar: alle, welche der Flügel beraubt sind, oder doch nur unvollkommene Flügel haben und daher nicht leicht wo anders hin entweichen können."

„Warum habt Ihr Euch nicht mit den anderen aus dem Staube gemacht? Ihr Karpfenstechers könnt doch auch fliegen, wenn mir recht ist."

„Wohl wahr. Aber man muß wenigstens zwei Flügel haben, wenn man fliegen will, aber ich habe leider einen der meinen eingebüßt. Ich habe ihn bei einem Zweikampfe mit einem Gelbrand vor langer Zeit schon verloren. Für uns Karpfenstechers ist es wenigstens noch ein Glück, daß wir nicht ausschließlich auf das Wasser angewiesen sind, wenn wir uns auch mit Vorliebe darin tummeln. Aber für die vielen ausschließlich wasserbewohnenden Geschöpfe ist es eine schlimme Sache. So waren die Fische die ersten Schlachtopfer der Katastrophe."

„Ja, und ebenso die Blutegel, die Muscheln, Wasserschnecken und andere mehr. Aber was ist das, was sich da unten regt?"

Karpfenstecher schaute in die Richtung, in welche der Krebs deutete, und bemerkte ein schwarzes Ding, das sich bald beugte, bald streckte und dessen wahre Natur zu unterscheiden die Dämmerung, die mittlerweile eingetreten war, nicht erlaubte.

Karpfenstecher konnte so wenig wie der Krebs daraus klug werden, was es eigentlich wäre, und er erkletterte deshalb einen Kiesel, der höher als die anderen war, und blieb einige Augenblicke oben, um den Gegenstand, der ihn und seinen Gefährten beunruhigte, besser in Augenschein zu nehmen.

„'s ist ein Rabe," sagte er beim Herabsteigen, „der sich an dem Kadaver eines Fisches gütlich tut. Ach ich fürchte, mein Freund, das ist das Schicksal, das uns allen bald bevorsteht."

Zweites Hauptstück.

Eine Volksversammlung.

Das Tal der Maina, eines Nebenflüßchens der Bucha, war noch vor wenig Jahren der lieblichste Winkel des ganzen Fürstentums, einer der letzten, schon so seltenen Reste, wo sich das alte Waldgebirge noch in seiner Ursprünglichkeit erhalten hatte.

Die dichten Waldungen, welche die beiden Abhänge des Tales beschatteten, rauschten über keiner menschlichen Wohnung und der geschlängelte Pfad, dessen zahlreiche Krümmungen genau denen des Flüßchens folgten, zeigte bloß, daß den Menschen die Existenz dieses Tälchens nicht ganz unbekannt war. Von Zeit zu Zeit nur spiegelte das klare Wasser der Maina das Bild eines Vorübergehenden wider, selten nur, sehr selten, wurde der melancholische Eisvogel und die graziöse Bachstelze einmal in ihren täglichen Beschäftigungen durch das Geräusch menschlicher Schritte gestört.

Aber diese Einsamkeit war bloß scheinbar, in Wahrheit war das Tal stark bevölkert. Obschon es nicht so aussah, wohnte hier eine ganze Welt, eine Welt voll vom Getriebe tausend verschiedener Leidenschaften, unter denen, wir müssen es gestehen, kriegerische die erste Rolle spielten.

Manchmal traf ein scharfer Schrei, ein Schrei der Liebe oder der Hoffnung, der Freude oder des Zornes, mit hohem Tone das tiefe Murmeln des Baches unterbrechend, das lauschende Ohr und verriet ihm, daß sich im Schatten jener Wälder Idyllen und Dramen abspielten, für die daran beteiligten Darsteller von so großer Wichtigkeit, wie es die unserer Lebenssphäre für uns nur immer sein können.

In diesem Tale, nicht weit von der Stelle, wo die Maina in die Bucha mündet, und da, wo es den Namen „die Schlucht am Schwarzenstein" führt, spielten sich kürzlich die seltsamen Begebenheiten ab, die ich meinen jungen Lesern erzählen will und zu denen das vorige Hauptstück die Einleitung bildete.

Durch die vorher mitgeteilten Gespräche erfuhren wir, daß kurz nach dem Eindringen der Menschen in das Mainatal ganz unbegreifliche Störungen angefangen hatten, sich in den bis dahin so regelmäßigen Kreislauf der Naturerscheinungen, wie sie sich in jedem Jahre zu wiederholen pflegten, zu zeigen.

Nicht ohne Grund sah Phili, wie wir ihn von jetzt an nennen wollen, so schwarz in die Zukunft. Die Mehrzahl seiner Mitbürger teilte seine trüben Ahnungen, und der Anblick, den die einst so lachenden Plätze und Plätzchen boten, rechtfertigte ihre Sorgen nur gar zu sehr.

Seitdem das Flüßchen nicht mehr dahinströmte, war die üppige Vegetation seiner Ufer zusehends verdorrt. Tag für Tag saugte glühender Sonnenbrand aus den Blättern der Sträucher und Kräuter am Ufer die letzten Tröpfchen Saft, die ihnen die Wurzeln doch nur so spärlich verschaffen konnten.

Die Kadaver der Fische häuften sich in den tiefsten Stellen des Flußbetts, wo das Wasser noch am längsten gestanden hatte und verpesteten die Luft mit ihrem Gestank. Nur Schwärme von Aaskäfern, Totengräbern und Stutzkäfern, Geiern gleichsam in der Welt der Insekten, belebten in Gesellschaft einiger Raben die verödete Stätte, die kürzlich noch widerhallte vom Gezwitscher von Hunderten verschiedener lustiger Vogelkehlen.

Was nur fliehen konnte, war geflohen. Die beschwingten Insekten zogen fort von Orten, die ihnen den nötigen Lebensunterhalt nicht mehr boten, und überließen, eines nach dem anderen, alle jene Genossen ihrem traurigen Schicksale, die stiefmütterlicher von der Natur bedacht waren, sich, da sie keine Flügel hatten, an ihren langsameren Bewegungen mußten genügen lassen und an die Scholle, die sie geboren hatte, gefesselt waren. Sie alle sahen ihren Untergang vor Augen. Es mußte, und zwar ohne Zögern, ein Entschluß gefaßt werden, und um das zu erreichen, hatten einige der Klügsten und Erfahrensten beschlossen, die Bevölkerung zusammenzurufen, um gemeinsam zu untersuchen, was unter so bewandten Umständen zu tun sei.

Einige flinke Grashüpfer wurden beauftragt, die Uferbewohner zu entbieten und so hatte am Morgen des Tages, von dem wir reden, ihr Alarmgeschrill die Leutchen von der Maina geweckt und an die zum Stelldichein bestimmte Stelle zusammengerufen, am Fuße des Schwarzensteins, männiglich wohlbekannt, frei von Pflanzenwuchs, eben und daher sehr zweckentsprechend. Allgemein hatte man die Einladung angenommen, und während des ganzen Tages hatten sich zahlreiche Insekten entweder allein oder in bald größeren, bald kleineren Gesellschaften auf den Weg gemacht, um sich bei dem bewußten Felsen zu versammeln.

* * *

Beim Einbruch der Nacht beschienen dort die ersten Strahlen des Mondes, welche das Dunkel durchbrachen, ein wunderbares Schauspiel.

Der Tag war warm und heiter gewesen, und obwohl

die Sonne schon geraume Zeit untergegangen war, so war die Luft doch noch schwül. Das Schweigen, das sonst um diese Stunde zu herrschen pflegt, wurde unterbrochen durch entfernte dumpfe Schläge und durch ein unbeschreibliches Geräusch, welches die Schlucht herabkam, und in der Ferne schwächer und schwächer werdend am Ausgang des Tales erstarb. Dieses geheimnisvolle Geräusch glich am meisten jenem bekannten Flüstern, das sich an solchen Stellen, wo die Natur noch unumschränkte Herrin ist, des Abends aus dem Grunde der Wälder erhebt. Es war ein anhaltendes Schnauben, unterbrochen von einzelnen regelmäßig sich wiederholenden, dröhnenden, brummenden, surrenden Tönen, wie sie Maschinen von sich geben, wenn sie der Mensch in Tätigkeit setzt.

Am Fuß des Schwarzensteins kauerte ein Krebs, schaute nach rechts und links, und wies neuen Ankömmlingen ihre Plätze an auf einem ebenen Erdfleck, der sich vor der kleinen Erhöhung, auf der er sich befand, ausdehnte. Zahlreiche Insektengruppen trieben sich, in lärmender Unterhaltung begriffen, dort umher. Fortwährend kamen noch Banden von Nachzüglern und vergrößerten die Versammlung. Bald war dieselbe denn auch vollzählig, das heißt, jeder benutzbare Raum war besetzt.

Die Gesellschaft zeigte rücksichtlich der Individuen, aus denen sie bestand, die auffallendsten Verschiedenheiten. Da gab es welche von allen Größen und von den allerverschiedensten Gestalten und Sitten. Sie alle einzeln namhaft machen zu wollen, würde ermüden, uns zu lange aufhalten und schließlich doch nur von einem sehr mäßigen Interesse sein. Es mag uns genügen, die Gattungen, die sich besonders hervortaten und die auffallendsten Persönlichkeiten aufzuführen.

Der Krebs, dem Phili am Abend vorher das Leben gerettet hatte, präsidierte der Versammlung, sei es, daß man ihm den Vorsitz übertragen hatte, oder daß er, was wahrscheinlicher ist, ihn für sich selbst als ein persönliches Recht beansprucht hatte. Phili und sein Freund, der alte Lamy Weber, standen in der ersten Reihe und unterhielten sich in der Erwartung der Eröffnung der Sitzung mit ihren Nachbarn. Die Ameisen und die Angehörigen der Sippe der fleischfressenden Laufkäfer bildeten die Mehrzahl der Versammlung, denn die Ufer der Maina waren ganz besonders von ihren verschiedenen Banden besiedelt. Man weiß ja doch, daß die Sippe der Laufkäfer sehr zahlreich ist und daß alle ihre Mitglieder eine große Familienähnlichkeit haben, an der sie leicht kenntlich sind, daß sie aber in der Größe, in ihren Gewohnheiten und anderen mehr beiläufigen Dingen sehr voneinander abweichen. Da sah man den düsteren und mächtigen Herrn Procrustes, die schwarzen Feronien, die flinken Amaren, die derben Harpalen und die unzählbaren Bembidien, die Zwergformen dieser kriegerischen Sippe.

Diese ganze Bande hielt sich zusammen und getrennt von den anderen, und machten von Zeit zu Zeit ihre schlechten Witze über die übrigen bescheidenen und friedfertigen Insekten, denen es offenbar unbehaglich an der Seite jener war und die nur durch ein höheres Interesse hatten veranlaßt werden können, ihren Erbfeinden, wenn auch nur vorübergehend, so nahe zu kommen.

Die reizende, metallglänzende Sippe der Chrysomelen war nur durch die Familie Timarcha vertreten, welche die einzige war, die wegen Mangel der Flügel wohl oder übel im Lande hatte bleiben müssen.

Die Rüsselkäfer waren zahlreich anwesend. Man bemerkte Kryptorhynchen und Otiorhynchen, sechshundert oder mehr an Zahl. Einige Meloë, Trox, Opatren und drei oder vier Blaps vervollständigten das Kontingent, welches die Käfer zur Versammlung gestellt hatten.

Hin und wieder sah man eine Schabe, eine Zirpe, eine Maulwurfsgrille oder einen Grashüpfer. Die Halbflügler waren zahlreich vertreten: Ranatren, Nepen, Scutellarien, Pentatomen und Zikaden.

Die Spinnen, die in nicht geringer Zahl erschienen waren, hielten sich in Schweigen gehüllt beiseite. Da und dort bemerkte man Gruppen von Asseln, Tausendfüßen, Zecken und Schnecken, darunter mehrere Nacktschnecken und eine unglaublich große Menge von Larven aller Art, große und kleine, schwarze, graue, weiße, gelbe, von denen einige, die da blind oder gar fußlos waren, sich von gefälligen Genossen zum Platze des Stelldicheins hatten tragen lassen. Da gab es Raupen die Masse, Springschwänze, Erdflöhe und Tausende und Abertausende von Blattläusen. Diese letzteren waren von ihren Freundinnen, den Ameisen, begleitet, die sie voller Sorge mitten in ihre dichten Kolonnen genommen hatten, um sie gegen alle Vergewaltigungen seitens ihrer Todfeinde zu schützen.

Als man sich geordnet hatte, was, wie man sich denken kann, geraume Zeit in Anspruch nahm, gebot der Krebs Stillschweigen und sprach folgendermaßen:

„Verehrte Mitbürger!

Die Gründe, die uns hier zusammengeführt haben, sind Ihnen bekannt. Sie alle leiden in verschiedenem Grade unter der Dürre, welche die Folge des unerklärlichen Ausbleibens unseres Flüßchens ist, eine Dürre, die aus unserem schönen Heimatstale bald eine traurige öde Wüstenei machen dürfte. Sie haben gesehen, wie alle, die es vermochten, nach und nach entflohen sind. Von Tag zu Tag hegten Sie die Hoffnung, daß dieser Übelstand sein Ende finden werde, und getragen von dieser Hoffnung haben Sie bis heute gezögert, eine Entscheidung zu treffen. Unglücklicherweise aber haben sich die Umstände, anstatt sich zu verbessern, immer mehr verschlechtert und wir haben nicht den geringsten Grund zu der Annahme, daß die Dinge sich ändern werden. Wir müssen Maßregeln ergreifen, meine Freunde, und zwar sofort. Was sollen wir tun, diese Strafrute abzuwenden, und was ist weiter ihre Ursache? Das sind die beiden Fragen, für die wir eine Antwort zu suchen haben. Ich bitte diejenigen, welche einen Vorschlag zu machen haben, das Wort zu ergreifen."

Nach dieser Eröffnungsansprache setzte sich der Krebs wieder nieder.

Einige Zeit herrschte in der Versammlung ein lebhaftes Durcheinander von Stimmen, endlich sah man, wie eine Spinne sich von einer der Gruppen löste, auf den Präsidenten zuschritt und den Stein, der zur Rednerbühne bestimmt war, bestieg. Es war Tegeneria Lauerwinkel, eine Spinne von stattlicher Gestalt, deren Magerkeit aber nur zu deutlich die langen Tage ihrer Sorgen und Entbehrungen verriet. Sie gab ein Zeichen, daß sie reden wollte, und die Gespräche der Umstehenden verstummten nach und nach.

„Ich werde mich kurz fassen", sagte sie, „ich habe weder die Neigung noch die Gabe, viele Worte zu machen. So hört denn. Der Abzug der Fliegen hat die Spinnen zum Hungertode verdammt. Lange können wir es unter den Umständen hier nicht mehr aushalten, und wir sind entschlossen, das Land gleichfalls zu verlassen, und ich bin der Meinung, daß alle die, welche sich in derselben Lage wie wir befinden, am besten tun, wenn sie unserem Beispiele folgen. Ich habe gesprochen."

„Für euch", erwiderte eine Ameise, die darauf die Rednerbühne bestiegen hatte, „für euch ist das eine leichte Sache, aber nicht alle Leute befinden sich in eurer Lage. Ihr habt gut euer Vaterland verlassen, ihr könnt eure Netze allenthalben ausspannen. Euch ist jeder Winkel recht, wenn ihr nur die Aussicht auf Fliegen habt. Aber wir, wir Ameisen, wir sind mit tausend Banden an die Scholle, die uns gebar, gebunden. Wir können doch nicht so mir nichts dir nichts unsere Larven, unsere Eier, unsere Vorräte, alle Habe, die unsere Städte bergen, im Stiche lassen. Wir müssen hier bis zum letzten Augenblicke der Möglichkeit aushalten."

Hierauf sprach Phili:

„Ich lobe mir ein behagliches Leben, daraus mache ich kein Geheimnis. Ich lobe mir auch ein Schlückchen. Ich mache dies Geständnis um so lieber, als meine Geschmacksrichtung in dieser Hinsicht bei euch keinen Anstoß erregen kann, ich trinke bloß pures Wasser, aber das Wasser liebe ich leidenschaftlich. Trinken und mich baden, das sind meine wahren Herzensfreuden. Im Wasser bin ich geboren und ich möchte darin sterben. Daß wir dies mein Lebenselement entbehren müssen, ist für uns alle schmerzlich, für mich aber ein ganz besonderes Kreuz. Ich . . ."

Hier wurde der Redner durch einen Lärm unterbrochen, der sich plötzlich unter den Zuhörern erhob und zwar an der Stelle, wo sich die Raupen befanden. Schreie, entrüstete Rufe, ein wahrer Tumult lenkte die Aufmerksamkeit der ganzen Versammlung auf jene Ecke. Auf Nachfragen erfuhr man, daß ein großer Laufkäfer, ein Karabus, sich die schöne Gelegenheit nicht hatte entgehen lassen wollen und sich verstohlen an eine Gruppe von Larven herangeschlichen und eine davon ergriffen hatte, die bei ihrer Hilflosigkeit, — sie war blind — gar nicht imstande war, sich der frechen Raublust des brutalen Wichtes zu erwehren. Einige Nachbarn der Unglücklichen waren Zeugen dieses Raubes und schrieen: Haltet den Dieb! und der Karabus wurde gezwungen, seine Beute wieder fahren zu lassen. Der Zwischenfall hatte indessen weiter keine Folgen. Der Räuber wurde vom Vorsitzenden mit ernsten Worten zur Ordnung gewiesen und nahm unter dem Gelächter und den schlechten Witzen seiner Genossen seinen alten Platz wieder ein.

Phili wurde um Fortsetzung seiner Ansprache ersucht.

„Ich bin schon fertig," sagte er, „nur möchte ich noch hinzufügen, daß ich, da für mich der gegenwärtige Zustand geradezu unerträglich geworden ist, fest entschlossen bin, auszuwandern, es koste, was es wolle. Soll ich so oder so zugrunde gehen, so lasse ich es lieber noch auf eine gefährliche, abenteuerliche Reise in unbestimmte Ferne ankommen, als hier einem unvermeidlichen, gewissen Tode und aller der Vorqualen unlöschbaren Durstes entgegen zu sehen."

Die Zeichen der Zustimmung, ja selbst des Beifalls, welche den letzten Worten folgten, bewiesen, daß sie der Mehrzahl der Anwesenden aus der Seele gesprochen waren.

„Wir haben nun," bemerkte der Vorsitzende, „verschiedene Ansichten gehört, es wäre wünschenswert, wenn wir auch die Meinung der Karaben zu hören bekämen. Reden Sie, meine Herren, was sind Ihre Gedanken über den Zustand, in dem wir uns gegenwärtig befinden?"

Die Karaben sahen einander an und flüsterten eine Weile unter sich, bis endlich einer vortrat, die Tribüne bestieg und sich folgendermaßen vernehmen ließ:

„Meine hochgeehrten Damen und Herren! Ich will

frisch von der Leber weg reden. Was ich sagen will, ist wahrscheinlich nicht ganz nach dem Geschmacke der meisten unter euch. Lieber Gott, um so schlimmer, um so schlimmer! Ich stehe hier nicht, um den Schönfärber zu spielen. Ihr wißt, daß unser Geschlecht, wie jedes vornehme, heldenhafte Geschlecht von Raub und Totschlag lebt (Gemurmel). Ihr murrt? nun, das ist mir ziemlich einerlei. Man hat mich aufgefordert, hier zu reden, ich nehme kein Jota von dem eben Gesagten zurück, und wenn's euch noch so sehr mißfällt. (Hört! Hört!) Ja hört! hört! mit welchen Augen ich die Sachlage ansehe und wie sie, das weiß ich, meine Freunde auch ansehen. Ich könnte nicht sagen, daß wir Karaben im Vergleich zu euch durch das Versiegen des Flüßchens besonders zu leiden hätten. Aber, — ihr seid uns so ans Herz gewachsen, daß wir ohne euch gar nicht leben können! Geht ihr fort — nun, wir gehen mit! Selbstverständlich! Abgemacht!"

Auf diese frechen Worte entstand bei den Karaben ein lautes Gelächter und bei den anderen ein entrüstetes Gemurmel.

„Welche Frechheit! 'naus mit dem Unverschämten!" schrie man durcheinander.

„Ruhe!" gebot der Vorsitzende. „Jeder kann seine Ansicht hier frei heraussagen. Doch will ich zugeben, daß Redner etwas zu weit gegangen ist. Ja, ja, Karabus, Ihr seid zu weit gegangen. Ich muß Euch bitten, in Zukunft auf die wohlberechtigte Empfindlichkeit eines Teiles Eurer Zuhörer etwas mehr Rücksicht zu nehmen."

„Ich pflege meine Worte nicht auf die Goldwage zu legen", erwiderte der Karabus. „Ihr habt meine Meinung hören wollen, ich habe sie euch gesagt. Möglich, aber mir gleichgültig, wenn sie einem oder dem anderen mißfällt!" —

„'naus, 'naus!" ließen sich wieder einige Stimmen und besonders aus der Ecke, wo die Larven saßen, vernehmen.

Der Karabus richtete sich auf und rief mit einer unbeschreiblich frechen Gebärde:

„Den möchte ich sehen unter euch, der das Amt übernimmt, mich 'nauszuschmeißen! Du vielleicht, mein ehrenwertes Fräulein?" fügte der Unverschämte, zu einer Blattlaus gewandt, hinzu.

Diese ironische Frage rief bei der ganzen Sippe der Karaben stürmische Heiterkeit hervor, und unter Beifalljauchzen von der einen und Wutgebrüll von der anderen Seite verließ der Karabus die Rednerbühne und nahm in der Mitte seiner Genossen wieder Platz.

Die höhnische Frage des Redners hatte ganz besonders die Ameisen entrüstet, und es gewann den Anschein, als ob sich die Versammlung in eine allgemeine Keilerei aufgelöst haben würde, wenn der Vorsitzende es nicht verstanden hätte, die aufgeregten Geister wieder zu beschwichtigen, freilich nur mit großer Mühe und durch die Drohung, daß er mit seinen Scheren einmal persönlich eingreifen werde. Endlich ließ der Tumult nach, und die Diskussion konnte ihren Fortgang nehmen.

„Ich bitte ums Wort!" rief eine Stimme.

„Wer bittet ums Wort?"

„Ich," rief eine Ameise.

„Gut, besteigt die Tribüne und sprecht."

„Bewohner dieses Tales! Tief entrüstet über die frechen Worte, die soeben . . . ."

„Zur Sache, zur Sache!" unterbrach der Vorsitzende die Rednerin, „die Angelegenheit, auf welche Ihr zurückkommt, ist erledigt."

„Aber, mein Herr Präsident, der Karabus, der sich erdreistete, uns zu beleid . . . . ."

„Nochmals: Ruhe! Ich kann es nicht zugeben, daß Ihr wieder auf die Sache zurückkommt."

„Da muß ich denn doch ganz energisch protestieren . . ."

„Protestiert, soviel Ihr wollt, aber wenn Ihr nichts Neues zu der zur Diskussion stehenden Angelegenheit vorzubringen habt, so schweigt und macht Platz für einen anderen Redner!"

Die Ameise stieg mit wütender Gebärde von dem Steine herab.

„Ich bitte ums Wort!" schrieen mehrere Stimmen zugleich.

„Einer nach dem anderen, werte Freunde, einer nach dem anderen! Ich bitte: Ordnung. Herr Weber hat das Wort."

Weber schritt langsam auf die Rednerbühne zu und bestieg sie mit einer gewissen Nonchalance.

„Man hat", hub er an, „schon recht viel Zeit mit Diskutieren vergeudet, aber man hat, meiner Meinung nach, den Zweck dieser Versammlung ganz und gar aus den Augen verloren. Wir sind hier nicht, um lange Reden zu halten, noch weniger, um uns unangenehme Dinge zu sagen, aber wohl, um uns schlüssig zu machen, was angesichts der Hungersnot, die uns bedroht, für Maßregeln zu ergreifen seien. Ich will den Kern der Frage fassen. Das Flüßchen ist versiegt, das ist eine Tatsache, über die kein Zweifel besteht. Das Versiegen dieses Flüßchens aber ist der Grund, daß die umgebende Vegetation abstirbt und dieses Absterben der Vegetation droht auf uns selbst verhängnisvoll zurückzuwirken. Wenn das Flüßchen für immer und ewig versiegt ist, dann kann es nicht schlimmer kommen und wir haben gar nicht nötig, uns noch den Kopf lange mit dem Nehmen von Maßregeln zu zerbrechen. Dann bleibt nichts anderes übrig als eine allgemeine Auswanderung ohne Zögern und so schnell wie möglich. Ist aber diese Trockenheit, die sich niemand erklären kann, nur vorübergehend, dann können wir noch hier bleiben und die Sache abwarten. Seid ihr nicht meiner Meinung?"

„Ja, ja, weiter! weiter!"

„Ja, aber," warf hier eine Schabe dazwischen, „wie können wir denn wissen, ob dieser Zustand vorübergehend oder bleibend ist?"

„Ich komme gleich hierauf. (Hört, hört!) Wenn unser Flüßchen nicht mehr rinnt, so liegt es daran, daß seine Gewässer irgendwo aufgehalten oder gestaut sind und zwar an irgend einer Stelle oberhalb unserer Heimat. Ich habe so meine Gründe, die hier zu entwickeln aber zu weitläufig wäre, anzunehmen, daß das bewußte Hindernis sich gar nicht so weit von uns befindet. Freilich muß uns alles daran liegen, das Wesen dieses Hindernisses kennen zu lernen. Daher schlage ich unmaßgeblich vor, daß eine Kommission aus unserer Mitte ernannt werde, und zwar eine Kommission, in der die verschiedenen hier anwesenden Sippen vertreten sind, welche das Flußbett aufwärts untersuchen soll bis zu jenem bewußten Hindernis, vorausgesetzt, daß ein solches überhaupt vorhanden ist, und daß besagte Kommission, wenn selbiges obbemeldetes Hindernis nachgewiesen ist, hierher zurückkehrt, um uns über das, was sie in Erfahrung gebracht hat, Bericht zu erstatten. Unsere endgültige Beschlußnahme wird dann von diesem Berichte abhängig zu machen sein."

„Dieser Vorschlag scheint mir wohl der näheren Erwägung wert;" sagte der Vorsitzende. „Wie denkt ihr darüber?"

Ein beifälliges Gemurmel durchlief die Reihen der Anwesenden.

„Ich schließe mich dem Vorschlage des Herrn Weber in allen Punkten an," stimmte eine alte Ameise zu. „Eben noch hat euch ein Karabus auseinandergesetzt, und zwar in recht anmaßender Weise, daß seine Sippe sich aus dem Geschicke, das über unser Tal verhängt ist, bitter wenig mache, und daß er, solange ihm unsere Gegenwart (auf unsere Kosten) ein behagliches Leben garantiere, er nicht daran dächte, die hiesige Gegend zu verlassen. Aber ich möchte ihm denn doch eine Idee mitteilen, die mir da eben gekommen ist und die vielleicht imstande ist, ihn anderer Ansicht zu machen. So hört denn! Wenn es wahr ist, daß, wie mein geehrter Herr Vorredner vermutet hat, der Fluß weiter oben durch irgend ein Hindernis abgedämmt ist, so kann es eines schönen Tages geschehen, daß die abgedämmte, täglich natürlich größer werdende Wassermasse das Hindernis zerreißt, sprengt und dann ... nun, dann geht es aus einer anderen Tonart. Eine tosende Wasserflut wird sich über das Tal ergießen und uns alle miteinander mit sich reißen. Wir werden samt und sonders zugrunde gehen, hört ihr es wohl, ihr Karaben? — samt und sonders, ihr sowohl wie wir anderen!"

„Ei, ei!" bemerkte Phili, „daran habe ich noch gar nicht gedacht. Wir beklagen uns über zu wenig Wasser und eines Tages könnten wir zuviel davon haben!"

„Nun!" warf hier eine Schabe ein, „das Wasser wäre Wasser auf eure Mühle, Phili!"

„Hm! Ich habe gerne Wasser, das stimmt, aber alles was recht ist."

„Seht einmal,“ fuhr die Schabe fort, „die Gesichter, welche die Karaben schneiden, wie sie untereinander flüstern. Es scheint, daß die Worte der Ameise ihnen zu denken geben.“

Der Vorsitzende unterbrach abermals das Stillschweigen.

„Hat vielleicht jemand von euch,“ fragte er, „noch eine Bemerkung zu machen? Wenn niemand weiter um das Wort bittet, so werde ich Herrn Webers Vorschlag zur Abstimmung bringen.

Eine Grille näherte sich:

„Ich unterstütze den Vorschlag des geehrten Vorredners,“ krächzte sie mit scharfer Stimme. „Ich habe von einer Heuschrecke, die vorgestern von hier abreiste, einige Mitteilungen erhalten, die euch vielleicht interessieren werden. Die Menschen sind schuld an der ganzen Geschichte, sie haben die Trockenheit dieses Tales veranlaßt. Weshalb? Das konnte mir die Heuschrecke nicht sagen. Aber auf folgende Weise haben sie es zustande gebracht, das wußte sie: sie haben allem Anscheine nach oben in den Bergen einen großen Damm oder Deich gebaut, um den Lauf der Maina in ein anderes Tal abzuleiten, und wenn das wahr ist, so werden wir wohl unser liebes Flüßchen hier niemals wiedersehen.“

„Eure Heuschrecke hat nicht recht gesehen, oder euch zum besten gehabt,“ platzte hier ein Rüsselkäfer los. „Auch mir sind Nachrichten von dort oben zugekommen. Danach sind allerdings die Menschen die Ursache der Dürre hierzulande, aber nicht auf die Art, wie ihr es dargestellt habt. Die Sache liegt hier anders. Sie haben oben im Tale ein gewaltiges Bauwerk mit hohen Essen aufgeführt, aus denen fortwährend dicke Dampfwolken aufsteigen. Die Biene, von der ich die Nachricht habe, ist der Meinung, daß die Menschen, die dort wohnen, den Fluß abgeleitet haben, um sein Wasser in Dampf zu verwandeln und ...."

Ein allgemeines Gelächter unterbrach diesen schnurrigen Bericht, und der arme Rüsselkäfer verstummte unter dem Hohngeschrei der ganzen Versammlung.

„So ist's nicht," rief die Grille schalkhaft, „sie saufen das Wasser in dem Maße weg, wie es geflossen kommt."

„Genug der Späßchen," rief hier der Vorsitzende, „die Sache ist denn doch zu ernst und muß ernsthaft behandelt werden. Ich komme auf Herrn Webers Vorschlag zurück, der darin besteht, eine Kommission zu ernennen mit dem Auftrage, das Tal aufwärts auf die Ursache des Verschwindens des Wassers hin zu untersuchen. Wer diesem Vorschlage zustimmt, halte den Fuß in die Höhe!"

„Wer keinen hat, darf sich der Abstimmung enthalten," fügte die Grille hinzu.

Der zur Abstimmung gebrachte Vorschlag wurde fast einstimmig angenommen.

„Es erübrigt nun noch," sagte der Präsident, „die Mitglieder der Kommission zu wählen. Die verschiedenen hier versammelten Sippen mögen sich sektionsweise zusammentun und diejenigen bezeichnen, die sie für geeignet erachten, den wichtigen Vertrauensposten zu bekleiden. Die Sitzung ist für eine Stunde aufgehoben."

* * *

Der Krebs stieg von seinem Präsidentenstuhl herunter, während die Insekten zahlreiche Gruppen bildeten, und ging auf Weber zu, der nicht weit von der Tribüne mit seinem Freunde Karpfenstecher und einer Grille plauderte.

Die erwählte Kommission scharte sich um den Präsidenten.

„Dank Ihren Bemühungen," sagte er zum Bockkäfer, „sind wir zustande gekommen. Ich bin herzlich froh darüber. Ich fürchtete schon, daß nicht viel Gutes herauskommen würde, wie das bei gar zu zahlreich besuchten beratenden Versammlungen in der Regel der Fall ist."

„Ich bin doch neugierig," bemerkte Phili, „ob die Larven ein Kommissionsmitglied aus ihrer Mitte wählen werden."

„Und die Blattläuse!"

„Ja, und die Schnecken!"

„Laßt jede Sektion nach Gutdünken wählen," ermahnte der Präsident, „niemand darf eingeschüchtert werden. Sollte sich unter den gewählten Mitgliedern der Kommission ein oder das andere finden, das zur Erfüllung seines Auftrages weniger geeignet ist, so ist es eine Aufgabe seiner Kollegen, die Sache ins Gleiche zu bringen. Wer nicht mitmachen kann, muß eben zurückbleiben. Das ist sehr einfach."

Als der Vorsitzende nach dem Stande des Mondes glaubte, daß eine Stunde verstrichen sei, nahm er seinen Präsidentensitz wieder ein und eröffnete aufs neue die Sitzung.

„Meine Freunde", sagte der würdige Mann, „ich setze voraus, daß ihr eure Wahlen getroffen habt. Ich ersuche diejenigen, welche durch das Vertrauen ihrer Mitbürger ausersehen sind, an der Untersuchungsexpedition teilzunehmen, vorzutreten."

Auf diese Worte hin näherten sich einige zwanzig Insekten der Tribüne. Unter ihnen bemerkte man Vertreter aller oder wenigstens fast aller Sippen. Die Käfer waren vertreten durch zwei Karabus, zwei Bombardiere, eine Feronie, eine Chrysomele und außerdem durch unsere alten Freunde Karpfenstecher und Weber, welche der Vorsitzende selbst lebhaft ersucht hatte, die auf sie gefallene Wahl anzunehmen. Die Wahl der Ameisen war auf zwei ihrer stärksten und flinksten Angehörigen gefallen. Ohne Zweifel hatten sie den Blattläusen abgeraten, sich an der Sache zu beteiligen, denn dieser Stamm war nicht vertreten. Die Spinnen, Schnecken, Tausendfüße und Skolopender hatten je eine Person ihrer Sippe abgeordnet. Die Gradflügler oder Orthopteren, wie sie sich lieber nennen hören, denn es klingt vornehmer, hatten eine Schabe und eine Heuschrecke aus der Familie derer von Ödipoda delegiert. Die Hemipteren hatten ihr Vertrauen einem Fräulein Nepa und einem gewissen Reduvius geschenkt. Die Raupen hatten eigentlich die Absicht gehabt, sich persönlich nicht an dem Unternehmen zu beteiligen, denn, sagten sie, was die anderen tun, ist wohlgetan, als aber im letzten Augenblick eine Raupe, die bei ihrer Mündigkeit den Namen Schwalbenschwanz anzunehmen hatte, den Wunsch verlauten ließ, sich an der Reise zu beteiligen, hatte man sie mit der nötigen Vollmacht ausgestattet, die Raupenschaft zu vertreten.

Die Würmer hatten den klugen Einfall gehabt, eine Larve aus der Familie Schönleib, genannt Puppenräuber, zu ernennen, eine handfeste Amazone, gut zu Fuße, tüchtig bepanzert und vorzüglich bewaffnet. Die so zusammengesetzte Kommission ordnete sich vor dem Präsidenten, der sie in einer kurzen, warmen Ansprache aufforderte, unentwegt ihre Pflicht zu tun und das Vertrauen, das ihre Mitbürger in sie setzten, zu rechtfertigen. Sie dürften niemals, fügte er zum Schlusse hinzu, aus den Augen verlieren, daß von der Art, auf welche sie sich ihres Auftrages entledigten, das Wohl und Wehe der ganzen Bevölkerung des Tales abhänge!

Hierauf erklärte er die Versammlung für geschlossen; bei einer späteren Gelegenheit, die von der Rückkehr der Kommission abhängig wäre und für die er das Wann natürlich jetzt unmöglich bestimmen könne, hoffe er die verehrten Anwesenden an derselben Stelle wieder begrüßen zu können.

Drittes Hauptstück.

Eine Entdeckungskommission.

Als am Morgen die aufgehende Sonne die Umgegend des Schwarzensteins wieder beschien, hatte diese ihr gewohntes Ansehen wieder gewonnen. Von der Versammlung, in die wir unsere Leser einzuführen das Vergnügen hatten, waren auf dem Boden keine anderen Spuren bemerklich als Tausende kleiner Fußtapfen, welche die Insekten hinterlassen hatten, die silbrigglänzenden Spuren der schleimigen Wege von etwa 20 Schnecken und unzählige schwarze Bällchen und Körnchen, welche den Ort verrieten, wo die Raupen und Larven Aufstellung genommen hatten.

Wo aber ist die Kommission, die in dieser imposanten Versammlung ernannt worden war? Ist sie schon weit von hier und auf dem Wege talaufwärts dem Gebirge zu?

Nein, sie ist noch nicht aufgebrochen, denn dort unten am Rande des Rinnsals, das sonst das Bett der Maina war, plaudern zwei ihrer Mitglieder miteinander und hier nahe bei, unter jener breitblätterigen Klette, von deren hohen Stengeln die verwelkenden Blätter fast bis zum Boden reichen und so ein Zelt im kleinen darstellen, ist die übrige Gesellschaft vereinigt und damit beschäftigt, die letzten Vorbereitungen zur Abreise zu treffen.

Benutzen wir den Vorteil, den ein durch eine Spalte

des Naturzeltes geschlüpfter Sonnenstrahl uns bietet, und machen wir die nähere Bekanntschaft der in dem helldurchleuchteten Raume Versammelten.

Hier vor allem die beiden Karabus, Max und Moritz, die durch ihre im Sonnenlichte goldig gleißenden und glänzenden Panzer zuerst die Blicke auf sich ziehen. Sie sehen dem Goldhahn unserer Gärten ähnlich, unterscheiden sich aber von ihm in einigem feinen an ihren Panzern angebrachten Beiwerk und Verzierung. Es sind stolze Gesellen, und es ist im ganzen Tale nur eine Stimme, daß sie dank ihrer Kraft, Tapferkeit und Gewandtheit bei dem bevorstehenden Unternehmen ausgezeichnete Dienste leisten werden. Wir wollen uns noch beeilen hinzuzufügen, daß sie nichts als den Namen mit jenem frechen Karabus gemein haben, der durch seine schnöden Redensarten am vorigen Abend die Entrüstung der ganzen Versammlung auf sich gezogen hatte. Die hier sind von anständigem Wesen und ritterlicher Gesinnung, soweit sich ein solches Wesen und eine solche Gesinnung eben mit den Gewohnheiten eines Fleischfressers verträgt. Die Feronia, die gleichfalls zur Sippe der Laufkäfer gehört, hat dasselbe Vorkommen wie jene, nur ist sie viel kleiner, und ihr Panzer ist, obgleich auch lebhaft glänzend, einfarbig schwarz. Durch ihr lebhaftes Wesen und durch ihre Hurtigkeit ist sie zum Kundschafterdienst wie geschaffen, und einstimmig hat man ihr bereits diese Obliegenheit übertragen.

Auch in den Adern der beiden Bombardiere, Piffke und Paffke mit Namen, rollt Laufkäferblut. Sie tragen rote und schwarze Harnische und obwohl sie nur klein sind, so sind sie doch wegen ihrer Unerschrockenheit und weil sie Schießwaffen bei sich führen, von nicht zu unterschätzendem Werte, namentlich bei der Nachhut. Ihr Dienst wird unter anderem darin bestehen, daß sie während der Rastzeiten schildern und auch des Nachts über die Sicherheit der anderen wachen.

Unsere Freunde, Karpfenstecher und Weber, genannt Weidner, haben wir dem freundlichen Leser schon vorgestellt, es wird daher überflüssig sein, nochmals ein Bild von ihnen zu entwerfen. Was die Familienverhältnisse von Jungfer Timarcha, oder Marwa, wie sie vertraulich genannt wird, betrifft, so ist sie eine Chrysomelide, sie hat ein derbes Leibchen und ist so ein recht vierschrötiges Landmädel mit langen drallen Gliedmaßen. Trotz des würdevollen Nimbus, der sie infolge ihrer ganz schwarzen Kleidung umgibt, ist sie doch eine gute heitere Seele, dabei ein bißchen naiv und zu allerlei Schäkereien aufgelegt. Obgleich sie von Haus aus ziemlich phlegmatisch ist, wurde sie zufolge des natürlichen Widerspruchsgeistes des weiblichen Geschlechtes gerade durch den abenteuerlichen Anstrich des ganzen Expeditionsplanes verlockt, und neben dem Wunsche, ihren Mitbürgern nützlich zu werden, hat sie doch auch die Sucht, das Land bei der Gelegenheit kennen zu lernen, veranlaßt, sich als Kommissionsmitglied wählen zu lassen.

Über die beiden Ameisen, Bettina und Emma, wäre nicht viel zu sagen, nur vielleicht, daß sie schlanke Taillen haben, flinkfüßig, emsig und klug sind. Ihre Gewohnheit, weit herumzuschweifen und ihre ausgezeichnete Bekanntschaft mit der ganzen Umgegend des Schwarzensteins, die sie eben ihren täglichen Streifzügen durch das ganze Land verdanken, macht sie, besonders für den ersten Teil der Reise, zu sehr tüchtigen Führern und Kundschaftern.

Die Spinnen hatten ihre liebe Not gehabt, eine der Ihrigen aufzutreiben, die willens gewesen wäre, sich an diesem Unternehmen zu beteiligen, und das hatte seine guten Gründe. Die Spinnen sind zwar einerseits mit einem feinen und erfinderischen Geiste begabt, andererseits aber selbstsüchtig und wenig gefällig. Das allgemeine Unglück hatte sie im ganzen eigentlich nicht stark getroffen, und sie würden sich, wenn ihnen nicht die sehr bemerkliche Abnahme von Fliegen im Lande eine recht düstere Perspektive in die Zukunft eröffnet hätte, durch nichts in der Welt veranlaßt gefühlt haben, sich mit den anderen Bewohnern des Tales zusammenzutun, um die nötigen Nachforschungen anzustellen. Ein großes Exemplar von der Sorte, die ihre horizontalen flachen Netze in den Winkeln der Mauern und Felsen anlegt, war dazu auserlesen worden, sich unserer Reisegesellschaft anzuschließen. Sie ist mit einem gleichmäßig schwarzbraunen Gewande bekleidet, das zu ihrem griesgrämigen Wesen vorzüglich paßt. Der Name der alten Jungfer ist Tegenaria Lauerwinkel.

Die Schabe und der graue Grashüpfer, die beiden Abgesandten der Orthopteren, sind ihrer Körperbeschaffenheit nach rührige und unermüdliche Fußgänger, und was ihre geistigen Eigenschaften betrifft, gute, lustige Kumpane und nichts weniger als Spaßverderber. Besonders ist der Grashüpfer, welcher den Namen Joseph Joachim Geiger führt, durch seine lebhafte, anregende Art sich zu geben, seine ausgelassene Fröhlichkeit und seinen kritischen Verstand das reine Gegenteil von Tegenaria. Nicht bloß bei Menschen finden sich solche Verschiedenheiten des Charakters, sondern auch bei Tieren, bei großen und kleinen.

Die Schnecke ist ein tüchtiges Exemplar von der großen Sorte, die man Weinbergsschnecken nennt. Diese hier heißt Helicia, Freifrau Schneck von Schneckigen, geborene de la Pomacia. Träg und langsam an Leib und Seele, schüchtern, unentschlossen, aber beharrlich und geneigt, einen einmal gefaßten Entschluß auch durchzuführen, also im Grunde genommen ein braves, ehrenwertes Geschöpf.

Die Calosomalarve, namens von Schönleib und der Tausendfuß mit ihren schlanken geschmeidigen Körpern können nötigenfalls ausgezeichnete Dienste leisten, wenn es sich darum handelt, in schwer zugängliche enge Orte zu gelangen, dieselben klug zu untersuchen und auszukundschaften. Sie finden bei den übrigen Mitgliedern der Kommission eine ausgezeichnete Aufnahme.

Armadillo, der auch zur Familie der Tausendfüße, wenn auch zu einer anderen Linie wie die gewöhnliche, gehört, nämlich zur jüngeren Linie Tausendfuß-Chilopod, nicht Tausend-Chilognath, sieht aus wie eine Assel, mit der er freilich weder verwandt noch verschwägert ist. Er ist auch eine bedächtige Persönlichkeit, obwohl er eine ansehnliche Menge von Füßen hat, dabei bescheiden, schüchtern, aber klug.

Fräulein Nepa und Herrn Reduvius, die Delegierten der Hemipteren, werden wir im Verlaufe unserer Erzählung noch näher kennen lernen, und deshalb wollen wir ihrer bloß Erwähnung tun. Was die Schwalbenschwanzraupe betrifft, die bekanntlich auf Möhren, Fenchel und dergleichen Pflanzen lebt, so hat sie einen kräftigen gedrungenen Leib, trägt ein grünes, rotgeflecktes Kleid und ist ein prächtiges Geschöpf.

* * *

Ein gut Teil der Nacht war verstrichen unter Erörterung verschiedener Punkte, über die man notwendigerweise ins reine gekommen sein mußte, bevor man sich auf die Reise begab. Erstens: welchen Weg sollte man einschlagen? die einen wollten, man solle den am rechten Ufer hin wählen, wo man einen vom Menschen den Fluß entlang angelegten Pfad hatte, und sie führten als einen an und für sich unbestreitbaren Grund für diese Wahl an, daß man dort ein leichtes Marschieren habe. Aber auf diesem Wege schwebte man in steter Gefahr, zertreten zu werden, und dieser Punkt fiel so schwer in die Wagschale, daß man jenen Plan verwarf. So blieb nur der Uferrand links oder das völlig ausgetrocknete Bett des Flüßchens selbst übrig. Der Uferrand konnte überhaupt nicht ernstlich in Betracht kommen, denn die Kräuter und Gewächse, die an ihm wuchsen, bildeten mit ihren zahlreichen Stengeln und Blättern für die Mehrzahl unserer kleinen Wanderer ebensoviele schier unüberwindliche Hindernisse. So entschied man sich denn, dem alten Flußbett zu folgen. Das war auf alle Fälle noch der sicherste Weg, wenn auch nicht gerade der bequemste. Und wenn schon die Kiesel, mit denen der Wasserriß angefüllt war, die Reise mühselig und zeitraubend zu machen drohten, so war doch zu erwarten, daß sie der Expedition nicht gerade unüberwindliche Schwierigkeiten bereiten würden.

Eine weitere Frage war die, ob man sofort aufbrechen, oder bis Sonnenaufgang damit warten, und ob man überhaupt des Nachts oder am Tage reisen solle. Über diesen Punkt entspann sich eine lange Verhandlung. Die Mehrzahl der Kommissionsmitglieder war für nächtliches Reisen, da dieses größere Sicherheit böte von wegen böser Abenteuer, auf die man bei Tage etwa stoßen könnte. Diesem Plane widersetzten sich die Ameisen mit aller Macht und erklärten rund heraus, daß sie, die doch gar nicht gewohnt seien, nachts auf den Beinen zu sein, unmöglich ihre Zustimmung dazu geben könnten, einen so langen Marsch in wildfremdem Lande ohne die unumgänglich nötige Hilfe des Lichtes zu machen. Bei Marcha und Geiger fanden sie mit ihrer Meinung vollen Rückhalt; die Schnecke indessen nebst Armadillo, Nepa und Reduvius behaupteten ebenso steif und fest, sie dürften nicht daran denken, sich den heißen Sonnenstrahlen auszusetzen und am allerwenigsten am hohen Mittag. Endlich einigte man sich in dem Vorschlage Webers, nämlich bloß am Morgen und Abend zu wandern. So blieb nur noch die Wahl eines Häuptlings übrig, über diesen Punkt war man bald einig, denn die Karaben waren die beiden geborenen Kandidaten zu diesem verantwortungsvollen Posten. Waren sie doch die stärksten, die am besten bewaffneten, die flinksten von der ganzen Gesellschaft, darüber war nur eine Stimme. Aber welcher von beiden Herren, das war die Frage. Man beschloß, das Los darüber entscheiden zu lassen und dies traf Max, der außerdem auch klüger und erfahrener war als Moritz.

Max dankte mit einigen passenden Worten den Mitgliedern der Kommission für das Vertrauen, das sie in ihn gesetzt hätten und bat sie zugleich, sich nicht ins Bockshorn jagen zu lassen durch die Schwierigkeiten, die mit einer so abenteuerlichen Reise, wie sie eine zu unternehmen im Begriffe ständen, notwendigerweise verbunden sein würden, sondern Ermüdung, Hunger, Durst zu ertragen, kurz allen Strapazen und Gefahren, denen man etwa entgegenginge, zu trotzen. Er schloß seine Ansprache mit einem warmen Hinweis auf Eintracht, Einigkeit und auf jenes gute Einvernehmen, das bei ihnen das gegenseitige Vertrauen und die fröhliche Zuversicht aufrecht erhalten müßte, die beide unter so schwierigen Verhältnissen, wie sie finden dürften, unumgänglich nötig seien. Zum Schluß wandte er sich noch einmal besonders an diejenigen, die durch ihre blutdürstigen

Triebe sich etwa zu einer abscheulichen Handlung könnten hinreißen lassen, er beschwor sie, das Leben ihrer schwächeren Genossen auf das Gewissenhafteste in acht zu nehmen, und ließ sie einen feierlichen Eid ablegen des Inhalts, es komme, was da wolle, so würden sie diejenigen nicht bloß schonen, sondern auch allerwege beschützen, welche der Auftrag der gemeinsamen Mitbürger ihnen zurzeit zu Gefährten und Kollegen gegeben hätte.

So waren alle nötigen Vorbereitungen auf das beste geregelt, und man wartete nur noch auf den Aufgang der Sonne, um die Reise anzutreten. In diesem Augenblicke ist es, daß wir unsere Freunde wiederfinden.

Die Marschordnung war folgendermaßen festgestellt: voran Feronia, die beiden Ameisen Bettina und Emma und der Tausendfuß Skolopender, die zusammen den Dienst von Kundschaftern versahen. Hierauf der Chef der Expedition, gefolgt von der Hauptmasse der Gesellschaft. Die Nachhut wurde von Piffke und Paffke, den beiden Bombardieren nebst der Calosoma-Larve gebildet, zu denen sich noch Moritz Karabus II. gesellte, um den anderen im Falle eines Überfalles von hinten beistehen zu können.

Auf ein von Max gegebenes Zeichen setzte sich die Schar in Bewegung und stieg hinab in das steinige Bett der Maina.

Hier begannen auch sofort die Schwierigkeiten, und als man nach einigen Stunden Marschierens Rast machte, um die größte Hitze des Tages ruhend vorübergehen zu lassen, zeigte sich die festgestellte Ordnung des Zuges merkwürdig unterbrochen.

Nachdem sich die Gesellschaft unter einem Felsvorsprunge, wo man bis gegen Abend lagern wollte, versammelt hatte, stellte es sich heraus, daß Karpfenstecher, Weber, die Schnecke mitsamt der ganzen Nachhut fehlten.

Man wartete nur noch auf den Aufgang der Sonne,
um die Reise anzutreten.

Der Chef der Expedition forderte Feronia, welche die rascheste der ganzen Schar war, auf, doch einmal den gemachten Weg zurückzugehen, um nach den Nachzüglern auszuschauen und sie, im Falle sie sich verlaufen hätten, auf den rechten Weg zurückzubringen. Während Max Feronia noch die nötigen Verhaltungsmaßregeln gab, erschienen Karpfenstecher und Weber.

„Ach!" stöhnte Phili, als er seine Gefährten erreichte, „ach! ich kann nicht mehr. Ich glaubte schon, ihr wolltet niemals Halt machen. Wenn Freund Weber mir nicht beigestanden hätte, wäre es mir nun und nimmer möglich gewesen, zwei oder drei Hindernisse, die sich uns entgegentürmten, zu nehmen."

„Und die Nachhut?" fragte Max.

„Ja, die Nachhut, wenn die nicht schneller marschiert ist als beim Aufbruch, dann ist sie noch weit hinten."

„Sapperlot, warum kommt sie denn nicht vorwärts?"

„Ich trennte mich von ihr, als man in lebhaften Auseinandersetzungen mit der Schnecke begriffen war, die ihrerseits marschierte, . . . na, ihr wißt ja wie! Moritz war außer sich. Er forderte das unglückliche Weichtier auf, aus seinem schweren Hause herauszukriechen, weil sie dann rascher vom Flecke kommen würde. Die Schnecke hingegen behauptete, ihr Leib sei mit ihrem Hause derart verbunden, daß es ihr ganz unmöglich wäre, von demselben loszukommen, worauf Moritz wieder spitz bemerkte, daß, wer so gebaut sei, am besten getan hätte, die Entdeckungsreise überhaupt nicht mitmachen zu wollen. Als das Mollusk so in die Enge getrieben wurde, suchte es sich zu rechtfertigen und beteuerte unter Tränen, daß es die Reise wahrhaftig nicht zu seinem Vergnügen angetreten hätte und daß es sich, wenn es seinen Neigungen hätte folgen dürfen, ganz gewiß nicht auf ein Abenteuer eingelassen haben würde, welchem es für seine Person auch nicht die geringste vergnügliche Seite abgewinnen könne. Im übrigen, sagte die Schnecke, fühlte sie sich verpflichtet, einen Auftrag, den sie von den Ihrigen erhalten hätte, auch getreulich zur Ausführung zu bringen. Kurzum ich verließ, wie ich euch schon sagte, die Nachhut, als man im ziemlichen Wortwechsel begriffen war, und ich weiß nicht, ob man schließlich zu einer Einigung gekommen ist."

„Es würde gut sein, Ausschau zu halten, ob sie im Anzug sind", sagte der Chef. „Seid daher so gut, Emma, klettert auf diesen Stein und sagt uns, wenn Ihr sie kommen seht."

Die Ameise eilte, sich des ihr von Max gewordenen Auftrags zu entledigen, und bestieg einen ziemlich hohen Stein nahbei, an dessen Fuß sich das Lager befand. Als sie seine Spitze erreicht hatte, verfolgte sie mit ihren Blicken den Weg, den man am Morgen heraufgewandert war.

„Sie kommen, sie kommen", rief sie von ihrem Beobachtungsposten herab, „die ganze Gesellschaft wird gleich hier sein. Feronia ist bei ihnen und die Schnecke folgt in einiger Entfernung."

„Nun, wenn das ist, meine Freunde, lagern wir uns. Freilich zu essen gibt es hier nichts, aber wir wollen hoffen, daß wir heute abend in der Wahl unseres Biwaks in dieser Hinsicht glücklicher sein werden. Mittlerweile muß der Schlaf das Mittagbrot ersetzen. Gegen fünf werde ich das Zeichen zum Weitermarsch geben."

Auf diese verständigen Worte hin machten es sich die Mitglieder der Expedition bequem, um die Ruhe zu suchen, der sie so sehr bedurften nach einem Marsch von sechs Stunden auf elenden Wegen, und nachdem man in dieser

Zeit mindestens eine Strecke von hundert, sage hundert Meter zurückgelegt hatte.

* * *

Gegen fünf weckte Max die Heuschrecke und gab ihr den Auftrag, Reveille zu geigen, dem sie sofort nachkam. Die hellen, schrillen Töne brachten die kleine Schar bald auf die Beine. Mittlerweile kam auch Emma, die ein wenig eher munter geworden war und ihren früheren Luginsland wieder bestiegen hatte, herabgeklettert und berichtete dem Chef über die Beschaffenheit des Weges, den die Kommission bis zur nächsten Haltestelle am Abend etwa noch zu machen habe. Das Flußbett biete im Anfang genau denselben Anblick, den man auf der während des Vormittags zurückgelegten Strecke gehabt habe, aber in einer gewissen Entfernung, an einer Stelle, die man in etwa zwei Stunden erreichen würde, mache das Bett eine plötzliche Steigung und erscheine versperrt durch gewaltige, zwischen Felsstücke eingeklemmte Steine.

Nachdem der Chef den Bericht der Ameise entgegengenommen hatte, befahl er, den Zug wieder aufzunehmen, und die Gesellschaft setzte sich in derselben Ordnung wie vorher weiter in Bewegung.

Während geraumer Zeit marschierte man, wie auf dem ersten Abschnitt des Weges, auf einem mit runden Steinen von verschiedener Größe bedeckten Boden, wodurch der Marsch zwar verzögert, aber nicht im mindesten aufgehalten wurde. Phili war der einzige der kleinen Schar, der an den Unebenheiten des Weges etwas auszusetzen fand. Alle Augenblicke brach er in halbunterdrückte Rufe aus und blieb nach und nach hinter seinen Gefährten zurück, mit einziger Ausnahme natürlich der Schnecke, die von der Nachhut, da sie sich durchaus nicht in deren Marschtempo zu schicken verstand, als hoffnungslos und unverbesserlich aufgegeben war.

„Laßt mich nur machen“, antwortete sie auf alles, was man ihr vorhielt, „wenn ihr mich auf dem Wege überholt, ich hole euch an den Ruheplätzen am Mittag und Abend schon wieder ein. Seid ganz ohne Sorge, ich komme ebensogut vom Flecke wie ihr.“

Je mehr man sich gegen Abend dem von der Ameise angekündigten Felsabsturz näherte, einen desto fremdartigeren Anblick bot das Flußbett. Zu den runden, ziemlich gleich großen Kieseln, über die unsere Reisegesellschaft bis jetzt gewandert war, gesellten sich weit größere abgerundete Felsblöcke, zuerst waren sie nur einzeln hier und da verstreut, aber sie wurden immer größer und immer zahlreicher, und bald befand man sich in einem an beiden Seiten von ungeheueren Felsmassen eingefaßten Engpaß. Der Boden war wild zerrissen. Bisweilen wurde er von tiefen Schluchten durchsetzt, in die man hinabzusteigen genötigt war, um auf der anderen Seite wieder herauszuklettern, oder die man, wo es anging, auf natürlichen aus Baumzweigen, Rindenstücken, Moosklumpen und allerlei vormals vom Wasser zusammengeschwemmten Pflanzenresten bestehenden Brücken überschreiten mußte. Der Weg wurde immer beschwerlicher, je weiter man kam. Die Gesellschaft befand sich an einer Stelle, wo sich die Gewässer des Baches bis vor kurzem wild herabgegossen hatten und so Ursache des tollen Durcheinanders, das unsere Reisenden erblickten, geworden waren. Vor ihnen erhoben sich riesige, von der Gewalt des Wassersturzes glattpolierte Felsen und bildeten ein wüstes Chaos. Die Schlucht, die sie entlang zogen, wurde alle Augenblicke durch unterirdische Gänge, wahre

Tunnel, unterbrochen, durch die sie nur mit der größten Mühe hindurchzukommen vermochten. Mehr als einmal war man genötigt, Halt zu machen, um auf die Rückkehr der Ameisen oder des Skolopenders zu warten, die es übernommen hatten, voranzulaufen und die am wenigsten schwierigen Wege für die Gesellschaft ausfindig zu machen. Endlich hatte man die Bank der runden aufeinander geschichteten Steine hinter sich, befand sich aber am Fuße eines kompakten Felsens, welcher das Flußbett quer durchsetzte. Notwendigerweise mußte er erklettert werden, wenn man anders die Reise fortsetzen wollte; da jetzt aber die Nacht immer stärker hereinbrach, entschloß man sich, am Fuß dieses Querriegels zu kampieren und den Tag abzuwarten, bevor man die Mittel in Erwägung zog, durch die man sich aus dieser Klemme befreien könne.

„Es hat keinen Zweck, wenn wir heute abend noch von hier weiterzukommen versuchen", ließ sich Max vernehmen, „ein solcher Versuch könnte sogar gefährlich werden. Wir wollen es morgen bei Tagesanbruch wagen, ob es uns vielleicht gelingt, irgendwo einen Durchgang durch diesen Felswall zu finden."

„Ich möchte," wandte Weber ein, „fast darauf schwören, daß kein solcher Durchgang vorhanden ist. Mir scheint alles dafür zu sprechen, daß sich vordem an dieser Stelle ein Wasserfall befunden hat und daß das Bett des Flüßchens hinter dem Felsen höher liegt als hier. Wir werden diese Mauer hier vor uns wohl hinaufklettern müssen."

„Muß geklettert sein, nun dann werde geklettert," antwortete Max, „aber wir können wenigstens am Fuße des Felsens entlang gehen, bis wir eine Stelle finden, wo der Aufstieg weniger beschwerlich ist als hier. Auf alle Fälle können wir für den Augenblick nichts Vernünftigeres tun, als uns zur Ruhe zu begeben. Sind wir alle beieinander?"

Indem er diese Worte sagte, ließ er seine Blicke über die Anwesenden schweifen.

„Alle sind da," fuhr er nach einer Weile fort, „selbstverständlich bis auf die Schnecke, aber auch bis auf Phili. Ja, wo steckt denn der eigentlich?"

„Dem wird das Laufen gar zu sauer," erwiderte Weber, „sein Beinwerk ist viel weniger für das Land als für das Wasser eingerichtet. Er wird aber ohne Zweifel während der Nacht wieder zu uns stoßen. Aber ich befürchte fast, daß er seiner Reise hier ein Ziel wird setzen müssen. Der arme Teufel kommt kaum auf dem flachen Boden fort, daß er gar klettern soll, daran ist nicht zu denken."

„Wir werden ihm helfen," warf der Chef ein. „Einstweilen laßt uns schlafen."

„Ja schlafen, schlafen, das wollen wir," jubelte die ganze Kumpanei.

Und so suchte sich eine jede kleine Kreatur ihr behagliches Winkelchen, um mit Gemütlichkeit dem Sonnenaufgange entgegen zu schlummern.

Die Heuschrecke, welche die Müdigkeit noch nicht anfocht, musizierte dazu mit sanften Melodeien, und eingewiegt von ihren träumerischen Weisen entschlummerten unsere kleinen Abenteurer am ersten Abend ihres kühnen Zuges.

* * *

Im Grunde war es doch ein seltsames Schauspiel, das diese Vereinigung kleiner Geschöpfe darbot, Tierchen von allerlei Arten, Größen und Gestalten, teils harmlose

Pflanzenfresser, teils blutgierige Raubtiere, ein jedes nach seiner Art. In normalen Zeitläuften wäre eine solche Verbrüderung ein Ding der Unmöglichkeit gewesen, nur eine große, über aller Häupter schwebende gemeinsame Gefahr und Not konnte vorübergehend ihre natürlichen Neigungen und angeborenen Instinkte unterdrücken, und so fanden sie sich denn zusammen, nicht nur in friedlicher Vereinigung, sondern auch mit dem besten Willen einander zu helfen und beizustehen, wann und wo es nur immer nötig sei. Freilich, — auch bei höheren Tieren, ja sogar unter den Menschen läßt sich gelegentlich dieselbe Erscheinung beobachten. Wie oft ist es nicht schon in der Weltgeschichte vorgekommen, daß bei einem Volke Zwietracht und innerliche Wirren plötzlich in das herzlichste Einvernehmen, ja in eine bis zum Tode getreue Verbrüderung umschlugen, wenn Übermut und Vergewaltigung von oben her drohten.

Eine allgemeine Notlage, wie sie durch das Ausbleiben des Wassers bei den Bewohnern des Mainatales eingetreten war, sowie die Furcht vor einer möglicherweise darauf folgenden Überschwemmung hatten genügt, nicht allein die Rauflust und den Blutdurst der Karaben, Spinnen und Ameisen einzuschläfern, sondern diese Tiere ganz gegen ihre Natur zu Beschützern friedfertiger Grillen und harmloser Käferchen umzustempeln.

Mitten in der Nacht wurde Weber, der an Jahren und Erfahrung reiche Weber, der nur auf einem Auge zu schlafen pflegte, durch ein leises Geräusch, das sich neben ihm hören ließ, munter und untersuchte sofort dessen Ursache. Sein Freund Phili war's, der in Gesellschaft der Schnecke eben eintraf.

„Seid Ihr da endlich," fragte er, „ich fürchtete schon, die Beschwerden der Reise hätten Euch abgeschreckt. Ja, um es ehrlich zu sagen, es ist geradezu ein Rätsel, wie Ihr es angestellt habt, Euch angesichts der wüsten Felsmassen, zwischen denen wir uns befinden, aus der heikeln Affäre zu ziehen."

„Die Sache ist einfach die," sagte Karpfenstecher, „daß ich mich, wenn's steil bergunter ging, einfach herabrollen ließ, denn ich habe ja keine Krallen an den Füßen wie Ihr. Wie's freilich bergauf ging, das ist eine andere Sache, — aber genug, hier bin ich trotz alledem, wie Ihr seht!"

„Wißt Ihr auch, was uns hier aufhält."

„Habe keine Ahnung."

„Eine senkrecht aufsteigende Felswand, die wir erklettern müssen."

„Der Tausend!"

„Heute abend war das Ding natürlich nicht mehr zu machen, deshalb läßt uns der Chef auch hier lagern. Wenn's morgen früh hell genug ist, daß man, ohne Hals- und Beinbruch zu riskieren, losgehen kann, wird der Aufstieg versucht werden. Ich besorge nur, daß Ihr dem Unternehmen nicht gewachsen sein werdet."

„Na, na! wer weiß? . . . Was würdet Ihr wohl dazu sagen, wenn ich eher oben wäre als Ihr, Alter, — was?"

„Den Kuckuck! macht keine Witzchen, Phili; ich habe noch keine Ahnung, wie wir selber hinaufkommen wollen. Ich versichere Euch, es ist eine regelrechte Wand, abscheulich hoch und ganz senkrecht gerade."

„Sie hängt doch nicht über?"

„Das nicht, aber wie gesagt, sie steigt senkrecht auf, und das dürfte doch genügen, sollt ich meinen."

„Wenn die Aktien so stehen, alter Junge, na, ich klettere ganz gewiß nicht hinauf."

„Das ist es ja eben, was ich befürchtete."

„Ja, aber trotz alledem und alledem, es könnte doch sein, daß ich eher oben wäre als Ihr."

„Alter Renommist, Ihr haltet mich zum Narren!"

„Fällt mir nicht im Traume ein, was wollen wir wetten?"

„I, geht mir doch, mir scheint, Ihr habt heute abend einen absonderlichen Schalk im Nacken. Morgen pfeift Ihr aus einer anderen Tonart. Doch Scherz beiseite, schlaft wohl. Wir werden bald alle unsere Kräfte brauchen können."

* * *

Am anderen Morgen war die ganze Gesellschaft bei Tagesanbruch schon auf den Beinen und bereit, den Aufstieg zu versuchen. Weber suchte allenthalben seinen Freund Karpfenstecher, um ihm noch einmal eindringlichst vorzustellen, daß er, wie er ihm in der Nacht zu bemerken Gelegenheit genommen habe, unmöglich weiter mitwandern könne. Aber vergeblich durchstöberte er alle Ecken und Winkel des Lagers nebst Umgebung, Phili war verschwunden, und vergeblich zog er auch bei den übrigen Genossen Erkundigungen nach dem alten Freunde ein.

„Er wird noch irgendwo unterwegs mit der Schnecke hocken," sagte Max, „das sind bekanntlich ein paar Bummler, und wir können unmöglich auf sie warten."

„Nein, nein," erwiderte Weber lebhaft, „sie waren heute nacht im Lager eingetroffen."

„Ihr habt geträumt," rief Geiger.

„Gott bewahre, ich habe die Schnecke mit meinen leiblichen Augen gesehen und mit Phili sogar gesprochen, ja, und er sagte sogar, er wolle mit mir wetten, daß er eher als wir auf dem Gipfel des Felsens eintreffen werde."

Ein Ausbruch allgemeiner Heiterkeit folgte diesen Worten des Bockkäfers.

„Habt Ihr auch mit der Schnecke darüber gewettet?" fragte Emma.

„Ich habe mit keinem von beiden gewettet."

„Und daran habt Ihr sehr wohl getan, denn Ihr würdet Eure Wette glänzend verloren haben."

Mit diesen Worten zeigte Emma auf die bewußte Felswand, zu deren Füßen sie sich befanden.

Aller Augen wandten sich auf die Stelle, nach welcher die Ameise deutete, und jedem Munde entfuhr ein Ausruf der Überraschung. Man sah an der Wand deutlich eine eingetrocknete glänzende Schleimspur als untrügliches Zeichen, daß die Schnecke dort gekrochen war.

„Der Faulpelz ist auf und davon!" rief Geiger, „und was mehr ist, er hat das Hindernis, das uns hier aufhält, überwunden. Auf, auf, Freunde! wir wollen uns nicht von der Trägsten unter uns an Schnelligkeit übertreffen lassen."

„Und Phili, fragte Marcha, wo ist der hingeraten? Wir können doch nicht ohne Phili gehen."

„Der ist schon himmelfrüh aufgebrochen," sagte Feronia.

Weber sagte gar nichts und fuhr fort, die von der Schnecke hinterlassene Silberstraße anzustarren.

Endlich lachte er in sich hinein: „O, der geriebene Kunde!" murmelte er in den Bart, „er hat uns alle zum besten gehabt . . . . konnte ich das nicht vorher wissen?"

Viertes Hauptstück.

Reiseerlebnisse.

„Wer von euch", sagte Max, „glaubt den Felsen von hier aus ersteigen zu können, der mag es tun und oben auf uns warten, wir anderen wollen einen bequemeren Aufstieg suchen."

Die beiden Ameisen, die Spinne, die Calosoma-Larve, Skolopender und Armadillo traten vor und fingen die Besteigung an.

„Ich glaube", sagte Reduvius, „ich könnte recht gut mitklettern. Ich will's einmal versuchen."

„Ich auch", rief Feronia.

„Meiner Six!" sagte Marcha, „man kann es ja auch einmal versuchen."

„Nehmt Euch in acht, Marcha", riefen einige Gefährten, „Ihr habt zuviel Gewicht, um Euch daran zu wagen. Geht lieber mit uns."

„Ja", pflichtete Weber bei, „Ihr dürft nicht so verwegen sein. Nichts auf der Welt zwingt Euch, gerade hier hinaufzuklettern, und Ihr dürft Euer Leben nicht unnötigerweise aufs Spiel setzen."

„Beunruhigt euch nicht, ihr Guten", erwiderte Marcha, „mein Panzer ist solid, und ein Sturz hier herunter macht mir noch nicht bange."

„Aber . . . ."

„Was ist das wieder für eine Idee!"

„Laßt sie doch", sagte der Chef, „wenn sie sich dabei ein Bein bricht, ist's ihre eigene Schuld."

„Sie sollte sich wenigstens helfen lassen", bemerkte Weber.

„Von wem denn?"

„Von der Spinne. He da! Tegenaria!"

Die Spinne, die schon ein ziemliches Stück hinaufgeklettert war, machte Halt und fragte, was man von ihr wolle.

„Marcha will Euch begleiten", entgegnete Weber, „wollt Ihr nicht so gut sein und ihr einen Faden herabblasen."

„Um sie etwa daran in die Höhe zu ziehen? Danke schön, dazu ist mir das liebe Mädchen zu gewichtig. Wenn sie fällt, kann ich sie nicht aufhalten, und sie reißt mich mit herunter."

Während dieses Gesprächs waren unsere Kletterer schon hübsch hoch gekommen. Die Ameisen, die gewandtesten der ganzen Gesellschaft, waren schon nahe dem Gipfel und die Calosoma-Larve nebst Skolopender waren ihnen dicht auf den Fersen. Auch Reduvius kletterte wacker, mit Feronia ging es langsamer, sie hob keinen Fuß, wenn sich nicht die anderen fünf sicher an den Rauhigkeiten des Felsens angehakt hatten. Armadillo war weniger glücklich. Im Begriff, sich auf den Gipfel zu schwingen, glitt er aus, und anstatt zu versuchen sich zu halten, rollte er sich wie eine Kugel zusammen, wie es die Leutchen seiner Sippe zu tun pflegen, wenn sie sich gefährdet glauben.

Rund wie eine Erbse konnte Tausendfuß-Chilopod nirgends auf dem Wege, den er mit seinem Purzelbaum zurücklegte, Halt gewinnen. Halbwegs stieß er heftig an

Man machte sich an das Wagestück, an den Steinen in die Höhe zu steigen.

einen Vorsprung des Felsens an, so daß er in weitem Bogen hinabgeschleudert wurde und nicht weit vom Lagerplatze auf die Steine stürzte, in deren Zwischenräumen er verschwand.

„Herr mein Gott, er hat sich zu Tode gestürzt“, schrie Geiger.

„Zu Tode, der?“ sagte Weber, „da kennt Ihr ihn ganz schlecht, nicht ein Bein hat er verstaucht, darauf könnt Ihr Euch verlassen. Wir werden ihn gleich wieder erscheinen sehen, als ob nicht das geringste geschehen sei.“

„Meint Ihr?“

„Des bin ich ganz gewiß. Wartet nur ab.“

Dieses Ereignis hatte ein paar Augenblicke die alleinige Aufmerksamkeit der Insekten auf sich gezogen, jetzt wandte sich dieselbe wieder Marcha zu, die mittlerweile den oberen Rand des Felsens erreicht hatte und verschwunden war. Sie hatte ihren Aufstieg ohne Zwischenfall vollendet.

„Jetzt, meine Freunde, ist die Reihe an uns. Wenden wir uns links und sehen wir, ob wir nicht einen bequemeren Weg finden, um hinauf zu gelangen.“

„Max“, so bemerkte hier die Schwalbenschwanzraupe, „ich muß Euch ein Wort im Vertrauen sagen.“

Der Chef ging mit der Raupe ein wenig beiseite.

„Zu meinem Bedauern,“ sagte diese, „fühle ich mich ganz außerstande, die Reise weiter mitzumachen. Ich fühle mich gar nicht recht extra, ich spüre so ein allgemeines Mißbehagen, wie ich es von früherer Häutung her bereits kenne, aber diesmal tritt es viel stärker auf als sonst und ich fühle, daß die Stunde meiner Verwandlung gekommen ist, und daß ich, ach, daß ich das Verpuppen kriege. Andere, höhere Umstände zwingen mich, hier zu bleiben.“

„Ihr hattet die Zeit zu Eurer Abreise schlecht gewählt,

teuerste Freundin. Da es nun aber einmal ist, so muß man sich in die Notwendigkeit schicken. Lebt wohl denn! gute Verrichtung."

„Und Euch wünsche ich von ganzem Herzen glückliche Reise."

So trennten sie sich.

Unsere kleinen Abenteurer, deren Zahl nunmehr auf acht zusammengeschmolzen war, kamen, nachdem sie fünf Minuten am Fuße des hindernden Querwalles hinmarschiert waren, zu einem gewaltigen Felsblock, der sich schräg an die Steinwand lehnte und mit seiner hohen Spitze bis hinauf zu deren Rand reichte.

Bei näherer Betrachtung überzeugten sie sich, daß seine Seite in einem solchen Winkel geneigt sei, daß der Versuch, an ihr hinaufzuklettern, wohl von Erfolg gekrönt sein könnte. Außerdem war er auch noch mit einem Moosüberzug bedeckt, wodurch die Gefahr des Herabstürzens nicht wenig verringert wurde. Man machte sich also an das Wagestück, an dem Steine in die Höhe zu steigen und zwar mit so gutem Erfolge, daß die kleine Gesellschaft bald oben ankam.

Hier bot sich ihnen eine angenehme Überraschung.

Die erstiegene Felskante bildete einen Vorsprung, unterhalb dem das Bachbett zu einer Art Bassin vertieft war, auf dessen aus undurchlässigem Fels bestehenden Boden sich ein wenig von dem Wasser, durch das es früher vollständig ausgefüllt gewesen war, gehalten hatte. Der kleine, von einer dichten Algenschicht bedeckte Teich schien gerade kein sehr klares Wasser zu enthalten, aber den Insekten machte das wenig aus, auf alle Fälle war das unerwartete Auffinden dieser Tränke für unsere kleinen Reisenden eine sehr angenehme Überraschung.

Max und seine Genossen liefen schleunigst auf den Rand der Pfütze zu und fanden hier ihre Freunde, die vor ihnen angekommen waren und mitten darunter die Schnecke, die sich trefflich erfrischt und mit einem reichlichen Vorrat von Wasser für den Weitermarsch versehen hatte. Es ist bekannt, daß diese kriechenden Tiere nur vorwärts kommen können, wenn sie den Boden mit einem leimartigen Saft anfeuchten, mit einem Schleim, der beim Eintrocknen zu einem silbrig glänzenden Häutchen wird. Je trockener nun der Boden ist, desto mehr muß er eingefeuchtet werden, und unsere Schnecke hatte ihren ganzen Schleimvorrat fast völlig erschöpft, und man kann sich vorstellen, mit welchem Behagen sie ihren Verlust zu ersetzen bemüht gewesen war. Augenblicklich weidete sie auf dem Algenrasen und gab sich dieser Beschäftigung mit allen Zeichen innerlichen Vergnügens hin.

Karpfenstecher konnte man sehen, wie er am Rande des Wässerchens stand, aber nicht hineingesprungen war. Weshalb hatte er, der doch ein so großer Liebhaber der Schwimmkunst war, dies unterlassen? Er mag es uns selbst berichten. In dem Augenblicke, wo Nepa mit ihren Vorderbeinen die Algendecke beiseite schob und sich anschickte, ein Bad zu nehmen, ein Vergnügen, das sie so lange hatte entbehren müssen, rief ihr Phili zu:

„Um Gotteswillen, meine Beste, geht nicht hinein, lebend kämt Ihr nicht wieder heraus. Diese Pfütze wimmelt von Ungetümen allerlei Art. Ich selbst hatte mich soeben auch hineinbegeben, wurde aber sofort von einer Anzahl solchen Gelichters angefallen, das mir mit Kieferbissen furchtbar zusetzte. Aber glücklicherweise ist mein Panzer fest genug, sonst wäre es mein Letztes gewesen."

„Weshalb ist denn gerade diese kleine Pfütze so stark bevölkert?"

„Aus einem höchst einfachen Grunde. Die gegenwärtige Einwohnerschaft war früher über ein großes Wassergebiet zerstreut, aber mit dem abnehmenden Wasser haben sie sich hierher konzentriert. Sie haben wahrscheinlich längst schon alles Genießbare verschlungen und sind zurzeit dabei, sich gegenseitig selber aufzufressen. Unter dieser Algendecke spielen sich fürchterliche Szenen ab."

Nepa beherzigte die Warnung und begnügte sich, ihren Durst zu stillen, wie das auch die anderen Insekten getan hatten.

Phili überraschte die Gefährten einigermaßen durch seine Gegenwart, denn sie waren der Meinung gewesen, er sei noch weit zurück und suche, verloren zwischen den Felsstücken, nach einem bequemen Durchgang für seinen beleibten Körper. Er befriedigte ihre Neugierde nur halb durch die oberflächliche Mitteilung, er habe einen ziemlich bequemen Weg gefunden. Näheres war nicht aus ihm herauszubringen, aber sein Freund Weber konnte sich mit dieser unbestimmten Aussage keineswegs zufrieden geben. Daher nahm er ihn beiseite und sagte lachend zu ihm:

„Ihr seid mir ein rechter Geheimniskrämer, Phili. Weshalb habt Ihr mir letzte Nacht die bequeme Reisegelegenheit verschwiegen, die Ihr entdeckt habt?"

„Um Euch ein wenig zu necken, mein Lieber," antwortete Karpfenstecher, gleichfalls lachend, aber ein Geheimnis wollte ich Euch gegenüber daraus nicht machen. Sagt nur den anderen nichts davon. Ihr seid also dahinter gekommen?"

„Natürlich, wenn auch nicht gleich, um die Wahrheit zu sagen. Wie ich aber sah, wie Ihr Euch zugleich mit der Schnecke auf den Weg machtet, da brauchte ich wahrhaftig nicht viel Grütze dazu, um mir zu denken, daß Ihr auf deren Rücken den Aufstieg machen würdet."

„Pst, sprecht doch nicht so laut!"

„Es gehörte wirklich eine tüchtige Portion Glück dazu, einen Reisegefährten anzutreffen, der sich bereit finden ließ, Euch einen solchen Gefallen zu tun."

„Nicht wahr?"

„Machte sie keine Einwände?"

„Nicht die geringsten. Sie ließ sich leicht überzeugen, daß bei dem Gewichte ihres Hauses, das sie so schon trägt, das meiner Person ihr gar nicht hinderlich sein könnte."

„Freilich, Ihr seid ja auch hübsch schlank und schmächtig."

„Ich muß gestehen, dies Weichtier ist ein gutes Geschöpf. Ich glaube, es würde die ganze Kommission schleppen, wenn's möglich wäre."

„Weshalb befürchtet Ihr denn, die anderen möchten auch aus seinem guten Willen Vorteil ziehen?"

„Weil wir nicht alle auf Frau Schneck von Schnekkigens Rücken Platz haben."

„Und so wollt Ihr Euer Pferdchen für Euch allein haben?"

„Versteht sich. Bin ich nicht auf den schlauen Gedanken gekommen? Aber für Euch, Weber, wäre schon noch ein Plätzchen da, wenn Ihr wollt."

„Danke schön! Vorläufig ziehe ich es noch vor, auf eigenen Füßen zu laufen."

„Freilich überschnell kommen wir nicht vom Flecke, aber dafür sind andere Vorteile dabei. Stoßen tut's zum Beispiel gar nicht, das geht so sanft und ruhig, und zum Erklettern senkrechter Flächen ist die Erfindung ganz unvergleichlich. Ihr müßt zugeben, daß das ein gefundenes Fressen für mich ist. Mir fällt das Marschieren so wie so schwer genug, und ich komme keinen sanften Abhang hinauf, geschweige einen steilen."

„In der Tat, das ist außerordentlich bequem. Ist es denn redselig, Euer Schneckchen da?“

„Das nicht gerade. Ich habe einigemal versucht, sie zum Reden zu bringen, aber immer brach sie die Unterhaltung bald wieder ab.“

„Immerhin; für den großen Dienst, den sie Euch leistet ... Doch da gibt uns der Chef ein Zeichen vorwärtszugehen, unsere Gesellschaft setzt sich wieder in Bewegung. Kommt Ihr mit uns?“

„Ja, diesmal werde ich euch begleiten. Nach dem guten Trunke, den ich getan habe, fühle ich mich wie neugeboren, und der Weg vor uns scheint nicht gerade beschwerlich zu sein. Komme ich an ein Hindernis, nun so erwarte ich meine gute Steigerin!“

Die Karawane brach wieder auf. Phili hatte richtig gesehen: das Flußbett bot unseren kleinen Wanderern eine viel bessere Straße als bisher. Anstatt auf Kieseln, die es unterhalb des ehemaligen Wasserfalles ausgefüllt hatten, ging man jetzt auf einer gleichmäßigen Fläche von Sand und feinem Grus, auf dem man rasch von der Stelle kam.

Dieser Umstand brachte indessen den Zug der Gesellschaft ein wenig in Unordnung, denn die besseren Fußgänger überholten nach und nach die anderen, und diese schweiften zufolge eines bei allen mehr oder weniger stark ausgeprägten landstreicherischen Zuges nach rechts oder links ab, sowie es ihnen gerade in den Sinn kam. Marcha bummelte mit dem prächtigen Moritz Karabus II., für den sie eine entschiedene Vorliebe an den Tag legte, unter allerlei Scherzen am rechten Rande des Bachbettes dahin. Plötzlich sah man sie unter Zeichen des Entsetzens zurücklaufen und sich mit ihrem Gefährten der Hauptmasse der Schar anschließen.

„Still!" rief sie der Schabe und der Heuschrecke zu, auf die sie zuerst stieß, „haltet euch auf der anderen Seite und macht so wenig Geräusch, wie möglich. Sagt auch den anderen, sie sollten ruhig sein und vorsichtig weiter gehen."

„Um Gottes willen, was ist denn los?" fragte die Schabe.

„Pst! Dort, am Fuße jenes Felsen in einer Höhle!"

„Nun? und . . ."

„Eine Blindschleiche."

Bei diesem fürchterlichen Namen machte die Heuschrecke einen Seitensprung, die Schabe fiel vor Schreck fast auf den Rücken, und alle zusammen liefen eiligst zu ihren Genossen zurück und beschworen sie, in tiefstem Schweigen und in einem möglichst großen Bogen um den Stein, unter dem das Ungeheuer lag, herumzuziehen.

Der Zwischenfall hatte indessen für unsere Wanderer weiter keine üblen Folgen. Die Blindschleiche regte sich nicht, und so kam man ohne Anfechtung ein gut Stück vorwärts. Als man außer Hörweite des Reptils gekommen zu sein glaubte, machte man Halt.

„Ja, wo ist denn Max?" fragte Marcha.

Unsere Insekten sahen sich um und stellten fest, daß ihnen ihr Chef abhanden gekommen sei.

„Na, das ist mir denn doch eine kuriose Geschichte," rief die Schabe, „den Augenblick war er noch hinter mir."

„Er wird doch nicht etwa von der Blindschleiche abgefaßt sein?" meinte Geiger ängstlich.

„Unmöglich. Ich habe ihn noch gesehen, als wir schon an deren Schlupfwinkel vorbei waren, aus dem sie überhaupt gar nicht herausgekommen ist. Wir haben sie genau beobachtet. Aber dort ist Emma und macht uns Zeichen. Wir wollen doch sehen, was sie will."

Alle liefen auf die Ameise zu, um sich nach der Bedeutung ihrer Winke zu erkundigen. Als sie sich ihr näherten, sahen sie dieselbe vor einem runden Loche stehen, in das sie hinabblickte, und sobald sie bei ihr ankamen, bemerkten sie auch die Ursache ihrer Gesten. Max war in das Loch gefallen und konnte nicht wieder heraus.

Die Wandung des Loches war nämlich sehr steil, und da sie aus Sand und feinkörnigem Grus bestand, so bot sie Maxens Füßen keinen festen Halt, und es war ihm unmöglich herauszuklettern. Alle seine Anstrengungen, sich zu befreien, waren ganz vergeblich, er verzweifelte schon, je wieder aus dieser fatalen Klemme zu kommen, als Emma ihn glücklicherweise bemerkte. Die Grube, in der sich Max gefangen hatte, war indessen nicht übermäßig tief, und man sah in ihrer Nachbarschaft noch mehrere, die in einer geraden Linie quer durch das Bachbett liefen. Sie rührten von den Tritten eines großen Tieres, eines Pferdes wahrscheinlich, her, dessen Hufe sich in den lockeren Boden tief eingedrückt hatten.

„Wie seid Ihr denn da hineingefallen, Max?“ fragte Weber.

„Ich kam zu nahe an den Rand“, sagte Karabus I., „und da gab die Erde unter mir nach.“

„Er hatte aus Angst vor der Blindschleiche den Kopf verloren“, sagte Moritz leise, „er muß halb von Sinnen gewesen sein, denn sonst war es unmöglich, daß er . . .“

Moritz konnte seine hämische Bemerkung nicht vollenden, denn in dem Augenblicke kam auch unter seinen Füßen der Boden ins Rutschen, und er purzelte zu seinem Freund und Vetter in das Loch hinein zur größten Heiterkeit der übrigen Insekten, die sich um so mehr in acht nahmen, die Gesellschaft dort unten nicht noch zu vergrößern.

„Ja", rief Geiger, „wir müssen irgend ein Mittelchen ausfindig machen, wie wir sie wieder herauslotsen. Fällt euch nichts ein?"

„Wie wäre es, wenn wir ihnen etwas hinunterwürfen", schlug die Schabe vor, „zum Beispiel einen Baumzweig oder irgend einen Stengel, daran könnten sie wie an einer Leiter in die Höhe klettern."

„Das wär' was", sagte Geiger, „aber wir haben weder Zweig noch Stengel."

„Nun, dann muß man einen am Ufer suchen."

„Wer sollte denn den dann hierher schaffen? das ist zu weit."

„Wohl wahr, aber habt ihr einen anderen Vorschlag?"

„Ja", sagte Weber, der während der Unterhaltung seiner Freunde nachdenklich geschwiegen hatte, „ich weiß ein Mittel, aber ihr müßt mir beistehen."

„Was ist das für ein Mittel?" fragten alle.

„Das werdet ihr sehen."

Nach diesen Worten ging er rückwärts bis an den Rand des Loches.

„Packt mich bei den Fühlern, Ihr, Phili und Ihr, Geiger. So ist's recht! Haltet fest und laßt mich nicht fahren."

Phili und Geiger kamen dem Geheiße Webers nach, der sich am Rande des Loches, dem er fortwährend die Hinterseite zukehrte, niederließ und den Boden mit den Hinterbeinen wegzuscharren begann, wodurch er einen Erdsturz hervorrief, der ihn selbst mit in die Grube gezogen haben würde, hätten ihn seine Kameraden nicht an den Fühlern gehalten. Er hörte mit diesem Geschäfte nicht eher auf, als bis er eine breite und tiefe Furche gegraben hatte und die ausgescharrte Erde in dem Loche sich zu einem immer höher werdenden, sanft ansteigenden Haufen sammelte. Bald war er hoch genug, daß Max und Moritz ohne große Mühe den Rand ihrer Fallgrube erreichen konnten und von ihren Gefährten vollends herausgezogen wurden.

* * *

Dieser Vorfall war nicht ohne Zeitverlust vor sich gegangen, und es war nicht mehr weit von Sonnenuntergang, als man sich wieder auf die Reise begab. Man gelangte zu einem kleinen Hügel, der vormals in dem Wasser des Baches ein Inselchen gebildet hatte und noch bestanden war mit einem wahren Wald von Klettenblättern, deren Wurzeln zweifelsohne in der Tiefe noch ausreichende Feuchtigkeit fanden, denn die Vegetation war sehr üppig. Unsere Entdeckungsreisenden beschlossen, an dieser Stelle Halt zu machen, da ihnen dieselbe sichere Unterkunft für die Nacht versprach.

Als sie alle unter einem Blatte beieinander waren, ergriff der Chef das Wort:

„Lieben Freunde! Vorwärts kommen wir zwar, und das ist ja auch ganz schön, aber bis jetzt haben wir noch gar nichts für unseren Magen getan. Ich für meine Person kann nicht mehr lange mitmachen, wenn ich mich nicht umfassend stärke. Die Gegend hier herum scheint mir recht geeignet, mich mit Lebensmitteln zu versorgen, ich werde euch daher jetzt verlassen und auf die Jagd gehen. Wer will, kann sich mir anschließen, jeder nach seinem gusto. Heute abend sehen wir uns wieder."

Hierauf schlug sich Max in den Wald von Kletten und war bald im Schatten ihrer großen Blätter verschwunden.

Moritz, Feronia, sowie Piffke und Paffke, die

Bombardiere, machten es auch so, Emma und Bettina, die Ameisen und Skolopender und Armadillo zögerten nicht, sich ihnen anzuschließen, und bald war niemand mehr im Lager als Weber, Karpfenstecher, Marcha, Reduvius, Tegenaria Lauerwinkel, Geiger, die Schabe und die Calosoma-Larve, die sich zu einem gemütlichen Schwätzchen anschickten.

„'s ist nur ein Glück", sagte die Larve „daß ich lange ohne Nahrung zubringen kann, sonst wäre ich sehr übel dran."

„Weshalb?" wurde gefragt.

„Weil ich in diesem Klettenwalde ganz gewiß keine Raupen finden würde, das einzige Futter, was mir paßt."

„Was speist Ihr für gewöhnlich?" erkundigte sich Phili.

„Raupen vom Prozessionsspinner, aber ich weiß bestimmt, daß ich keine Aussicht habe, hier welche zu finden."

„Allerdings, denn meines Wissens leben diese Raupen bloß auf Eichen und nur selten einmal auf anderen Bäumen."

„So ist's. Aber zum guten Glück habe ich vor unserer Abreise eine gehörige Mahlzeit gehalten, und so kann ich das Ding vier Wochen mit ansehen, ohne daß mir das weiter Beschwerden macht."

„In Euren Jahren kann man lange hungern", sagte Karpfenstecher. „Ich weiß es noch ganz genau, wie ich in meiner Jugend, als ich auch noch eine Larve war, wochenlang ohne Speise zugebracht habe, und ich war nicht hungriger wie jetzt."

„So ist es meistens", bemerkte Weber, „wir können alle lange hungern, ohne daran zugrunde zu gehen, wenn sich aber nachher die Gelegenheit zu einem tüchtigen Schmause findet, dann schmeckt's auch noch einmal so gut."

„Mein Leibgericht“, schaltete Marcha ein, „sowohl in meiner Jugend wie auch noch heutigestags ist Labkraut. Ich hätte schon Appetit auf die fetten Blätter der Kletten hier, aber pfui Teufel! die sind ein schlechtes Essen und gallbitter. Übrigens kann auch ich lange ohne Nahrung zubringen, ohne weiteren Nachteil davon zu empfinden. Und wie ist es mit Euch, Weber?“

„Ich habe die Eßlust verloren“, sagte dieser. „In meinen Jahren gibt man nicht viel mehr auf die Freuden der Tafel. Bei den großen Tieren und beim Menschen ist es bekanntlich gerade umgekehrt.“

„I, das wäre!“

„Ja, ja.“

„Und wie geht das zu.“

„Wie das zugeht? weil unsere Organisationen eben ganz verschieden sind. Im Grunde genommen sind unsere Freuden, Neigungen, Triebe zwar die gleichen, aber die Lebenszeit, in der sie ihren lebhaftesten Ausdruck finden, sind gerade die entgegengesetzten.“

„Wie denn?“

„Nun, in unserer Jugend haben wir für nichts Sinn als fürs Essen. Nicht wahr, Phili? Ich berufe mich auf Eure eigene Erfahrung, habt Ihr in Euerm Larvenalter je andere Gedanken gehabt, als gut und namentlich viel zu essen? Nicht wahr? nun, mir ging's genau so.“

„Nun, und die Menschen ....“

„Gerade umgekehrt. Sie werden um so größere Leckermäuler, je älter sie werden.“

„Erstaunlich.“

„Sie pflegen dann zu sagen: der Mensch muß doch was haben.“

„Ha! ausgezeichnet! Aber sagt einmal, Weber, es

geht die Rede, Ihr wüßtet um der Menschen Tun und Lassen. Habt Ihr mit Ihnen je zu schaffen gehabt?"

„Niemals. Was ich von ihrem Treiben weiß, habe ich von einer Fliege erfahren, die in ihrer Gesellschaft gelebt hatte und mich zuweilen besuchte. . . ."

In diesem Augenblick wurde die Unterhaltung durch einen lauten Schrei unterbrochen, der nicht weit vom Lager ausgestoßen zu sein schien.

„Was war das?" rief Geiger. Derselbe Schrei ließ sich nochmals, aber schwächer vernehmen.

„Das ist die Stimme von einem der beiden Bombardiere", behauptete die Schabe.

„Bewahre," sagte Weber, „das war eine fremde Stimme. Doch horch! man ruft Hilfe, laßt uns sehen, was geschieht."

Alle liefen nach der Richtung hin, aus der das Angstgeschrei sich hören ließ.

Sie brauchten nicht weit zu gehen. Als sie um einen Stein bogen, nahmen sie zwei Bienen wahr, die wütend über den Körper eines kleinen Käfers her waren, den sie mit Stichen durchbohrten. Der Unglückliche krümmte sich im Todeskampf.

Weber und seine Genossen wollten sich dazwischen werfen, um dieser Mordszene ein Ende zu machen. Aber eine von den Bienen, die sie beobachteten, rief ihnen zu:

„Laßt ab! seht ihr denn nicht, daß es eine Sitaris ist?"

„So, und was hat sie denn begangen, diese Sitaris?"

„Wie? Ihr wißt nicht, wie sie sich an uns versündigt hat? Sie ist ja eine Räuberin, eine Diebin, die Todfeindin unseres Geschlechts."

„Macht keine albernen Redensarten. Das arme Geschöpf ist ja viel schwächer als ihr."

„Ja, es ist schwächer als wir, das stimmt, aber das schließt nicht aus, daß diese niederträchtige Verräterin auf unsere Kosten und auf die Kosten unserer Kinder lebt, die sie ohne Erbarmen abschlachtet. Die da wenigstens wird uns nichts mehr zuleide tun!"

Mit diesen Worten flogen die Bienen davon und ließen die Leiche des Sitaris, über die sie so wütend hergefallen waren, liegen. Nachdem sich unsere Insekten überzeugt hatten, daß der Käfer mausetot sei und nichts mehr für ihn geschehen, ja ihm nicht einmal eine Leichenrede gehalten werden könne, denn sie kannten seine Lebensgeschichte nicht, kehrten sie im Gespräche über dies Ereignis zu ihrem Biwak zurück.

„Wer von euch weiß denn, weshalb die so erbost auf die Sitaris sind?" fragte Geiger.

„Das ist ein ganzer Roman," erwiderte Weber.

„Los, erzählt ihn uns," drängten die Insekten.

„Ich hatte einmal," sagte Weber, „eine Biene zur Freundin, die sich gern mit mir unterhielt. Diese Bienen haben Kenntnis von vielen Dingen. Die meinige gab mir oft ausführliche Nachricht von ihrem und ihresgleichen Leben."

„Sie leben in Staaten, nicht wahr?" fragte Marcha.

„Ja und ihre Sitten sind höchst merkwürdig. Es würde zu viel Zeit beanspruchen, wenn ich euch ihre ganze Geschichte heute erzählen wollte, aber ich will euch von den Konflikten reden, in die sie bisweilen mit anderen Insekten geraten. Jedenfalls wißt ihr, daß sie in ihren Wohnungen große Vorräte einer eigentümlichen süßen Masse, die sie aus den Blumen gewinnen, aufspeichern und von der sie sich selbst, sowie ihre Larven ernähren. Dieser Zuckersaft, den sie als Honig zuzubereiten verstehen, hat zahlreiche Liebhaber. Da aber die Bienen nichts weniger als dumm, außerdem auch gut bewaffnet sind, so ist es kein kleines Kunststück, sie zu betrügen und noch schwerer, ihnen mit Gewalt beizukommen. Trotzdem aber gibt es ganz abgefeimte Gauner, die auf ihre Kosten zu leben verstehen, ohne daß sie es sich träumen lassen. Sie merken's erst, wenn ihnen der Streich gespielt ist, zu spät also, um noch etwas dagegen tun zu können. Ich will euch mit wenig Worten die Geschichte eines solchen Honigdiebes erzählen, der den gelungensten Weg einschlägt, sich bei ihnen einzuschleichen und sich auf ihre Kosten zu füttern.

„Weiter, Weber, weiter, wir sind ganz Ohr."

Fünftes Hauptstück.

Ein Hauptschreck.

„Die zahlreichen Arten der Bienen," begann **Weber** seine Erzählung, „bewohnen entweder einzeln oder in zahlreichen Volkswesen allerlei natürliche Höhlungen, wie Baumspalten, Mauerlöcher oder von Menschen ihnen, aus hier nicht näher zu erörternden Gründen verfertigte Hüttchen, die man Körbe nennt. In allen diesen Höhlungen verfertigten sie große senkrechte Wände in verschiedener Anzahl, die sich aus einer beträchtlichen Menge kleiner Gemächer zusammensetzen. Jene Scheidewände oder Waben und Gemächer oder Zellen erbauen die Bienen aus einem Stoffe, den sie aus Pflanzen gewinnen und den man Wachs nennt, manche Arten auch aus anderen Stoffen. Ich muß bemerken, daß sich in den größeren Bienenstaaten eine Mutterbiene, Königin oder Weisel, befindet, welche den Stock nicht verläßt, und eine beträchtliche Masse von Arbeiterinnen und das sind solche, die wir auf den Blumen umherfliegen sehen. Die Königin verbringt ihr Leben damit, Eier zu legen und zwar in die eben erwähnten kleinen Zellen. Wenn sie ein Ei in eine solche Zelle abgelegt hat, so fügen Arbeiterinnen, die ihr bei diesem Geschäfte folgen, ihrerseits eine bestimmte Menge Honig hinzu und schließen die Zelle darauf mit einem Wachsdeckel.

„Wenn alles seinen regelrechten Verlauf nimmt, so

schlüpft das Ei aus. Es kommt eine kleine Bienenlarve von Ansehen eines weißen Würmchens zum Vorschein, die in dem Maße, wie sie den ihr zur Verfügung gestellten Honigvorrat verzehrt, an Größe zunimmt und endlich, wenn sie denselben ganz verzehrt hat, sich in eine Puppe oder Nymphe verwandelt. Eines schönen Tages erscheint dann die fertige Biene ganz in der Art der übrigen, durchnagt den Deckel ihrer Zelle und gesellt sich zu der Schar ihrer Genossinnen, um sich an deren Arbeiten zu beteiligen.

„Aber so regelrecht verläuft der Vorgang nicht immer und gelegentlich schlüpft aus einer Zelle, in welche das Ei einer Biene — und zwar besonders aus der Gattung, die den Namen Anthophora führt und in Mauerlöchern haust, — gelegt wurde, eine Sitaris. Wie war eine solche Verwechslung der Kinder möglich? Nun, das will ich euch erklären.

„Die weibliche Sitaris beobachtet eifrig, welche Blumen von der betreffenden Bienenart am meisten besucht werden, und auf diese legt sie ihre Eier. Aus den Eiern kommt eine winzig kleine Larve zum Vorschein, von schwarzer Farbe, bewaffnet mit einem Paar starker Kiefer und ausgestattet mit langen, am Ende mit Krallen versehenen Beinen und langen Fühlern, d. h. stark und lang im Verhältnis zur Körpergröße. Diese kleine Larve, der man den Namen Triungulina beigelegt hat, wartet in ihrer Blume geduldig auf den Besuch der Bienen. Sobald eine solche erscheint und damit beschäftigt ist, Blütenstaub und Honig zu sammeln, klettert die Triungulina ganz sachte und unbemerkt auf ihren Rücken und versteckt sich unter den Haaren, welche diese Körpergegend der Biene bedecken.

„Sobald die Biene ihr Geschäft erledigt hat, fliegt sie

nach Hause, ohne auch nur eine Ahnung davon zu haben, daß sie einen gefährlichen Feind mit heimträgt.

„Dieser kleine Feind verfolgt alles Tun seiner Trägerin mit der größten Aufmerksamkeit, läßt sie die Zelle mit Honig füllen, bevor sie aber den Deckel ganz vollendet hat, schlüpft er in die Zelle, ohne daß jene es bemerkt, und läßt die Türe hinter sich schließen.

„In der Zelle nun vollzieht sich in Schweigen und Dunkel ein wahres Verbrechen.

„Die Triungulina nähert sich dem Bienenei, das, beiläufig bemerkt, so groß wie sie selber ist, durchbeißt dessen Schale mit ihren Kiefern, steckt den Kopf durch das Loch und saugt den Inhalt mit um so größerem Behagen, als es die erste Nahrung ist, die sie seit ihrer Geburt genießt. Nach einigen Tagen ist das Ei ausgefressen und die Triungulina ist bis zum Platzen voll."

„Merkwürdig!" rief Karpfenstecher, „wahrhaftig höchst merkwürdig!"

„Wartet nur, jetzt wird die Geschichte erst recht merkwürdig. Ich sagte, die Triungulina sei voll bis zum Bersten. Sie berstet auch in der Tat, d. h. ihre Haut spaltet sich oben entlang des Rückens, und durch diese Spalte schlüpft sie selbst aus der alten Haut in Gestalt eines kleinen, weißen, fetten Würmchens ohne Füße, Kiefer und Augen. So wälzt sich nun in dem Honigseim ein kleines Wesen, das aussieht, als könne es kein Wässerlein trüben, und verbringt in voller Sicherheit sein Dasein in Wohlleben und Schwelgerei.

„Das ist die zweite Verwandlung. Daß die Larve ihrer kräftigen Kiefer, ihrer langen Beine und Fühler verlustig gegangen ist, ist durchaus logisch, denn alle diese Dinge würden ihr nicht nur nicht nützlich, sondern sogar hinderlich sein. In Honig sitzend bis zum Hals, hat sie kein anderes Sinnen und Trachten, als ihren Appetit zu befriedigen, und das tut sie im vollsten Maße. Ist das nicht ein gescheites Tierchen?"

„Hört einmal, Weber", sagte Geiger, „Ihr müßt uns keinen Bären aufbinden."

„Das tue ich auch nicht. Ich kann euch versichern, daß alles, was ich euch erzählt habe, die lautere Wahrheit ist, ich habe nur wiedergegeben, was ich von einer alten, würdigen Biene erfahren habe, in deren Wahrhaftigkeit ich nicht die geringsten Zweifel zu setzen Ursache habe. Aber laßt mich fortfahren in der Erzählung von der Sitaris.

„So verbringt die Larve, eingeschlossen in ihrer kleinen Zelle, schwimmend in Honig, frei von jeder Furcht vor Gefahr, mehrere Monate in der schönsten Gemütlichkeit. Sie wächst langsam, ändert noch drei verschiedene Male ihre Gestalt, bis sie endlich in den vollkommenen Zustand übergeht und eine echte Sitaris geworden ist vom Wirbel bis zur Sohle. Nun kommt der Sommer, da verläßt sie ihre Wiege und Kinderstube und macht sich aus dem Staube, um sich die Welt draußen anzusehen. Was meint ihr zu solch einem Leben?"

„Sapperment, das ist ein kluges Persönchen", bemerkte Phili, „und es hat ein ausgezeichnetes Mittel gefunden, auf anderer Unkosten höchst behaglich zu leben."

„Ja", sagte Marcha, „aber das Mittel ist doch eigentlich wenig ehrenhaft. Eure Sitaris ist eine gemeine Seele, und ich möchte sie niemals zur Freundin haben."

„Nu! nu!" beschwichtigte Weber, „nur nicht gleich gar zu streng urteilen! Wenn es in der Natur der Sitaris läge, sich wie Ihr von Gemüse zu ernähren, dann würde sie ihr Leben unter Gewächsen dahin bringen, so ehrbar wie Ihr. Aber sie ist nun einmal so organisiert, daß sie in ihrer Kindheit von Honig leben muß, den ihre Eltern ihr nicht schaffen können, und da sind diese freilich verpflichtet, ihr Kind so unterzubringen, daß es sich selber helfen kann. Was, meint Ihr wohl, würden die Bienen dazu sagen, wenn man ihnen zumuten wollte, Kraut zu fressen? Ist hier unsere Jungfer Lauerwinkel imstande, von Blättern und Obst zu leben? Nein, sie ist es nicht, sie muß Fliegen haben. Da sie aber keine Flügel besitzt, sie zu verfolgen, so ist sie wohl oder übel dazu gezwungen, ihnen Fallen zu stellen. Die Natur zwingt sie dazu und gegen deren Gesetze, da hilft kein Wenn und kein Aber."

„Ich bin ganz Eurer Meinung, Weber", stimmte Phili zu.

„Nun ihr werdet doch wenigstens zugeben", warf Geiger ein, „daß es weniger zweideutige Lebensweisen gibt!"

„Du mein Gott", sagte Weber, „das sind Folgen des Universalgesetzes. Des einen Tod ist des anderen Brot. Es ist mit Blut geschrieben, dies Gesetz, aber die Natur, die es geschrieben hat, ist uns keine Rechenschaft schuldig. Aber lassen wir diese heikeln Erörterungen beiseite, sie übersteigen unseren Horizont. Wir wollen lieber von etwas anderem reden."

„Ich hatte, als ich noch drunten bei den alten Weiden wohnte, eine ganze Kolonie von Kryptorhynchen, ganz harm- und wehrlosen Rüsselkäferchen, zu Nachbarn. Sie leben auf der Oberseite der Blätter und sind daher den Verfolgungen der Vögel sehr ausgesetzt. Wißt ihr nun, was für ein Mittelchen sie praktizieren, um diesen zu entgehen? Ein albernes, im Grunde genommen, aber sie erzielen ausgezeichnete Erfolge damit. Bei der geringsten

Gefahr lassen sie sich fallen und stellen sich tot, was sie ganz erstaunlich gut verstehen, und täuschen so ihre Feinde. Ich habe mir einmal den Spaß gemacht, einen eine Viertelstunde lang zu drangsalieren, ohne auch nur imstande zu sein, ihm die geringste Bewegung abzugewinnen. Ich rollte ihn, ich kitzelte ihn, ich zwickte ihn in die Beine und Fühler, er gab kein Lebenszeichen von sich. Wenn ich ihn nicht den Augenblick vorher beobachtet hätte, wie er es sich vorzüglich wohlschmecken ließ, würde ich darauf geschworen haben, daß er mausetot sei. Es war auch keine Folge jener gewaltsamen Maßregeln, denn ich hatte nicht die mindeste böse Absicht betreffs seiner. Endlich entschloß er sich doch, mit einem Auge zu blinzeln, er hatte aber Zeit dazu gebraucht. Denkt euch, erst nach einer guten Viertelstunde!"

„Ach, bloß die Angst hatte ihn gelähmt, er war gewissermaßen hypnotisch."

„Ja, das hatte ich früher auch geglaubt, aber später bin ich von dieser Ansicht zurückgekommen. Der Kryptorhynchus hat mir den deutlichen Beweis geliefert, daß es nicht die Angst ist, die ihn wie tot erscheinen läßt, denn wäre das der Fall, dann würden seine Beine und Fühler ausgestreckt und schlaff herabhängen, anstatt daß er sie zusammenziehen und fest an den Körper angelegt halten würde. Das zeigt doch ganz deutlich, daß die Stellung vollständig freiwillig angenommen wird."

„Das ist wahr", bemerkte Tegenaria, „viele Spinnen verstehen es, sich durch dasselbe Mittelchen den Blicken ihrer Feinde zu entziehen, und ich weiß aus ihrem eigenen Munde, daß eine derartige Regungslosigkeit auf einem Kniff ihrerseits beruht."

„Der Tausend", warf Geiger ein, „ich war immer der Meinung, ihr Spinnen führtet gar keine Unterhaltung miteinander!“ womit er auf den schlimmen Charakter und die wohlbekannte Ungeselligkeit der Spinnen anspielte.

Tegenaria warf ihm einen bitterbösen Blick zu, enthielt sich aber weiterer Bemerkungen.

* * *

Armadillo hatte sich wieder zu unseren Plauderern gesellt und die Erzählung Webers über die Gewohnheiten der Kryptorhynchen mit angehört. Auch er konnte die Versicherungen des Bockkäfers über diesen Punkt bloß bestätigen.

„Bei uns,“ sagte er, „gilt die Regel, daß wir uns zu einer Kugel zusammenrollen, wenn uns irgend eine Gefahr droht. So verstecken wir unsere Beine und Fühler unter dem festen Ringelpanzer, der unsere Rücken vom Kopfe bis zum Schwanze bedeckt. Das Stückchen machen uns die Igel nach, die uns diese Verteidigungsweise abgeguckt haben.“

„Oder ihr macht vielmehr die Igel nach,“ warf Geiger ein, der unverbesserlichste Streithahn der ganzen Gesellschaft.

„Wie Ihr wollt, Freundchen, ich streite mich nicht darum. Das weiß ich, daß es immer diese unschätzbare Gabe war, die mich bei verschiedenen Gelegenheiten aus Not und Tod rettete.“

„Als Ihr z. B. den Purzelbaum vom hohen Felsen herabschluget.“

„O nein, das war ein alltägliches Ereignis. Da ist mir einmal ein ganz anderes Abenteuer widerfahren. Denkt euch, eines Tages stürze ich in ein Wespennest. Ihr könnt euch mein Entsetzen vorstellen, wie ich mich plötzlich an einem so schrecklichen Orte befand! Ich hatte gerade noch Zeit, mich zu einem Ball zusammenzurollen. Die Wespen waren über mein Eindringen, das sie vermutlich für beabsichtigt hielten, außer sich und fielen mit ihren Stacheln in großer Zahl über mich her. Glücklicherweise bestand mein Harnisch diese Waffenprobe. Sie kamen bald zu der Überzeugung, daß ich unter diesem hörnenen, festen Panzer wie ein zweiter Siegfried ihrer Wut spotten könnte, sie versuchten daher, mich aufzurollen, aber mein Körper, rund und glatt wie eine Billardkugel, bot ihnen keinen Punkt, wo sie ihre Hebel ansetzen konnten, und alle ihre Anstrengungen blieben erfolglos. Endlich wurde ihnen die Sache langweilig, und sie ließen mich weiter ungeschoren."

„Wie seid Ihr denn aus dem Wespenneste wieder herausgekommen?" fragte Marcha.

„Während in der nächsten Nacht die Wespen schliefen, schlich ich mich ganz sachtchen, ohne daß sie etwas gewahr wurden, aus ihrem Anwesen hinaus."

Während dieser Unterhaltung waren Max und Moritz wieder im Lager eingetroffen, und nach und nach folgten auch ihre Kameraden, die sich auf die Suche nach Nahrung begeben hatten. Alle hatten etwas für ihren Schnabel gefunden und kehrten befriedigt zurück.

Marcha, die eine kleine Musikfreundin war, forderte Joachim Geiger auf, einige Stückchen seines Repertoires zum besten zu geben. Der lustige Musikante ließ sich nicht lange nötigen und spielte seinen Zuhörern einen Marsch eigener Komposition vor, der den größten Beifall fand.

Als die Nacht hereinbrach, legte sich ein jedes zum Schlaf, und bald herrschte tiefes Schweigen im Lager unserer Reisenden.

* * *

Gegen Mitternacht entstand Alarm.

Weber hatte in der Nähe ihres Quartiers ein Geräusch vernommen, eine Art Rascheln, hervorgebracht durch irgend ein Tier, das zwischen den Klettenstengeln durchschlüpfte, und er stand auf, um nach der Ursache zu sehen.

Ein starker Moschusgeruch, den ihm ein Windhauch zufächelte, machte ihn stutzig.

Er durchforschte mit seinen Blicken das umgebende Dickicht und sah zu seinem großen Entsetzen eine Spitzmaus, die direkt auf das Lager zugelaufen kam.

Kaum noch hatte er Zeit, eiligst zurückzulaufen und zu schreien:

„Wacht alle auf, wacht auf, rette sich, wer kann!“

Diese Alarmrufe weckten die Schläfer, alle sprangen rasch auf die Füße und machten sich fluchtbereit.

„Hierher, hierher! mir nach!“ rief **Weber** und entfernte sich eiligst in der entgegengesetzten Richtung, als die war, aus welcher die Spitzmaus kam, aus dem Lager.

In einem Nu war das Lager leer, und die ganze Gesellschaft folgte dem Bockkäfer auf dem Fuße nach und machte nicht eher Halt, bis sie weit genug und außerhalb des Bereiches der Spitzmaus zu sein glaubte.

Wenn wir eben sagten „die ganze Gesellschaft“, so waren wir im Irrtum: **Phili** fehlte und die Schnecke.

Die letztere freilich hätte nichts auf der Welt zum schnellen Laufen bringen können, aber sie brauchte es auch nicht, denn in ihrem Hause war sie vor den Zähnen des nächtlichen Raubtieres sicher.

„Aber **Phili**? ....“

„Er ist mit uns ausgerissen,“ sagte **Weber**, „das weiß ich sicher“.

„Seid Ihr Eurer Sache gewiß?“ fragte **Max**.

„Ganz gewiß. Wie er von dem Steine herabsprang, stolperte er und drehte sich ein paarmal um und um. Ich habe es gesehen, denn ich war ganz dicht neben ihm."

„Da müssen wir uns doch einmal überzeugen, ob ihm nicht etwas widerfahren ist. Folge mir, Moritz!"

Die beiden Karaben kehrten um und gingen vorsichtig wieder in die Richtung des Lagers und durchspäheten bei dem Lichte des Mondes, das durch die Blätter fiel, die Umgebung des Dickichts.

„Achtung!" rief Max, „da sehe ich sich was regen".

„Wo?"

„Dort, hinter jenem weißen Steine".

„Wir wollen langsam und leise näher gehen."

Die Karaben legten sich flach auf den Sand nieder und fingen an nach der von Max angegebenen Richtung hin, ohne das leiseste Geräusch, zu schleichen. Wie sie hinter einem Klettenstiel im tiefen Schatten der dichten Blätter angekommen waren, erhoben sie sich langsam und erblickten folgendes:

Nicht weit von ihnen und voll beleuchtet, denn der Mond schien hell genug, lag Phili, ohne die geringste Bewegung, entweder vom Schreck gelähmt oder tot. Neben ihm saß die Spitzmaus, die ihn aufmerksam betrachtete. Von Zeit zu Zeit zerrte sie ihn einmal an einem Beine und schien sich offenbar nicht klar darüber, ob sie es mit einem lebenden Wesen oder mit einer Leiche zu tun habe.

Die Spitzmäuse sind bekanntlich kleine, was die allgemeine Gestalt angeht, mauseähnliche Tiere, aber von ganz abweichender Lebensweise, indem sie keine Nager sind wie diese, sondern sich von lebenden Insekten ernähren, auf die sie lebhaft Jagd zu machen pflegen.

„Sollte er tot sein?" raunte Moritz Maxen ins Ohr.

Herr Phili Karpfenstecher wird von einer Spitzmaus entführt.

„Das kann ich kaum glauben," antwortete dieser ebenso. „Phili würde sich nicht so ohne Gegenwehr haben abschlachten lassen, jedenfalls nicht ohne zu schreien, was wir bei der Stille der Nacht gehört haben müßten. Ich bin überzeugt, er tut nur so, als ob er tot wäre. Das ist das einzige Mittel für ihn, sich zu retten ...."

„Sieh, die Maus schleppt ihn fort," unterbrach ihn Moritz.

„Hölle und Teufel!"

„Was nun?"

„Wir müssen nach. Wir können unseren Kameraden nicht so im Stiche lassen. Wir müssen wissen, was die wilde Bestie da mit ihm vorhat und nach den Umständen handeln."

Die Spitzmaus hatte Phili auf ihren Rücken gepackt und trippelte von dannen. Alle Augenblicke machte sie Halt und wandte sich halb um, um zu lauschen. Offenbar merkte sie an einem leisen Geräusche, daß man ihr folgte.

„Jetzt gilt's, Moritz, wir dürfen nicht länger zaudern," sagte Max leise, aber rasch, „hast du eine gehörige Portion Beize in Bereitschaft? Ja? Nun, denn in Gottes Namen los, und ziel auf die Augen."

Mit einigen raschen Sprüngen waren die beiden mutigen Karaben neben der Spitzmaus, die überrascht Phili fallen ließ und sich gegen ihre Angreifer wandte.

„Auf die Augen!" schrie Max.

Mit den Worten drehte er sich schnell herum und überschüttete den Kopf des Raubtieres mit jener brennenden Flüssigkeit, von welcher die Käfer seiner Sippe immer Vorrat bei sich führen. Moritz verfuhr seinerseits genau so.

Zufolge dieses höchst unerwarteten Angriffes seitens

zweier Insekten, deren Verwandte sonst vor ihr regelmäßig Reißaus zu nehmen pflegten, war die Spitzmaus starr vor Erstaunen. Sofort aber brachte sie ihre Pfoten an die Augen, erst mit leisem Brummen, aber bald schoß sie mit schrecklichem Schmerz- und Wutgeschrei davon.

Unsere beiden tapferen Karaben hatten richtig gezielt.

„Hurra!" schrie Phili, plötzlich auf seine Füße springend. „Hurra! Drauf, drauf!" brüllte er unter einer Reihe höchst ungewöhnlicher, extravaganter Gebärden. „Hurra, schlagt tot, schlagt tot! Drauf, drauf! Bravo, Max, gib's ihr, Moritz. Ihr nach, ihr nach!"

Der sonst so gesetzte Phili war ganz außer Rand und Band. Er hatte solche Todesangst ausgestanden, er war so sehr davon überzeugt gewesen, sein letztes Stündchen sei gekommen, daß die plötzliche Befreiung eine derartige Reaktion in seinem Geiste bewirkte, daß er augenblicklich den Verstand verloren zu haben schien. Er sprang umher, stampfte den Boden, lachte krampfhaft und war wie im Delirium. Zu guter Letzt fiel er in Ohnmacht.

Sie dauerte aber nicht lange. Wie er wieder zu sich kam, schien er wie aus einem Traume erwacht. Er sah seine Freunde an, und die Erinnerung an das, was ihm widerfahren war, kam ihm nach und nach wieder. Er bedankte sich innigst bei den Laufkäfern für die unerwartete Hilfe, die sie ihm gebracht hatten.

„Könnte dies schauderhafte Vieh nicht etwa wiederkommen, was meint ihr?" fragte er, „täten wir nicht besser, uns zu drücken, was?"

„Wie!" rief Moritz, „eben noch wolltet Ihr die Räuberin verfolgen?"

„Ich?"

„Ja, Ihr. Ihr schriet: Ihr nach, ihr nach!"

„Nicht die Möglichkeit."

„Ja, ja," sagte Moritz, dem es Spaß machte, seinen Gefährten ein wenig zu schrauben. „Ihr wolltet die Spitzmaus verfolgen. Wir hatten Mühe, Euch zurückzuhalten."

„Meiner Seel'! ich erinnere mich dessen wahrhaftig nicht mehr," sagte Phili ehrlich. „Da muß ich wohl den Kopf verloren gehabt haben!"

„Nun, mein lieber Freund," ließ sich Max hören, „das ist wahrhaftig sehr zu entschuldigen. Aber ich dächte, wir hätten hier weiter nichts zu suchen. Wir wollen machen, daß wir unsere Kameraden wiederfinden, um sie zu beruhigen."

Bald hatte man die Reisegesellschaft erreicht, die in angstvoller Unruhe auf den Erfolg des Handstreiches der beiden Karaben gewartet hatte. Sie hatten das Brüllen des Raubtieres gehört und waren durch das fürchterliche Geschrei, das plötzlich die Stille der Nacht durchbrach und dessen Ursache ihnen unbekannt war, erstarrt vor Entsetzen. Moritz berichtete ihnen alle Einzelheiten des schrecklichen Abenteuers, und nach einem lebhaften Austausche von Ansichten und Meinungen war nur eine Stimme: „Eintracht schafft Macht, — mit vereinten Kräften stürzt man Berge, — treue Freunde sind die besten Waffen." Langsam machten sie sich wieder auf den Weg zu ihrem Lager in der Hoffnung, daß die Spitzmaus auf Nimmerwiedersehen abgezogen sei.

Diese Hoffnung wurde nicht enttäuscht. Die Nacht verlief weiter ruhig.

Sechstes Hauptstück.

In dem sich Tegenaria als Schlachtopfer hinstellt.

Als man am anderen Morgen aufbrach, schien die Sonne schon mit hellem Glanze, und ihre glühenden Strahlen erhitzten die Kiesel im trockenen Bette des Bergbachs. Geiger fühlte sich in dieser Temperatur äußerst behaglich und erheiterte seine Mitreisenden durch den Vortrag seines Lieblingsmarsches. Der Tag drohte weit heißer werden zu wollen als die vorhergegangenen, und bereits gegen neun Uhr wünschte die Mehrzahl der Gesellschaft lebhaft die mittägliche Unterbrechung des Marsches. Max stellte sich taub, mußte aber endlich doch den Klagen derer, die von der Hitze am meisten zu leiden hatten, nachgeben und stand still.

„Jetzt ist noch nicht die Zeit gekommen, Halt zu machen," sagte er, „wenn ihr euch so sehr gehen lasset und nur eurer Bequemlichkeit lebt, werden wir nun und nimmermehr unser Ziel erreichen. Denkt doch an die, welche uns die Wahrung ihrer Interessen anvertraut haben."

„Ihr habt gut reden," erwiderte ihm die Spinne ärgerlich, „wenn Euch diese Hitze auch erträglich vorkommt, mit mir ist das keineswegs der Fall."

„Ruhig Blut, meine Beste, ereifern wir uns nicht. Diese Hitze behagt mir ebensowenig wie Euch, aber ich gab Euch schon zu bedenken, daß wir nicht gerade auf einer Erholungsreise begriffen sind, und ein jeder unter uns mußte, als wir aufbrachen, wissen, daß er einige Strapazen würde zu ertragen haben. Die Pflicht ist nicht immer ein Vergnügen."

„Wenn es sich bloß um Strapazen handelte," entgegnete Tegenaria, „so würde ich meine Pflicht so gut tun wie der beste unter euch. Für mich fällt aber die Sache viel schwerer ins Gewicht: mein Leben steht auf dem Spiele und ich verlange gebieterisch, daß der Marsch unterbrochen wird."

„Aber," gab Weber zu bedenken, „ist es denn nötig, daß wir gerade im Sonnenschein unsere Straße fürbaß ziehen? Laßt uns doch jenes Klettendickicht aufsuchen, das sich dort an der Seite hinzieht. Dort haben wir Schatten und können, wenn auch wahrscheinlich weniger schnell, so doch sicher weit angenehmer wandern als über diese Kiesel, die uns die Füße verbrennen."

Alle Anwesenden gaben dem Vorschlage des Bockkäfers Beifall, und bald hatte die ganze Gesellschaft das Klettendickicht erreicht, wo die großen Blätter einen Schatten und eine Kühle verbreiteten, die für unsere Wanderer außerordentlich wohltuend waren.

Unter diesen Umständen konnte man sogar die mittägliche Ruhepause übergehen und seinen Weg den ganzen Tag lang fortsetzen. Von Zeit zu Zeit entsandte Max eine der gewandten Ameisen zum Rekognoszieren auf die Spitzen der Blätter, damit man auch gewiß sei, die rechte Richtung einzuhalten, denn ohne diese Vorsichtsmaßregel hätte es wohl geschehen können, daß man sich verirrt hätte, indem man entweder zu weit nach rechts oder links gekommen, ja vielleicht sogar zurückgegangen wäre.

So legten unsere Reisenden an diesem Tage eine

Bald hatte die ganze Gesellschaft das Klettendickicht erreicht.

Etappe zurück, dafür machten sie gegen Sonnenuntergang auch eher Halt als am Abend vorher. Sie suchten sich einen breiten platten Stein zum Lagerplatz, über den sich ein großes Blatt derart wegwölbte, daß es mit seinen Rändern auf jenen zu liegen kam und so den darunter Übernachtenden im Falle von Regen einen genügenden Schutz bot.

Sie hatten bei ihrer Wahl zugleich darauf Bedacht genommen, daß sich das Lager auf einer über den umgebenden Boden erhöhten Stelle befände, was sehr klug war, denn man konnte aus gewissen Anzeichen entnehmen, daß man vor Morgen noch ein Gewitter haben würde. Der Himmel hatte sich nach und nach mit einem gleichmäßigen Schleier bleigrauer Wolken bezogen, in der völlig ruhigen Abendluft zitterte kein Blättchen, die drückende, lähmende Hitze und ein dumpfes Grollen in der Ferne ließen keinen Zweifel an einer bevorstehenden Entfesselung der Elemente aufkommen.

Da der Abend noch nicht weit vorgerückt war, so plauderte man, und die Unterhaltung drehte sich um die verschiedenen Erlebnisse des Tages.

* * *

Die Gegend, in der man sich befand, wurde von zahlreichen Mückenschwärmen bewohnt. Phili setzte seinen Gefährten auseinander, daß diese Insekten, solange sie Larven wären, im Wasser lebten, wo sie lebhaft auf eine Menge kleinerer Tierchen Jagd machten. Auch er, fügte Karpfenstecher hinzu, habe in seiner Jugend so gelebt, da er erst im ausgebildeten Zustande in das Lager der Vegetarier übergegangen sei.

„Und die Mücken selbst“? fragte Geiger, „haben die auch jetzt noch diese Geschmacksrichtung? leben sie immer noch vom Raube?“

„Ja und nein. Sie besitzen keine Kiefer zum Beißen mehr, sondern statt dessen einen Saugrüssel mit scharfem Bohrstachel, und sie fressen zwar nicht mehr eigentlich Fleisch, aber ihre Sitten sind doch noch blutdürstig. Sie greifen jetzt Säugetiere an und zapfen ihnen Blut ab.“

„Vieles Fliegenvolk,“ fügte Weber hinzu, „nährt sich auf Kosten der höheren Tiere, sei es, solange sie leben, oder von ihren Leichen. So quälen z. B. die Biesfliegen, die sogenannten Grübler und die Lausfliegen die Pferde, Rinder und Schafe.“

„Ich hatte gedacht, daß die Fliegen eine ganz andere Lebensart hätten,“ bemerkte Geiger, „ich bildete mir ein, daß sie alle sich von eitel Blütennektar ernährten.“

„Falsch, mein Freund. Es gibt zwar auch solche, aber außerdem auch sehr boshafte.“

„Mithin ist Fliege und Fliege sehr zweierlei.“

„Ganz richtig. Ich habe mir erzählen lassen, daß sogar die Menschen solchen Belästigungen seitens gewisser Mücken ausgesetzt sind, die man Moskitos nennt.“

„Alle Hagel!“ warf Geiger ein, „das verrät aber wenig Ehrfurcht vor dem Herrn der Schöpfung!“

„Auf alle Fälle ist es aber ein ehrlicher, gerechter Krieg,“ sagte Phili. „Ich wüßte nicht, daß die Menschen besonders viel Rücksicht auf uns nehmen. Folglich sind wir auch nicht im geringsten verpflichtet, sie mit Handschuhen anzufassen, wenn wir unsererseits mit ihnen zu tun haben.“

„Für mich ist es ein peinigender Gedanke,“ sagte Geiger und streifte mit einem Seitenblicke die Spinne,

„daß Insekten sich untereinander vernichten. Wenn doch alle, die einmal auf Mord angewiesen sind, leben wollten wie die Biesfliegen, Grübler und Lausfliegen und sich nur an Tiere einer fremden Rasse halten wollten, dann würden endlich wir Insekten die einzigen wahren Herren der Schöpfung werden."

„Und dann?" fragte Weber.

„Dann, nun dann wären wir selbst die Könige der Erde, was, abgesehen von verschiedenen anderen Punkten, für unser Geschlecht nicht wenig schmeichelhaft wäre."

„Leider würde dann der Kampf miteinander nur auf einen anderen Schauplatz gebracht werden, wenn die Insekten und irgend welche Tiere überhaupt erst einmal unter sich wären, denn an dem Tage, wo sie allein zur Herrschaft gelangten, würde der Krieg unausbleiblich zwischen ihnen selbst entbrennen, schon zufolge der Lebensart der fleischfressenden Formen."

„Ach was!" rief Geiger, „ich kann mich nun einmal nicht dazu verstehen, denjenigen unter uns meine Achtung zu zollen, die mit roher Gewalt übereinander herfallen, oder die ihren Verstand und ihre Kraft mißbrauchen, schwache, wehrlose Mitgeschöpfe um ihr Leben zu bringen."

„Diese Auslassung ist jedenfalls auf mich gemünzt," platzte Tegenaria ärgerlich heraus und schleuderte Geiger einen ihrer giftigsten Blicke zu.

„Wem der Schuh paßt, der mag ihn anziehen," lachte Geiger.

„Ihr schwätzt wie ein albernes Heupferd, das Ihr auch seid," brauste die Spinne auf.

„Ich muß Ihnen alleruntertänigst bemerklich machen, hochverehrtes Fräulein Tegenaria Lauerwinkel, daß ich kein gewöhnliches Heupferd bin, sondern ein Glied der altadeligen Familie derer von und zu Schnellfuß genannt Ödipoda ...."

„Ach was, Ödipoda oder Heupferd schlechtweg," unterbrach die Spinne diese Rede, „wenn Ihr eine Spur von gesundem Insektenverstande hättet ...."

„Friede!" gebot der Chef, „keine Beleidigungen und Persönlichkeiten hier. Nicht hitzig werden bei Erörterungen! Ich werde es nicht dulden, daß die Unterhaltung in Zank ausartet."

„Ja," rief Tegenaria, „wenn dieser Lump seine niederträchtigen Sticheleien zurücknimmt, sonst ...."

„Friede, sag' ich Euch!" wiederholte Karabus. „Noch einmal, Tegenaria, keine Beleidigungen, und Euch, Geiger, muß ich bitten, die Empfindlichkeit Eurer Genossen zu schonen."

„Ich unterwerfe mich Eurem Geheiß, Max," sagte der Grashüpfer, „und um einen Beweis meiner friedfertigen Gesinnung zu geben, verstehe ich mich sogar dazu, in Zukunft zu behaupten, daß es die Fliegen sind, welche die Spinnen verfolgen! Sind Sie nun zufrieden, hochverehrte Jungfrau Spinne?"

Diese Ironie brachte die ganze Gesellschaft zum Lachen.

„Der Grashüpfer bildet sich ein, eine sehr geistreiche Bemerkung gemacht zu haben," sagte die Spinne, „und er hat bloß eine Probe seiner Ignoranz in Dingen gegeben, die uns betreffen. Ja, wir sind oft genug Schlachtopfer von Fliegen oder doch von fliegenden Insekten, was auf dasselbe hinausläuft. Hat er nicht eben selbst noch gesagt: ‚Fliegen und Fliegen sei zweierlei?' Nun, wenn unsere natürliche Anlage uns als Fleischfresser zwingt, aus dieser Insektenklasse uns die zu unserem Dasein nötige Beute zu wählen, so haben wir andererseits gerade unter den geflügelten Gliedertieren unsere grimmigsten Feinde. Bekriegen uns die Sphex und die ganze Rasse der Schlupfwespen nicht ohne Unterlaß und ohne Erbarmen?"

„Wohl wahr," murmelte Weber.

„Diese Verfolgungen, die wir von seiten der Schlupfwespen zu erdulden haben, sind aller Welt bekannt," fuhr Tegenaria fort, „aber was ihr vielleicht nicht wißt, das ist, daß sie leider nicht unsere einzigen Feinde sind in der beflügelten Schar. Mir hat einmal eine aus dem Süden stammende spanische Fliege erzählt, bei ihr zu Lande gebe es gewisse geflügelte Insekten, die als Larven in ähnlicher Weise wie die Sitaris nach der gestrigen Erzählung unseres Freundes Weber auf Kosten der Bienen, so auf unsere Kosten lebten."

„Wie nennen sich diese persönlichen Feinde Eurer Rasse?" fragte Weber.

„Das sind die Mantispen."

„Habe nicht die Ehre ihrer Bekanntschaft," sagte der Bockkäfer.

Auch alle die übrigen erklärten, daß ihnen der Name völlig fremd sei.

„Das ist nicht überraschend," fuhr Tegenaria fort. „Denn, wie gesagt, kommen diese Tiere hier bei uns nicht vor, sondern finden sich nur in wärmeren Ländern. Ich selbst habe nie eins gesehen, aber man hat mir folgende Beschreibung von ihnen entworfen: sie sehen ungefähr aus wie kleine Libellen, nur mit dem Unterschiede, daß ihr Kopf auf einem sehr langen Halse sitzt und daß ihr sehr kräftiges vorderstes Beinpaar so gebaut ist, daß sie damit andere Insekten, von denen sie sich nähren, fassen und halten können; es sind sogenannte Raubfüße. Die Farbe der Mantispa ist gelblich mit braunroten Flecken. Wenn es euch interessiert, so will ich euch mitteilen, was mir die spanische Fliege noch erzählte."

„Schießt los, Tegenaria," riefen alle Insekten, „freilich interessiert uns das!"

„Erstens müßt ihr wissen," sagte die Spinne, „daß es unsere Gewohnheit ist, zum Schutze unserer Eier Nester von verschiedener Gestalt aus einer weißen oder gelben, äußerst feinen Seide zu spinnen. Die einen weben runde Kokons, die sie unter kleine Vorsprünge von Steinen oder Rinden heften. Andere geben ihnen die Gestalt einer umgekehrten, verschiedenfarbigen Glocke, unter welcher die Eier wie unter einem seidenen Zelte liegen. Wieder andere verlassen ihr Eiersäckchen niemals und tragen es immer mit sich herum. Die Wolfsspinnen zum Beispiel, die ihr oft genug gesehen haben werdet, tragen sie auf dem Rücken. Manche endlich legen das Nest sorgfältig auf den Boden der Höhle, die sie bewohnen, nieder, schleppen es aber mit sich, wenn irgend ein unglücklicher Zufall sie zum Auszuge nötigt.

„Ihr müßt zweitens wissen, daß unsere Kinder, wenn sie aus den Eiern geschlüpft sind, nicht nach allen Seiten hin auseinanderlaufen, um nun auf eigene Faust ihr Dasein zu fristen, daß sie vielmehr ziemlich lange unter dem Schutze der seidenen Hülle, die sie der Tätigkeit und Sorge ihrer Mutter verdanken, zusammen bleiben. Sie unterziehen sich keinerlei Verwandlungen wie ihr, das darf nicht übersehen werden, sondern gleichen bei ihrer Geburt, bis auf die Größe, genau ihren Eltern.

„So also sind die Kolonien unserer Nachkommen beschaffen, von den im Süden so viele Schlachtopfer der Mantispen werden.

„Weiter hat die Sache folgenden Verlauf: aus den

von den Mantispen gelegten Eiern kriechen gegen Ende des Sommers sehr kleine Larven, auch so eine Art Triungulinen wie bei Sitaris, mit länglichem Körper, langen Antennen und sehr flinken Beinen. Diese Tierchen suchen sich in sicheren Schlupfwinkeln Quartiere, in denen sie den Winter verbringen und, ohne Nahrung zu sich zu nehmen, lauern, bis der Frühling kommt und mit ihm die Zeit, wo wir unsere Eier legen.

„Wenn dann die ersten schönen Tage kommen, verlassen die kleinen Banditen ihre Verstecke und gehen auf die Suche nach Eiersäckchen oder Nestchen von Spinnen, namentlich der erwähnten Wolfsspinnen. Trotz der sorgsamsten Überwachung seitens der Mutterspinnen verstehen sie doch die geringste Unaufmerksamkeit derselben auszunutzen, um sich unvermerkt dem Eierkokon zu nähern und rasch seine seidene Hülle zu durchbeißen. Ohne daß die alte Spinne eine Ahnung von dem Streiche hat, der ihr gespielt wurde, machen sie es sich unter den Eiern bequem.

„Ihr werdet nun vielleicht denken, die junge Mantispe mache sich, wenn sie ihren Zweck erreicht hat, eiligst über den Eiervorrat, in den sie sich einzuschleichen verstand, her, — weit gefehlt! Die Eier sind nicht nach ihrem Geschmack, sie verhält sich ganz ruhig und wartet geduldig auf das Ausschlüpfen der Jungen.

„Bisweilen kommt es vor, daß eine zweite kleine Mantispenlarve ahnungslos in einen Eikokon eindringt, in dem sich vorher schon eine andere eingenistet hatte. Dann setzt es zwischen beiden Bösewichtern sofort einen Kampf, der natürlich nicht eher sein Ende findet, bis eine von den beiden Larven tot auf dem Platze bleibt. Nur eine kann das Feld behaupten, für zwei langt das Futter nicht, und daher duldet keine einen Tischgenossen.

„Nun schlüpfen die kleinen Spinnchen aus, aber anstatt sich des stillen Friedens des schützenden Nestes, das mütterliche Sorgsamkeit ihnen bereitete, erfreuen zu können, muß eins nach dem anderen sein junges Leben zwischen den mörderischen Zähnen des grimmigen Feindes lassen. So füttern sich die heimlichen Mörder von Tag zu Tag mehr mit dem Blute der Kinder heraus, während die ahnungslose Mutter fortfährt, das Eiersäckchen mit gewohnter Liebe und Sorge zu hüten. Sie schleppt es immer noch mit sich herum und verteidigt es herzhaft gegen alle äußeren Feinde, ohne zu wissen, welch ein viel fürchterlicherer darinnen sein Wesen treibt.

„Wenn nun die Mantispelarve ausgewachsen ist, so häutet sie sich noch einmal und wird dann zu einem fetten, weißen Wurme mit kurzen Beinchen und einem winzig kleinen Kopfe. So sitzt sie zwischen den ausgesogenen Häuten ihrer Schlachtopfer, ohne weiter etwas zu genießen, denn sie hat ja alles schon verschlungen, spinnt selbst um sich unter der alten noch eine neue Seidendecke, verpuppt sich in aller Ruhe und wird endlich zur ausgebildeten Mantispe. Als solche durchnagt sie die umgebenden Hüllen, breitet ihre Flügel aus und fliegt von dannen."

„Ohne Zweifel zur größten Überraschung der Spinnenmama," bemerkte der Grashüpfer. „Sie wird so bestürzt sein, wenn sie das Früchtchen ihrer mütterlichen Pflege sieht, daß der Wechselbalg, der ihr den Streich spielte, schon über alle Berge und weit außerhalb ihrer Rachesphäre ist, bevor sie überhaupt begriffen hat, was ihr eigentlich widerfahren ist."

„Möglich," sagte Tegenaria. „Aber auf alle Fälle wirst du nicht mehr denken, die Spinnen seien die heimtückischsten Wesen und der Verachtung aller anständigen Leute wert. Unser Tun und Lassen ist gegenüber den eben von mir mitgeteilten Niederträchtigkeiten durchaus ehrenhaft."

Geiger schüttelte den Kopf und schwieg.

„Ihr seid noch nicht überzeugt," fuhr Tegenaria fort, „und ich weiß auch warum. Die allgemeine Mißliebigkeit, deren wir uns leider erfreuen, rührt daher, daß unser Treiben sich ehrlich und öffentlich abspielt. Unter aller Augen spinnen wir unsere Netze und fragen den Teufel danach, was Hinz oder Kunz darüber denkt oder sagt. Gerade unsere Offenheit und Ehrlichkeit ist es, welche die Leute abschreckt. Freilich, wenn ihr es mit einer eleganten Mantispe oder mit einer höflichen, zuvorkommenden Sitaris zu tun habt, da erschöpft ihr euch in lauter Artigkeiten. Und weshalb? Weil sie die Kunst verstehen, ihre Missetaten im Verborgenen zu begehen. Sie wahren die Form. So ist einmal der Lauf der Welt, auch bei uns Gliedertieren!"

„Was Ihr da vorbringt, ist doch nicht so ganz wahr," bemerkte Weber.

„Was hättet Ihr denn dagegen einzuwenden?" fragte Tegenaria.

„Vor allen Dingen seid Ihr ungerecht gegen die öffentliche Meinung, die bloß darin fehlt, daß sie zu leicht nach dem Augenscheine urteilt. In der Niedertracht und Falschheit der Mantispe und der Sitaris sehe ich eigentlich, so sehr ich sie verdamme, doch nur eine Art Folie für die Ehrenhaftigkeit friedfertiger Insekten."

Webers weitere geistreiche Deduktionen gingen der Nachwelt verloren, da seine Rede hier durch ein entsetzliches Ereignis, von dem wir gleich hören werden, jäh unterbrochen wurde.

* * *

Marcha, deren Interesse für die Mantispe ohne Zweifel nur sehr mäßig war, hatte während der Erzählung der Tegenaria stillschweigend das Blätterzelt, unter dem ihr die Hitze lästig wurde, verlassen, um draußen ein wenig frische Luft zu schöpfen. Ihr Freund Moritz, der schöne Karabus II., war ihr gefolgt. Während Herr Weber noch im besten Reden war, ließ sich das Geräusch menschlicher Tritte im dürren raschelnden Laube vernehmen. Plötzlich erfuhr das Blätterzelt eine jähe Erschütterung, und ein heftiger Aufschrei Moritzens ließ sich vernehmen, während Marcha mit ängstlicher Stimme „zur Hilfe! zur Hilfe!" rief.

Die ganze Gesellschaft stürzte hinaus. Moritz und Marcha waren verschwunden, und das nämliche Geräusch tappender, diesmal sich entfernender, menschlicher Füße und raschelnder Blätter ließ sich vernehmen.

Es war kein Zweifel mehr, — die arme Chrysomele und ihr Gefährte waren die Opfer einer Entführung geworden.

„Auf!" schrie der Häuptling der kleinen Schar, „auf! die Flinksten unter euch mögen auf die nächsten besten Blätter klettern und Ausschau halten, wohin man unsere Freunde entführt hat."

Siebentes Hauptstück.

Arme Marcha!

Die Nacht ist tief und dunkel, nicht Mond, nicht Sterne scheinen.

Von Zeit zu Zeit strahlt ein fernes Wetterleuchten über den finsteren Himmel und erhellt das geheimnisvolle Düster des Waldes. Kein Donnerschlag folgt dem aufzuckenden Leuchten, und die tiefe Stille und Ruhe der Luft, von keinem Windhauch bewegt, von keinem jener verworrenen Töne unterbrochen, wie sie sich des Nachts aus dem Schoße der Wälder vernehmen lassen, verraten die Erwartung, mit welcher die ganze Natur dem Ausbruch eines nahen Gewitters entgegensieht.

Im Mainatale, nicht weit von dem Klettendickicht, in dem unsere Pygmäenreisenden kampierten, lag ein kleines Häuschen, dessen Gegenwart niemand in der finsteren Nacht erraten haben würde, wenn nicht aus den geöffneten Fenstern der rötliche Schein einer Lampe gedrungen wäre. Diese Lampe erleuchtete matt ein für den Augenblick von keinem menschlichen Wesen benutztes Zimmer des Erdgeschosses, warf aber, dank dem Schirme, der sie bedeckte, ein helleres Licht auf den Tisch, auf dem sie mitten im Zimmer stand, und auf einige Gegenstände, welche diesen bedeckten: verschiedene Bücher und lose Blätter Papiers, ein rundes Pappschächtelchen, ein Tinten=

faß und andere kleine Dinge, deren Bestimmung sich auf den ersten Blick nicht so ohne weiteres deuten ließ.

Da war unter anderen namentlich eins, das ganz besonders die Aufmerksamkeit auf sich zog, denn es schien belebt, indem es von Zeit zu Zeit krampfhaft zuckende Bewegungen ausführte. Diese Bewegungen mußten wirklich von einem lebenden Wesen ausgehen, das unterlag keinem Zweifel.

Ja, freilich ist es ein lebendes Wesen, — ein Insekt ist es, eine Chrysomele — sollte es am Ende Marcha sein? Ach ja, ach ja, leider ist sie es, ist unsere Marcha, aber unter wie traurigen Verhältnissen müssen wir sie wiedersehen!

Ihr armer Leib ist von einer langen Nadel quer durchbohrt, sie schwebt in der Luft und bemüht sich vergeblich, mit ihren Füßen auf dem Brettchen, auf das sie gesteckt ist, Halt zu gewinnen.

Arme Marcha! Still weint sie vor sich hin. Von Zeit zu Zeit wirft sie verzagte Blicke auf große Glaskasten, die an den umgebenden Wänden hängen, und bei jedem dieser Blicke durchrieselt ein kalter Schauer ihre Glieder.

Das hat freilich seinen nur zu guten Grund. Jene Kasten an den Wänden sind keine gewöhnlichen Kasten. Unter den Glasscheiben, die sie bedecken, sehen wir die Leiber einer großen Menge von Insekten aller Arten, angeordnet in zahlreichen, regelmäßigen Reihen, angenadelt wie unsere Marcha, aber mit im Tode erstarrten Gliedmaßen.

Unter den toten Leibern jener trübseligen Mausoleen hat Marcha mehrere Freundinnen von früher erblickt, namentlich eine ihrer eigenen Schwestern, deren spurloses Verschwinden seinerzeit zu allerlei boshaften Verdächtigungen Anlaß gegeben hatte, denen auch sie — mit bitteren Selbstvorwürfen muß sie jetzt daran denken, — ein nur zu williges Ohr geliehen hatte.

„Arme, unglückliche Lina!“ seufzt sie und betrachtet mit kummervollem Herzen die eingetrockneten Überbleibsel von dem, was an ihrer Schwester sterblich war, „ach, in derselben Zeit, da die boshafte Welt dich verlästerte, hast du unter den fürchterlichsten Todesqualen dein Leben ausgehaucht und vielleicht vergeblich nach unserem Beistande gejammert! Wehe, wehe, dasselbe Geschick hat jetzt mich ereilt! So bin ich das Opfer des verhaßten Inhabers dieser Wohnung geworden, wenige Stunden noch und ich werde meinen Platz in euren Reihen finden! Ach, meine Freunde, ach, meine armen Eltern! Meine Blicke erfreuten sich heute zum letztenmal des lieben Himmelslichtes.“

Ein langes, nur ab und zu von einem leisen Wimmern unterbrochenes Schweigen folgte den traurigen Klagen der bedauernswerten Chrysomele.

Draußen erhellten ferne Blitze von Zeit zu Zeit das stille Tal, ein dumpfes Grollen ließ sich hören und mischte sich zu den unbestimmten Tönen, mit welchen die nächtlich wachenden Bewohner die Stille des dunkeln Waldes unterbrachen ....

* * *

Plötzlich glaubte Marcha leise bei ihrem Namen gerufen zu sein.

Wäre es eine Täuschung?

Sie hielt den Atem an und lauschte.

Ein zweiter Zuruf ließ sich hören.

Kein Zweifel mehr, — man rief wirklich ihren Namen. Eine unterdrückte, dumpfe Stimme ließ ihn deutlich vernehmen.

Die Stimme schien aus dem Pappkästchen neben ihr auf dem Tische zu kommen.

„Wer ruft mich?“ fragte Marcha überrascht.

„Nun Gott sei Dank!“ sagte dieselbe Stimme, „so habe ich mich doch nicht getäuscht, du bist es, Marcha, leibhaftig, und ich bin Moritz, dein Freund Moritz!“

„Du hier? Moritz!“

„Ja und ganz nahe bei dir, wie mir scheint, aber ich bin gefangen, stecke in engstem Prison und tiefster Finsternis.“

„So bist du mit mir zugleich ergriffen?“

„Ach, leider, ja. Heute abend, da unsere Gefährten plauderten, verließ ich das Laubzelt, unter dem wir weilten, um in deiner Gesellschaft, teure Marcha, frische Luft zu schöpfen, aber auf einmal fühlte ich mich erfaßt, vom Boden aufgehoben und sah mich zu meinem Entsetzen in den Händen eines Menschen. Bevor ich mich noch recht von meinem Schreck erholt hatte, war ich roh und gewaltsam in diese Schachtel gesteckt und über mich schloß sich der Deckel. Nachdem ich eine Zeitlang, die mir eine Ewigkeit schien, hin und her geschüttelt war, fühlte ich einen heftigen Stoß und mein Gefängnis stand still. Ich verhielt mich ganz ruhig und erwartete meinen Entführer jeden Augenblick wieder vor mir zu sehen, aber er schien sich entfernt zu haben. Lange Zeit vernahm ich nicht das geringste Geräusch, bis ich einige Laute hörte, die mich an deine Stimme erinnerten. Ich rief dir zu, du gabst mir Antwort. Du also warst es, die ich hörte. Du bist also auch zugleich mit mir erhascht? Du bist, wie ich, gefangen?“

„Nein, teurer Freund, ich bin nicht eingeschlossen, ich kann sehen, wo wir uns befinden und auch die Schachtel, in der du steckst.“

„Ach, und wo sind wir denn eigentlich?“

„In der Wohnung unseres Feindes selbst, wie ich vermute, und zwar befinden wir beide uns auf einem Tische, wir sind allein, eine Lampe brennt im Zimmer.“

„Unter diesen Umständen, beste Marcha, und da du noch frei bist, komme her zur Schachtel, damit wir bequemer miteinander reden und darüber ratschlagen können, wie wir von hier fortkommen.“

„Ach, lieber Freund, freilich eingesperrt bin ich nicht, wie du, aber gleichwohl ist mein Los nicht weniger traurig.“

„Was willst du damit sagen?“

„Meine Lage ist schrecklich. Ich bin mit einer spitzen Nadel durch und durch gestochen und auf den Tisch gesteckt. Vergeblich rühre ich meine Glieder. Nirgends finde ich einen Anhalt und es ist mir unmöglich, mich auch nur um ein Haar breit aus dieser schauderhaften Stellung zu bewegen.“

„Arme Marcha! Hast du viel zu leiden?“

„Ach ja, bester Moritz, ich stehe entsetzliche Qualen aus.“

„Weshalb hat man uns entführt? Was hat man eigentlich mit uns vor?“

„Ach, ich weiß es nur zu gut, was man mit uns beabsichtigt. Der Mann, dem wir da in die Hände gefallen sind, ist einer jener grausamen Leute, die sich kein Gewissen daraus machen, uns zu töten, nur um ihrer abscheulichen Liebhaberei zu frönen, mit unseren Leichen ihre Zimmerwände zu schmücken. So steht die Sache, bester Moritz. Von der Stelle aus, an der ich mich hier befinde, kann ich Hunderte eingetrockneter, toter Insekten von allerlei Art sehen, die hier an den Wänden herumhängen. Das Schicksal steht uns auch bevor.“

„Was sagst du da, Marcha?“

„Leider die Wahrheit, lieber Freund. Es bringt mich noch zur Verzweiflung, daß ich keinen Rat weiß und nichts für unser gemeinsames Wohl tun kann. Ich bin hier so gut angenagelt, daß all mein Zappeln unnütz ist. Aber du, der du doch die Freiheit, dich zu bewegen, behalten hast, kannst du denn die Wände deines Gefängnisses nicht mit deinen Kiefern durchnagen und ein Loch machen, durch das du entschlüpfen und mir dann zu Hilfe kommen kannst?"

„Ich habe es schon versucht, teure Freundin, aber vergeblich. Mein Gebiß ist einem so harten Stoffe nicht gewachsen. Ach, wäre Weber nur da!"

Marcha gab keine Antwort. Mit gestreckten Fühlern und Beinen hing sie regungslos an ihrer Nadel.

„Marcha!"

„Pst, ruhig, Moritz!"

„Was gibt es denn," flüsterte der Laufkäfer, „weshalb gebietest du mir Stillschweigen?"

„So sei doch nur still, ich bitte dich!"

Die Chrysomele schien zu lauschen. Sie hörte ein schwaches Geräusch aus der Ferne, das durch das offenstehende Fenster zu ihr drang. Sofort nahm sie eine triumphierende Miene an.

„Hurra, Moritz, hurra, mein Freund! Ich höre aus der Ferne Geigers Leibmarsch, ich höre ihn immer deutlicher, ich weiß es, unsere Freunde nähern sich, sie kommen uns zu Hilfe, — wir sind gerettet!"

„Wäre es möglich?" rief Moritz, „täuschest du dich auch nicht, Marcha?"

„O, ich bin meiner Sache gewiß . . . Hör' . . krick, krick, kri, kri, krick — das ist Geiger, gefolgt von unseren Gefährten, unseren wackeren Freunden."

„Sie sollen leben," schrie Moritz aus seiner Schachtel.

„Wie mögen sie nur auf die Richtung verfallen sein, in der man uns entführt hat?“

„Das weiß ich auch nicht, aber sie kennen sie, das ist einmal gewiß, und das ist die Hauptsache. Sie werden gleich da sein, denn Geigers Töne kommen näher und näher.“

Die beiden Freunde lauschten in ängstlicher Spannung, aber voll froher Hoffnung. Eine Viertelstunde war vergangen. Man hörte nichts mehr von Geigers Musik. Hatte Marcha zu früh frohlockt? — Moritz sagte ihr, vermutlich schweige Geiger aus Vorsicht hier, so nahe beim Hause des Feindes.

Die Chrysomele fand diese Ansicht begründet.

* * *

Marcha hat kein Auge von der Spalte unter der Tür verwandt, denn sie vermutet, durch diese würden die Retter erscheinen. Sie hatte sich nicht geirrt, sie sah dort langsam den Kopf der Larve des Puppenräubers erscheinen.

Als sich die Larve vergewissert hatte, daß kein Mensch im Zimmer sei, kroch sie geräuschlos herein. Sie sah die Chrysomele und, nachdem sie ihr ein Zeichen des Erkennens gegeben hatte, verschwand sie wieder.

Aber bald kehrte sie zurück, diesmal gefolgt von Emma, Geiger, Weber, Feronia und Max, der den Schluß machte.

Das waren, wie man sieht, die tüchtigsten Fußgänger der Gesellschaft, die sich aufgemacht hatten, die beiden Freunde zu befreien. Als sie Marchas ansichtig wurden, hoben sie ihre Gliedmaßen und gaben ihr ermutigende Zeichen und bald hatten sie die Strecke, die sie vom Tische trennte, durchschritten.

Auf dem Tische war eine Decke ausgebreitet, deren einer Zipfel bis zur Diele herabhing. Dank diesem glücklichen Zufall konnten die Helfer ohne die geringste Schwierigkeit zu Marcha gelangen, und bald waren sie alle um die Chrysomele versammelt.

Die entsetzliche Lage, in der sie ihre Gefährtin antrafen, erschütterte sie tief und im ersten Augenblicke war ihnen die Sachlage unerklärlich. Die Folter, welche die arme Marcha zu erdulden hatte, erfüllte sie mit Staunen und Entsetzen zugleich. Auf ihr stürmisches Fordern von Erklärungen zeigte die Chrysomele nur auf die Kasten an den Wänden ringsum, und diese stille und doch so beredte Geste machte ihnen klar, in welch eine Mörderhöhle sie da gefallen seien und in welcher Gefahr sie selbst schwebten, falls sie ertappt würden. Die Lampe, deren Licht sie hell beschien, vermehrte das Verfängliche ihrer Lage nicht wenig. Sie mußten sich dazuhalten, wollten sie das begonnene Befreiungswerk zu Ende führen. Marcha setzte ihnen mit ein paar Worten auseinander, daß auch Moritz gefangen sei und nur wenig Fuß von ihnen in jener Schachtel sich eingesperrt befinde und die Stimme, die der Laufkäfer in diesem Augenblicke hören ließ, verriet ihnen, wo er zu suchen sei.

„Beschäftigt euch," rief Marcha, „zunächst mit ihm, und wenn ihr ihn befreit habt, so seht zu, ob ihr auch mir helfen könnt. Macht rasch!"

Die Insekten verständigten sich schnell untereinander. Herr Weber näherte sich der Schachtel, in der Moritz eingesperrt war, und wetzte seine Kiefer zum Angriff. Es dauerte denn auch nicht lange, so hatte er ein Loch geknabbert, groß genug, dem Läufer das Echappieren zu ermöglichen.

Das erste, was Moritz, wie er befreit war, tat, war, daß er zu Marcha hinlief.

„Arme, arme Freundin!“ rief er, als er sie angenadelt in der Luft schweben sah, „in welch traurigen Zustand hat man dich versetzt! Aber wir wollen dich schon los kriegen. Dran! ohne Zaudern! Auf, Freunde, ans Werk, haltet euch dazu, denn unser Henker kann jeden Augenblick kommen.“

Wie Moritz diese Worte hervorstieß, hatte er die Stecknadel, an der die Freundin saß, schon mit beiden Kiefern gefaßt und versuchte sie aus dem Holze, in dem sie stak, herauszureißen. Aber vergebens strengte er sich bis aufs äußerste an, — die Nadel wich und wankte nicht. Weber kam ihm zu Hilfe, beide rüttelten aus Leibeskräften unten an der Nadel und machten einen Anlauf mit vereinten Kräften — umsonst, umsonst! Auch Maxens Hilfe blieb erfolglos: die Nadel war so fest ins Holz gesteckt, daß alle angewandte Mühe, sie zu lockern, vergeblich war.

Was nun? Moritz wollte fast verzweifeln, er beschwor Weber, diese niederträchtige Nadel unten durchzubeißen, aber besagter Herr Weber stellte ihm darauf sehr richtig vor, daß, wenn sein Kieferpaar auch genüge, das Holz zu zernagen, er gegen das Metall erst recht nichts auszurichten vermöge.

Sofort aber schlug sich der Bockkäfer vor die Stirn und murmelte: „Wie ist's nur möglich, daß ich daran nicht früher schon gedacht habe?“

Aber bevor er den Plan, der in ihm aufstieg, zur Ausführung bringen konnte, ging eine Tür auf und ein Mensch erschien auf der Bildfläche.

* * *

„Rasch, rasch, huscht unter die Tischdecken!" rief Max, und ging mit gutem Beispiele voran, indem er an der der Türe entgegengesetzten Seite um die Tischkante herum voltigierte. Im Augenblicke hatten sie sich in den Fransenbesatz der Decke geflüchtet.

Doch, — täuschen wir uns nicht, — alle waren nicht beisammen. Geiger, vor Schreck halb besinnungslos, hatte einen Sprung nach der Türe zu gemacht, aber hatte ihn in seiner Bestürzung zu weit genommen und anstatt auf die Tischplatte, purzelte er auf die Diele. Beim Sturz hat er ganz unbewußt seine Flügel ausgebreitet, das verriet ihn und er wurde ertappt.

Während sich dieser Vorgang zwischen Geiger und dem neuen Ankömmlinge, in dem Marcha sofort ihren Entführer erkannt hatte, abspielte, liefen die Insekten, die sich noch nicht unter die Decke hatten verstecken können, dahin und dorthin auf dem Tische herum, was Marcha mit leicht begreiflicher Angst sah.. Sie gab Geiger ein Zeichen, sich unter irgend einen Schrank oder hinter einen Stuhl zu verbergen, aber Geiger hatte jetzt wohl was anderes zu tun, als auf Marcha und ihre Zeichen zu achten und sprang, verfolgt von dem gemeinsamen Feinde, hin und her. Vor Angst verlor er offenbar den Kopf. Die Kräfte verließen ihn, er keuchte, und endlich ließ er sich, ganz erschöpft, beinahe fangen und flatterte, sei es nun von ungefähr oder absichtlich zu der Spalte unter der Türe. Da ließ er sich nieder und huschte in dem Augenblicke hinaus, wie die Hand seines Verfolgers nach ihm griff. Alles das vollzog sich im Augenblick. Geiger war draußen und in Sicherheit.

Dieser Vorgang hatte wenigstens das eine Gute, daß die Aufmerksamkeit des Feindes von Marcha und ihren

Freunden abgelenkt wurde. Jener kehrte nach seinen vergeblichen Verfolgungsversuchen zum Tische zurück, nahm die Lampe und verließ das Gemach, ohne die Spuren der Tätigkeit Webers und des Ausbruchs Moritzens, die zernagte Schachtel, gewahr zu werden.

Das Zimmer blieb in Dunkelheit zurück.

Unsere Abenteurer huschten, nachdem sie sich einige Zeit ruhig verhalten und sich überzeugt hatten, daß eine abermalige Überraschung nicht zu befürchten sei, mit Ausnahme von Geiger aus ihrem Verstecke hervor und versammelten sich wieder um Marcha. Weber ging noch einmal an die Arbeit und verfuhr nach dem Plane, den er sich ausgedacht hatte, um die fest eingerammelte Nadel zu lockern. Dieser Plan bestand einfach darin, daß er das Holz rings um die Spitze der Nadel herum zerknabberte, was für ihn mit seinem gewaltigen Kieferpaare keine Schwierigkeit weiter hatte. Bald sank Marcha mit der Nadel um, nun handelte es sich nur noch darum, sie von dem Pfahle, an dem sie hing, zu befreien. Sie beschwor ihre Freunde, sich ohne Zaudern an dieses Geschäft zu machen.

„Ich glaube," sagte Max, „wir tun am besten, wenn wir uns so bald wie möglich von hier entfernen, denn unser Feind kann jeden Augenblick wiederkommen, und wenn er Marcha frei findet, steckt er sie möglicherweise an die Wand oder sonst an eine Stelle, zu der wir nicht gelangen können. Schaffen wir daher unsere arme Freundin zunächst einmal fort von hier, damit wir Zeit und Ruhe finden, sie völlig zu befreien."

Marcha selbst stimmte diesem Vorschlage zu. Man machte sich daher zum Aufbruche fertig. Moritz und Weber packten die Nadel, jeder an einem Ende, mit ihren Kiefern, trugen so die Chrysomele fort, und alle machten sich ohne weiteren Aufenthalt von dannen. Nur der Abstieg vom Tische zur Diele war etwas schwierig, aber, Gott sei Dank, war die wollige Decke da, an der unsere Insekten mit ihren Krallen sich leicht anzuklammern vermochten. Man kam glücklich und ohne weiteres Ungemach auf dem Fußboden an und von da zur Tür, unter der man ohne große Mühe hinausschlüpfte.

Die Befreiung Marchas vollzog sich nun in tiefster Finsternis. Das Lampenlicht war, wie wir schon bemerkten, nicht mehr da, um den Vorgang zu beleuchten. Glücklicherweise genügte das von Zeit zu Zeit aufzuckende Wetterleuchten, um die Richtung, die man einzuschlagen hatte, zu zeigen. Als die kleine Schar einmal draußen war, unterbrach sie ihren Marsch nicht, bis sie sich unter dem Schutze der Klettenblätter befand, wo man an Marcha mit aller Muße die von ihr so sehr erwünschte Operation vornahm.

Diese Operation war keineswegs eine leichte Sache, die Hauptschwierigkeit lag in der Festigkeit des Panzers der Chrysomele selbst, ein Panzer, hart und fest wie aus Horn bereitet, der dem Entfernen der Nadel ebensoviel Widerstand leistete, wie vorher ihrem Einbohren.

Die ersten Versuche bestanden darin, daß man, während Max und Moritz den Körper der armen Dulderin an den Beinen festhielten, am Kopfe der Nadel zog, hatten aber keinen bemerkbaren Erfolg, als den, daß Marcha jammervoll schrie. Nachdem man sich eine Viertelstunde vergeblich abgemüht hatte, mußte man bei den ungenügenden Mitteln, wie sie dort eben zur Verfügung standen, von weiteren Versuchen absehen und beriet die Frage, ob nicht irgend welche mechanische Hilfsmittel in Anwendung zu bringen seien, Hebel vielleicht, wie Weber vorschlug, der einmal

Die Insekten tragen Marcha glücklich von der Tischplatte herab.

zugesehen hatte, wie Menschen solche in einem Falle, wo es mit einfachem Ausziehen auch nicht gehen wollte, benutzten, oder ob man Marcha, so wie sie war, in das Lager schaffen solle, wo man über die Kräfte zahlreicher Genossen verfüge.

Man beschloß, letzteren Plan auszuführen.

Mittlerweile hatte sich Geiger, der sich in der Nähe herumgetrieben hatte, dem Geschrei Marchas folgend, wieder in dem Augenblicke zu seinen Gefährten gesellt, als Moritz und Weber die Chrysomele auf ihre Schultern genommen hatten und sich nach einem Unterschlupfe umsahen, wo sie das Unwetter, das loszubrechen drohte, abpassen könnten.

Es braucht kaum gesagt zu werden, mit welcher Spannung man dem Berichte Moritzens lauschte, den er über alles das, was ihm in der Wohnung des Entomologen geschehen war, erstattete. Er hatte nicht gewagt, dort einzutreten, aber sich auch nicht weiter entfernen wollen, im Falle seine Gegenwart daselbst seinen Genossen nützlich sein könnte. So war er unentschlossen geblieben, und eine Flut von Gedanken und Erwägungen war auf ihn eingestürmt, bis Marchas Stimme, die er vom Rande des Dickichts her hörte, ihm sagte, daß die Expedition glücklich abgelaufen sei.

Achtes Hauptstück.

In welchem der Leser erfährt, warum die Maina nicht mehr floß.

Die Nacht war stürmisch, doch sie verstrich ohne Hagel und selbst ohne Regen. Der Schlupfwinkel unserer Insekten wurde durch nichts beunruhigt als durch das Rollen des Donners, das Sausen des Windes und die Seufzer, die Marcha von Zeit zu Zeit ausstieß.

Sobald der Tag anbrach, weckte Max seine Genossen, deren erstes war, sich nach dem Befinden ihrer Freundin zu erkundigen.

Der Chrysomele ging es noch recht leidlich, wenn man die fürchterliche Verwundung, die sie erlitten hatte, in Betracht zog, und ihr Unfall schien, wenn man von den grimmigen Schmerzen, die ihr quer durch den Leib gingen und sie ab und zu klagend aufschreien ließen, absah, ihre Gesundheit sonst weiter nicht benachteiligt zu haben, noch ihr Leben in Frage zu bringen. Kein edler Teil schien verletzt zu sein, und es war alle Hoffnung vorhanden, daß völlige Heilung stattfinden würde, wenn nur erst der ihren Körper durchbohrende Stahl entfernt sei.

Sie selbst gab das Zeichen zum Aufbruch. Ihre Träger vom vorigen Abend nahmen sie wieder auf die Schultern, und so ging's durch den Klettenwald zum Lager hin, wo man wieder zu dem Gros der Schar stoßen wollte.

Nachdem man ein Stündchen marschiert war, kam

man an das andere Ende des Dickichts, nicht weit von der Lagerstätte, die bald erreicht war. Alle, die hier die Nacht verbracht hatten, empfingen die neuen Ankömmlinge mit Freuden. Man hatte schon angefangen, sich über ihre lange Abwesenheit zu beunruhigen. Es braucht nicht gesagt zu werden, mit welchen schmerzlichen Empfindungen sie den traurigen Zustand, in dem Marcha sich befand, sahen. Sie wollten es nicht glauben, daß in dem armen, durchbohrten Leibe noch Leben sei. Mit der größten Teilnahme hörten sie den Bericht, den Moritz über seine und seiner Gefährtin Gefangennahme abstattete. Der Laufkäfer schilderte die Qualen, die Marcha auszustehen gehabt hatte, ihre Beängstigung, ihre Schmerzen, ihre Verzweiflung und das zaghafte Hoffen, dem diese verschiedenen Empfindungen Platz machten, als die Melodie von Geigers Marsch sich hören ließ. Er beschrieb ihrer beider Befreiung, die Jagd, deren Gegenstand die Heuschrecke gewesen und der sie beinahe zum Opfer gefallen war, sowie endlich die vergeblichen Versuche, die man gemacht hatte, um den ehernen Pfahl, der immer noch im Leibe ihrer Freundin stak, herauszuziehen. Die unerhörte Qual und alle die Fährlichkeiten, dann die Leiden in jener Wohnung, in deren Nähe sie unerhörterweise gefangen waren, erfüllten alle mit Entsetzen. Sie drangen in den Führer, das Zeichen zum Aufbruche zu geben, um sich so rasch wie möglich von diesem verfluchten Mordwinkel fortzumachen, wo mehrere von ihnen fast das Leben eingebüßt hätten.

Zunächst aber durfte man die Operation, die an Marcha vorzunehmen war, nicht länger aufschieben. Man beschloß, sofort ans Werk zu gehen. Weber, der Erfahrenste der ganzen Gesellschaft, leitete die Sache. Er gebot, Marcha zwischen zwei Klettenstengel, die da unter den übrigen dicht beieinander wuchsen, einzuklemmen. Dieser vorbereitende Akt war bald ausgeführt. Man band den Körper der Dulderin mit einem festen, geschmeidigen Hälmchen, das man einem Grasbusche entnahm, fest. Eine andere ebensolche Binde wurde unterhalb des Kopfes der Stecknadel gebunden, worauf sich alle Mitglieder der Gesellschaft an die beiden Enden des improvisierten Seiles begaben, um auf ein von Weber gegebenes Zeichen aus Leibeskräften an ihm zu ziehen.

Man darf nicht vergessen, daß die Insekten über eine, im Verhältnisse zu ihrer Größe ganz bedeutende Muskelkraft verfügen. Aber trotz aller Anstrengungen, die unsere kleinen Chirurgen machten, wich und wankte der Metallpfahl nicht. Da kam Webern ein kluger Gedanke. Er nahm den schwersten Kieselstein, den er erschleppen konnte, und schlug mit ihm unten gegen die Spitze der Stecknadel, während seine Genossen am anderen Ende zogen. Dieses Verfahren hatte den besten Erfolg, und bald war Marcha von ihrem Pfahle befreit.

Man wird es uns wohl gern glauben, wenn wir sagen, daß die arme Chrysomele während der ganzen Zeit, die diese schreckliche Operation dauerte, ununterbrochen die entsetzlichsten Schreie ausstieß. Schließlich verlor sie das Bewußtsein und, während man die Nadel entfernte, taumelte sie ihren Freunden ohnmächtig in die Arme. Aber sie ließen in ihrer schauerlichen Arbeit nicht nach, und Marcha selbst beschwor ihre Genossen mit schwacher Stimme, ihre Tätigkeit ja nicht zu unterbrechen. Sie erklärte schließlich, als sie frei war, sie fühle sich stark genug, weiter zu marschieren, aber Moritz wollte es durchaus nicht zugeben, daß ihre wiederkehrenden Kräfte auf eine solche Gewaltprobe gesetzt würden, und er forderte sie, ritterlich wie er war, auf, sich auf seinem Rücken niederzulassen. Marcha weigerte sich, aber er ließ nicht nach, sie mit Bitten zu bestürmen, bis sie schließlich nachgab.

Im Augenblick des Aufbruchs machte jemand aus der Schar die Entdeckung, daß sich die Schabe nicht unter ihnen befände. Man rief sie, man suchte nach ihr in der Umgebung, — umsonst. Aus den hierbei gewechselten Bemerkungen ging hervor, daß niemand sie seit dem vorigen Abend gesehen hatte. Weber, einem immer scharfsinnigen Manne, fiel die Ruhe auf, die Tegenaria äußerlich zur Schau trug, als man den Vorschlag machte, die Vermißte zu suchen. Er hatte gleich so seine absonderlichen Gedanken, beschloß aber, auf eigene Faust diesem seltsamen Verschwinden nachzuspüren, soweit es ihm möglich sei, ohne bei den Freunden einen gleichen Verdacht, wie er ihm durch den Kopf gefahren war, zu erwecken, ein Verdacht, der ja immerhin schlecht begründet sein konnte.

Unsere Reisenden konnten an der gefährlichen Stelle, wo sie sich befanden, nicht länger verweilen. Phili forderte seine Genossen auf, sich in Marsch zu setzen und gab ihnen die Versicherung, er wolle hier auf die Schabe warten, im Falle sie sich etwa nur in der Umgegend verirrt habe. Er würde sie in Gesellschaft der Schnecke, die immer im Nachtrab war, rechtzeitig wieder einholen, wie schon einmal.

Weber sah Phili an und lachte, da er ihn aber nicht verraten mochte, so billigte er seinen Vorschlag.

So brach man denn endlich auf und hielt sich immer an der Seite des Blätterdickichts. Nach und nach lichtete sich dieses, die Pflanzenbüschel standen nicht mehr so dicht, schließlich hörten sie völlig auf. Hier fiel das Bachbett mit einemmal ziemlich steil ab, und als die Gesellschaft um einen aus der Uferböschung hervortretenden Felsblock herumgegangen war, sahen sie sich einem neuen Teil des Tales gegenüber, der bis jetzt ihren Blicken entzogen gewesen war.

* * *

Das Bett der Maina zeigt auch hier ziemlich das gleiche Bild wie auf der Strecke, die sie bis jetzt zurückgelegt hatten, es war nämlich mit runden Rollkieseln bedeckt, zwischen denen sich hier und da ein einzelner größerer Felsblock erhob. Hin und wieder zeigten sich Moosbüschelchen und Klumpen von Algen, diese vertrocknet, jene noch frisch und im Wachstum begriffen. Die Ufer aber boten einen ganz anderen Anblick. Anstatt daß sie mit Rasen bewachsen und mit niederem Gestrüpp und Gebüsch bestanden waren, wurden sie von ziemlich hohen Bäumen, Weiden, Pappeln, Erlen beschattet, deren Äste oben zusammentraten und ein Gewölbe über dem Bachbett bildeten, das nur wenig Sonnenstrahlen durchließ.

„Hurra!“ rief der Führer, „heute werden wir ein gutes Stückchen vorwärts kommen, der Weg ist angenehm und hier unter dem dichten Laubdach werdet ihr nicht viel von den heißen Sonnenstrahlen zu leiden haben.“

„Ich denke“, bemerkte Weber, „es wäre klug, wenn wir uns dem steilen Ufer näherten und ihm weiter folgten. Es ist mir immer so, als ob ich das Geschrei eines Neuntöters hörte, und hier sind wir doch gar zu sichtbar.“

Da nun niemand von der Gesellschaft besonders darauf gestellt war, die Bekanntschaft dieses räuberischen Unholdes persönlich zu machen, so fand der Vorschlag des Bockkäfers allseitige Zustimmung, der man alsbald die Tat folgen ließ.

An diesem Tage legte man fast ohne Aufenthalt und ohne ärgerlichen Zwischenfall beinahe 300 m zurück. Wie am Tage vorher machte man bei der Kühle der Umgebung keine Mittagspause und marschierte ohne Unterbrechung bis etwa gegen 5 Uhr nachmittags. Die kleine Schar erreichte eine große Auswaschung unterhalb der Wurzeln eines Pappelbaumes, die für sehr geeignet erachtet wurde, in ihr die Nacht zu verbringen. Max schickte die flinkfüßige Feronia hinein mit dem Auftrage, alle Winkel zu durchsuchen und sich zu vergewissern, ob sich nicht irgendwo ein räuberisches Tier versteckt hielte. Feronia betrat die Höhle vorsichtig und kam bald zurück mit der Mitteilung, daß sie völlig leer sei. Hurtig überschritt nun die Gesellschaft die Schwelle, und als alle beisammen waren, erklärte der Führer, daß die Reise für heute beendigt sei und daß nun ein jeder tun und lassen könne, was ihm beliebe, bis zum nächsten Morgen.

Die Höhle, in der die Reisenden übernachten wollten, war sehr groß und lag hoch über dem Bette des Flüßchens. Ein feiner Sand bildete ihren Boden, die Decke zeigte dem Auge nichts als ein dichtes, unregelmäßiges Gewirr von Wurzeln und dazu halbversteckt unter dem Faserwerk Steinstücke von allen Größen.

Moritz ließ Marcha auf den Boden nieder. Er hatte sie den ganzen Tag getragen, ohne auch nur im geringsten zu ermüden, und seinetwegen hätte der Marsch noch weiter gehen können. Mit der Verwundeten ging es immer besser, und sie war überzeugt, am nächsten Morgen kräftig genug zu sein, um mit den anderen zu laufen.

Während des ganzen Morgens hatten unsere Reisenden ein anhaltendes, fremdartiges Geräusch vernommen, das von weiter oben her aus dem Tale kam und immer deutlicher wurde, je höher sie aufstiegen. Es war eine Art tiefen Zischens, untermischt mit wiederholten, undeutlichen Stößen. Manchmal erklangen Knalle, denen unmittelbar ein dumpfes Gepolter wie von großen rollenden Steinen folgte. Dieses Getöse, das keinem glich, das sie bis jetzt vernommen hatten, beunruhigte sie sehr und, ohne daß sie sich gegenseitig darüber aussprachen, hatten sie alle ein unbestimmtes Gefühl von Furcht im Herzen. Was würde man im weiteren Verlauf der Reise noch alles zu erleben haben? Welchen geheimnisvollen Dingen gingen sie entgegen? War es auch klug, noch weiter so blindlings zuzutappen, ohne sich zu vergewissern über das, was vor ihnen lag, ohne, mit einem Worte, eine Art von Aufklärungsdienst einzuführen?

Nachdem Max, der Führer, mit seinen Genossen beraten hatte, beauftragte er die beiden Ameisen, den Fuß der Pappel, an dem man sich immer noch befand, zu verlassen und am Baume aufwärts zu steigen, so hoch sie nur immer kommen könnten.

„Auf, auf, Emma und auch Ihr, Bettina, hurtig, hurtig, meine Mädchen, klettert nur immer 'nauf, so hoch ihr könnt, und haltet sorgsam Ausschau auf den Teil des Tales, dem wir zusteuern. Versucht darüber ins reine zu kommen, was die Töne, die wir hören, zu bedeuten haben, und kommt dann möglichst bald zurück, um uns Bericht von dem, was ihr gesehen habt, zu erstatten."

Die ganze Gesellschaft rühmte laut die klugen Maßnahmen des Chefs, und Herr Weber nahm die Gelegenheit wahr, um ihm namens aller Glück zu wünschen zu der Art und Weise, wie er sich den Erfüllungen seiner Pflichten unterzog. Marcha vereinigte ihre Dankesäußerungen mit denen ihrer Freunde und drückte ihm abermals in den wärmsten Worten ihre Hochachtung aus für die Vollendung des kühnen Handstreiches, der ihr und Moritz wieder zur Freiheit verholfen hatte.

Als Max alle Lobsprüche Marchas ablehnte unter Hinweis darauf, daß sie allen seinen Begleitern genau so gut zukämen wie ihm, erwiderte ihm die Chrysomele:

„Ich unterschätze die Verdienste, die sich Geiger, Weber und alle die anderen um uns erworben haben, nicht im geringsten, Max, aber es bleibt nichtsdestoweniger wahr, daß Eure Geistesgegenwart, die Ihr im Augenblicke unserer Entführung entwickeltet, uns gerettet hat. Hättet Ihr den Ameisen nicht den Auftrag gegeben, die Stelle, zu der uns der freche Räuber geschleppt hatte, genau auszukundschaften, wodurch es euch möglich wurde, uns so bald zu Hilfe zu kommen, so waren wir für immer verloren. Ich schaudere noch, wenn ich an das schreckliche Abenteuer denke."

* * *

Nach einer guten Stunde sah man die Ameisen zurückkehren.

„Nun," fragte sie Max, sobald sie sich dem Kreise unserer Reisenden wieder zugesellt hatten, „was habt ihr gesehen?"

„Daß wir wieder umkehren müssen," schrieen beide zugleich.

„Was? Daß wir wieder umkehren müssen?" rief Max.

„Jawohl," wiederholte Emma, „wieder umkehren müssen! Was wir sahen, ist ganz unglaublich. Doch dem sei, wie ihm wolle, unsere Mission erreicht hier ihr Ende, und es wäre unklug, noch länger zögernd zu verweilen."

„Aber, nochmals, was habt ihr denn eigentlich gesehen," drängte Max.

„Erzählt," riefen alle Insekten und schlossen den Kreis um die Ameisen enger.

„Einige hundert Meter weiter aufwärts von hier, wo wir uns jetzt befinden," sagte Emma, „ist das ganze Tal durch eine unermeßlich hohe Quermauer abgesperrt, auf der oben darauf ein riesenhaftes Tier thront, wie wir alle noch keins gesehen haben."

Alle Umstehenden rissen die Augen weit auf und starrten Emma an.

„So ist's," wiederholte diese, „und wenn ihr daran zweifelt, hier steht Bettina, fragt sie, sie hat es so gut gesehen wie ich!"

Bettina nickte mit dem Kopfe Bestätigung.

„So hatte ich mich also nicht getäuscht," murmelte Weber.

„Das ist seltsam," sagte Max. „Seid ihr auch sicher, richtig gesehen zu haben?"

„Und ob wir richtig gesehen haben! Ich wiederhole es euch ausdrücklich: das ganze Tal ist gesperrt! Das sieht man auf den ersten Blick."

„Hier merkt man davon noch nichts."

„Den Teufel! Das hat seine guten Gründe; die Bäume verbergen euch die Aussicht. Als wir an der letzten Astgabelung der Pappel angelangt waren, sahen wir auch noch nichts. Erst von den äußersten Zweigen des Gipfels beherrschten unsere Blicke die uns umgebenden Baumkronen, und wir sahen das Bauwerk in seiner ganzen, ungeheuerlichen Ausdehnung."

„Und die Geräusche, die wir gehört haben, was ist ihre Ursache?"

„Hört zu. Die Mauer, von der ich rede, ist von

Menschen aufgeführt, und die finden sie ohne Zweifel noch zu niedrig, denn sie machen sie noch höher. Ein ganzer Schwarm von ihnen klettert an der Mauer herum, sie machen sich oben auf ihren Zinnen, an ihren Seiten und an ihrem Fuße zu schaffen. Das kommt und geht mit einem fieberhaften Eifer, die einen steigen mit allerlei Material hinauf, die anderen begeben sich nach unten, um neues zu holen. An den Seiten sprengen sie die Felsen und verursachen dadurch jenes wüste Geräusch, das wir den ganzen Tag gehört haben. Was das dumpfe, brausende Zischen anlangt, das uns am meisten beunruhigte, so kommt es aus einem großen, am Fuße der Mauer befindlichen Bauwerke, dem auch fortwährend bald weiße, bald schwarze Rauchwolken entquellen."

Alle Reisenden waren den Mitteilungen der Ameise mit der größten Spannung gefolgt.

„So wäre denn," sagte Max, „der Schleier des Geheimnisses gelüftet. Wenn die Maina nicht mehr fließt, so liegt das daran, daß die Menschen ihren Lauf gehemmt haben. Was kann sie hierzu wohl veranlaßt haben?"

„Man hat mir einmal," sagte Bettina, „gesagt, daß gewisse Säugetiere, die man Biber nennt, die Gewohnheit haben, auf diese Art die Flüsse abzudämmen, um ihre Wohnungen mitten in dem See, den sie künstlich angelegt haben, aufzuschlagen."

„Es ist mir nicht recht wahrscheinlich, daß das in diesem Falle der Grund gewesen ist, der die Menschen veranlaßt hat, die Maina abzudämmen," sagte Weber zur Ameise. „Die Menschen leben wie Ihr und wie die Bienen gesellig in sogenannten Städten, wo ihre Häuser in ungeheurer Menge vereinigt sind. Die Sache muß anders zusammenhängen."

Das ganze Tal ist durch eine unermeßlich hohe Quermauer abgesperrt, auf der oben darauf ein riesenhaftes Tier thront.

„Wäre es etwa, um uns das Wasser abzuschneiden?" fragte Marcha.

„Das ist noch weniger wahrscheinlich," bemerkte Geiger, „ob wir Wasser haben, oder ob wir keins haben, das ist ihnen verteufelt einerlei."

„Könnten sie diese Arbeit nicht überhaupt ohne irgend einen Grund unternommen haben?"

„Alles, was die Menschen tun, das tun sie in einer bestimmten Absicht!" wandte Emma hier ein, „worum es sich auch immer handeln mag, das ist und bleibt meine Überzeugung. Der Zweck unserer Reise war, der Ursache, die den Lauf der Maina hemme, nachzuspüren. Unsere Aufgabe ist gelöst, es scheint mir deshalb ganz unnütz, diese Expedition noch weiter fortzusetzen. Es bleibt uns nur übrig, zu unseren Mitbürgern zurückzukehren und über das, was wir gesehen und erfahren haben, Bericht zu erstatten."

Auf diese Äußerung der Ameise folgte ein Augenblick allgemeinen Stillschweigens.

„Zunächst," sagte darauf Geiger, „wäre ich wohl neugierig, diese berühmte Mauer mit meinen eigenen Augen zu sehen. Wenn wir einmal bis hierher gekommen sind, so können wir gut und gern auch noch das Stückchen weiter gehen, um uns zu überzeugen, was an der Sache eigentlich ist. Wenn wir heim gekommen sind, wird man nach diesem und jenen fragen, man wird Auskunft über tausenderlei Einzelheiten betreffs dieser fraglichen Mauer haben wollen, und man wird uns für ziemlich wunderlich halten, wenn wir alle miteinander in einer so ernsten Angelegenheit uns an den Bericht eines einzigen unter uns halten."

Alle anwesenden Insekten mußten die Richtigkeit dieser Bemerkung zugeben. Sie standen offenbar meist unter dem Banne einer gewissen, übrigens sehr begreiflichen Neugierde, fürchteten aber zugleich auch die Gefahren des letzten Teiles ihrer Reise. Die Ameisen waren der Ansicht, ihr Auftrag sei erledigt, und man dürfe die kostbare Zeit nicht an die Befriedigung einer eiteln Neugierde verschwenden. Geiger entgegnete darauf, so kostbar sei denn am Ende die Zeit doch nicht, daß man nicht ein Teilchen von ihr seiner Belehrung und seinem Vergnügen widmen könnte. Tegenaria stimmte dem Vorschlage der Ameisen bei, aber aus einem anderen Grunde. Ihrer Meinung nach, sagte sie, sei es doch Unsinn, sein Leben weiter aufs Spiel zu setzen, wenn die Reise keinen eigentlichen Zweck mehr habe. Weber entschied die Frage.

„Ihr befindet euch da," bemerkte er, „in einem großen Irrtum, wenn ihr meint, eure Aufgabe schon gelöst zu haben. Man hat uns nicht nur mit der Untersuchung, weshalb der Lauf der Maina unterbrochen sei, beauftragt, das ließe sich ja auch ohne unsere persönliche Beaugenscheinigung feststellen, nein, wir sollen uns überzeugen, ob jene Unterbrechung nur eine vorübergehende oder eine bleibende ist."

„Ihr seid naiv," „rief Moritz, „ich dächte, eine Mauer wäre ein bleibendes Ding genug."

„Vielleicht nicht so naiv, wie Ihr glaubt," sagte Weber. „Die Mauer sei bleibend — gut, aber wer sagt uns denn, daß sie den Lauf des Wassers für immer hemmen soll? Das Gegenteil davon ist wahrscheinlich. Wenn die Vertiefung des Terrains, die sich hinter der Mauer befindet, mit Wasser gefüllt ist, so wird das über ihre Zinne wegfließen und selbstverständlich seinen Lauf talabwärts nehmen. Wer sagt euch denn, ob die Menschen jene Mauer nicht bloß zur Herstellung eines künstlichen Wasserfalles erbaut haben?"

„Was für ein Gedanke?"

„Weshalb denn?"

„Nein, das kann ich nicht glauben!“

„Wir haben durchaus keine Gewißheit über diesen Punkt. Wir müssen die Sache von näher bei untersuchen, wenn wir es nicht tun, so wären unsere Auftraggeber nur zu sehr berechtigt, uns vorzuwerfen, wir hätten unsere Aufgabe nur halb gelöst.“

„Ich teile,“ sagte Max, „Webers Ansicht. Wir müssen der Sache auf den Grund gehen. Aber wir können mit aller Ruhe erwägen, wie weit unsere Pflicht geht. Es wäre, ich gebe es zu, unklug, diesen Wasserriß bis zum Fuße der Sperre zu verfolgen, wo wir Gefahr laufen, von den Menschen, die überall daran herumklettern, getötet zu werden. Wir wollen uns morgen auf das steile Ufer an eine geeignete Stelle begeben, bis wir am Abhange hoch genug gekommen sind, um oben zu der Sperrmauer gelangen zu können. Was meint ihr hierzu?“

Nach einer kurzen Besprechung schlossen sich die Reisenden der Ansicht ihres Führers an, und man wurde einig, am anderen Morgen die Sohle des Tales zu verlassen, um am linken Ufer hinaufzuklettern, das weniger stark als das rechte bewachsen war.

Man machte es darauf wie am Tage vorher und verbrachte die Zeit bis zum Aufbruche an Ort und Stelle, aber diesmal bildete die merkwürdige Entdeckung den Stoff der Unterhaltung. Ein Punkt, der das Gespräch noch besonders belebte, war die Anwesenheit jenes Riesentieres auf den Zinnen der Mauer. Was wollte es dort oben? Die Ameisen versicherten, es sei mindestens zwanzig-, wenn nicht dreißigmal größer als ein Mensch! . . . .

Nun, morgen würde man ja die Erklärung dieses Geheimnisses finden.

Neuntes Hauptstück.

Umzingelt!

Am anderen Morgen sehen wir unsere Reisenden, einen hinter dem anderen, am linken Abhange des Mainaufers hinaufklettern, entlang einem kleinen, trockenen Rinnsal, das ihnen erlaubt, ohne zu große Schwierigkeiten in das Gestrüpp einzudringen.

Phili und die Schnecke waren im Laufe der Nacht wieder zu ihren Genossen gestoßen, und man konnte sehen, wie sie, eins auf dem Rücken des anderen, dem Gros der Schar in einiger Entfernung folgten. Der Käfer hatte seinen Kameraden eingestanden, auf welche bequeme Art er die Reise ohne Ermüdung mache. Man hatte viel darüber gelacht und ihn mit einem Regen von Sticheleien überschüttet. Phili hatte die schlechten Witze seiner Freunde über sich ergehen lassen und, nachdem ihr Humor auf seine Kosten erschöpft war, genoß er vor aller Augen die Vorteile, die ihm sein friedliches und beschauliches Reittier bot, aus vollem Herzen.

Weber marschierte neben ihnen her und erkundigte sich nach der Schabe.

„Nach Eurer Entfernung," sagte Phili und hielt die Schnecke an, „setzte ich die, wie Ihr wißt, bis dahin vergeblichen Nachsuchungen fort."

„Und?" fragte Weber.

„Und? — Freund, ich machte eine Entdeckung."

„Ah! was für eine?"

„Ich fand, versteckt unter einem Blatte, den Leichnam der Schabe. Sie war ermordet worden."

„O!"

„Wißt Ihr auch, von wem?"

„Ich habe eine Ahnung!"

„Erwürgt von einer Spinne, mein Bester. Sie hatte um ihren Hals noch den Faden, dessen man sich zu ihrer Erdrosselung bedient hatte. Wie mag das zugegangen sein, ohne daß wir etwas davon sahen und hörten?"

„Ihr schlieft. Wißt Ihr, wer die Urheberin der Greueltat ist?"

„Nein, wie sollte ich das wissen?"

„Ich kenne ihn ganz genau, ich."

„I, geht doch!"

„Tegenaria war's," sagte Weber mit leiser Stimme.

„Was, Tegenaria? Weshalb glaubt Ihr das?"

„St! nicht so laut! Gewisse Anzeichen riefen schon gestern den Verdacht in mir wach. Aber, wenn die Schabe tatsächlich von einer Spinne ermordet worden ist, so bin ich fest davon überzeugt, daß nur Tegenaria dazu fähig gewesen ist."

„Das ist eine schwere Anklage! Meint Ihr nicht, daß es gut sei, unseren Chef davon in Kenntnis zu setzen?"

„Ich glaube, ja".

Weber wartete, bis Max herbeikam. Er gab ihm ein Zeichen, er solle stillstehen. Der Laufkäfer wurde von der Entdeckung Phili Karpfenstechers und dem Verdachte Webers sofort in Kenntnis gesetzt. Seine Entrüstung war außerordentlich und er erklärte, der Schuldigen müsse auf der Stelle der Prozeß gemacht werden, aber der Bockkäfer beschwor ihn, in einer so ernsten Sache ja nichts zu überstürzen.

„Ich muß Euch bemerken,“ sagte er, „daß wir bloß mehr oder weniger begründete Verdachtsmomente, die moralische Überzeugung meinetwegen, haben. Wenn wir Tegenaria in Anklagezustand versetzen, so wird sie rundweg alles ableugnen, das ist einmal sicher. Wie wollt Ihr sie überführen? Daraus, daß die Schabe von einer Spinne ermordet wurde, folgt noch keineswegs, daß nun gerade Tegenaria diese Spinne gewesen sein muß. Gestern, ich gebe es zu, hat sie ihr Benehmen verraten und, was mich persönlich angeht, so bin ich überzeugt, daß sie es war. Aber das genügt noch nicht zu ihrer Überführung, geschweige zu ihrer Verurteilung. Bloße moralische Überzeugungen und einfache Verdachtsmomente sind manchmal trügerisch. Seien wir vorsichtig und behalten wir das Geheimnis zunächst für uns, nur eins wollen wir tun, sie nämlich, ohne daß sie es bemerkt, überwachen, und bei dem geringsten neuslen Angriff auf einen unserer Genossen . . .“

„Ist sie dem Tode verfallen“ schloß Max den Satz.

Als der Laufkäfer diese Worte sprach, bemerkte man, daß eine gewisse Bewegung durch die Schar der Reisenden ging. Die vornweg marschierten, kamen rasch zurückgelaufen, und alle winkten dem Chef, so schnell wie möglich herbeizukommen.

Max setzte sich in Galopp und war bald bei seinen Gefährten.

„Was gibt's?“ fragte er schnell.

Die beiden Ameisen, die als Eklaireurs dienten und der Schar ziemlich weit voraus waren, kamen Hals über Kopf herbeigeeilt, sprachen beide zugleich und gestikulierten höchst aufgeregt.

„Wir haben einen Angriff zu erwarten," sagten sie zu dem Laufkäfer. „Unser Unglücksstern hat uns in das Gebiet eines Ameisenhaufens geführt, der eine äußerst zahlreiche und nichts weniger als gastfreundlich gesinnte Bevölkerung beherbergt. Man hat uns bemerkt, und bevor wir 15 Minuten älter sind, wird ein Detachement ihrer Garden über uns kommen."

„Erwarten wir es," sagten die Laufkäfer.

Die Ameisen schüttelten bedenklich die Köpfe.

„Ihr erwartet die ersten, die sich zeigen," sagte Bettina, „und werdet sie sogar in Stücke zerbeißen, — sehr wohl, aber dann? . . . . Sie werden bei Tausenden und aber Tausenden kommen. Verlaßt euch darauf, es würde nicht lange dauern, dann hätten wir die ganze Sippschaft auf dem Halse".

„Den Teufel auch!"

„Machen wir uns," schlug Weber vor, „hier vorerst einmal aus dem Staube, das scheint zunächst das Nötigste zu sein, beraten können wir nachher immer noch."

Die Reisegesellschaft überschritt darauf einen Fußpfad, der in einer gewissen Höhe oberhalb der Talsohle der Maina und parallel zu ihr verlief. Das Rinnsal, dem sie bis jetzt gefolgt waren, schnitt den Pfad in schrägem Winkel. Sein Wasser, das gelegentlich, wenn es im Überflusse, nach einem starken Regen etwa, vorhanden war, mit ziemlicher Gewalt in ihm herabschießen mochte, hatte mitten in jenem wagerecht verlaufenden Absatz eine ziemlich ansehnliche Delle ausgehöhlt, die noch, wenn auch die Quelle, die sie speiste, versiegt sein mochte, etwas Wasser enthielt. Mitten in der Delle lag ein großer Stein, dessen Spitze aus der Flüssigkeit wie eine Insel hervorragte.

„Wenn wir auf den Stein gelangen könnten", sagte

Geiger und zeigte auf ihn, „dann würden wir für den Augenblick vor den Angriffen der Ameisen sicher sein."

„Das stimmt," sagte Moritz, „aber wie wollen wir hinüberkommen"?

„Aufgepaßt," rief Emma, „der Feind zeigt sich schon."

* * *

In der Tat sah man in einer gewissen Entfernung am Ende des Fußsteiges eine schwarze Kolonne, die sich in guter Ordnung näherte.

In demselben Augenblicke stießen Phili und die Schnecke zum Gros der Schar. Man unterrichtete sie sogleich von der Sachlage und zeigte auf den Stein, wo man eine sichere Zufluchtsstätte zu finden hoffen durfte, wenn man ihn nur erreichen konnte.

„Ist's weiter nichts?" fragte Phili, „das ist die leichteste Sache auf der Welt. Das laßt meine Sorge sein."

Mit diesen Worten sprang er von seinem Reittiere ab und stieg in die Delle hinab.

„Folgt mir," rief er, „ich werde euch, einen nach dem anderen, auf meinem Rücken hinübertragen. Auf, Marcha, und Ihr da, Armadillo, flink, flink, steigt auf!"

Marcha und Armadillo taten, wie Karpfenstecher anordnete. Als sie auf seinem Rücken Platz genommen hatten, schwamm Phili auf der Oberfläche des Wassers dahin und erreichte mit ein paar kräftigen Schlägen seiner langen Ruderbeine die Insel, wo er seine Passagiere gesund und munter absetzte.

Auf dieselbe Weise schaffte er Skolopendra, Reduvius, die beiden Ameisen und so nach und nach alle übrigen hinüber.

Nepa, deren eigentliches Element ja das Wasser ist, war schon hineingesprungen, ohne die Wiederkehr Philis zu erwarten.

Als die Vorhut der Ameisen am Rande der Pfütze eintraf, war da niemand mehr als Max und Moritz und die beiden Bombardierkäfer.

„Macht euch fort," sagten die beiden letzteren zu jenen, „wir werden den Feind so lange aufhalten, daß ihr die Insel in aller Sicherheit erreichen könnt."

Schon haben die ersten feindlichen Ameisen die Nachzügler erreicht, aber bevor sich Max und Moritz auf Phili einschiffen, wenden sie sich plötzlich um und machen einen Angriff auf die Spitze der feindlichen Kolonne und zerfleischen jeder mit ein paar wohlgelungenen Kieferbissen ein Dutzend ihrer Gegner, darauf machen sie sich die Unordnung, die der plötzliche Angriff in der Vorhut der Ameisen hervorgerufen hat, zunutze, fliehen Hals über Kopf und werfen sich in das Wasser. Die Laufkäfer sind zu schwer, als daß Karpfenstecher sie alle beide auf seinen Rücken hätte nehmen können, aber indem er sie mit seinem vordersten Beinpaare stützt, bugsiert er sie bis zum Stein, auf dem die Mehrzahl der Gesellschaft schon Posto gefaßt hat.

Die feindlichen Ameisen erholen sich von ihrer Überraschung und stürzen sich auf die Bombardiere, aber die beiden vorsichtigen, auf die Gewalt ihrer Waffen pochenden Käfer erwarten sie mit der größten Kaltblütigkeit und geben ihnen im Augenblicke, wo sie handgemein werden wollen, eine volle Ladung, die das erste Glied sofort auf das zweite wirft. Nachdem sie noch ein zweites und ein drittes Mal losgebrannt haben, steigen sie auf Karpfenstechers Rücken, der sich bereit hält, sie überzusetzen. Als

.... Die beiden Bombardiere eröffneten auf die Ameisen ein heftiges Feuer. ....

sich die feindlichen Ameisen von ihrem Erstaunen über den unerwarteten Widerstand erholt haben und wieder vorrücken, finden sie niemanden mehr am Rande der Pfütze als die Schnecke.

Es sei hier gleich bemerkt, daß diese von ihren Gefährten nicht etwa feige im Stiche gelassen worden ist. Phili, der — und nicht ohne Grund — eine freundschaftliche Zuneigung zu ihr hegt, hat sie aufgefordert, sich in das Wasser zu begeben und ihr versprochen, sie bis zum Steine der Rettung hinüberzuwälzen, aber das Weichtier hatte den Vorschlag abgewiesen.

„Kümmert Euch nur um die anderen," sagte es zu ihm, „ich verlache die Ameisen und werde schon meine Vorkehrungen gegen sie treffen."

Darauf hatte es einen ganz flachen Stein ausgesucht, sich darauf niedergelassen und nach und nach alle seine weichen Teile in seine Schale eingezogen, dann drückte es deren Eingang fest gegen die Oberfläche des Steins und bot seinen Feinden nirgends einen Angriffspunkt, sondern nur einen harten Panzer, in dem verkrochen es aller noch so wütenden Angriffe seiner Gegner spotten konnte.

Es war zwischen dem Augenblicke, da unsere Reisenden den Feind zuerst erschaut hatten, und dem, wo sie sich auf den Stein, den ihnen ein glückliches Ungefähr in den Weg gebracht hatte, zu retten vermochten, erst eine zu kurze Zeit verstrichen, als daß Max von den Eklaireuren den Grund dieses unerklärlichen Angriffes hätte erfahren können.

Als man abermals wieder beisammen und in Sicherheit war, ersuchte Max Emma, eine Erklärung betreffs dieser Sache zu geben.

Das tat sie denn auch mit folgenden Worten:

„Ich marschiere da so allein voraus und Bettina

folgt mir in einer kurzen Entfernung. Bei einer Biegung des Weges sehe ich mich auf einmal sechs oder sieben unserer Feinde gegenüber. Ich ahnte ihre bösen Absichten nicht. Ich näherte mich ihnen und bat sie um einige Aufklärung über die Gegenden, die wir durchwanderten. Anstatt meiner Bitte zu entsprechen, brüllen sie mich grob an: was in Teufels Namen ich hier zu schaffen habe? Zu spät erkannte ich in ihnen Angehörige eines Volkes, gegen das wir früher einmal Krieg geführt und das wir, nachdem es von uns überwunden worden war, gezwungen hatten, sich in größerer Entfernung ein neues Heim zu gründen. Sie hatten mich ihrerseits gleich erkannt, und da sie dachten, ich wäre allein, warteten sie eine Antwort von mir gar nicht erst ab, sondern stürzten sich gleich auf mich, um mich zu massakrieren. Glücklicherweise hatte ich Zeit genug gehabt, mich zur Verteidigung zurecht zu machen, und, ihnen zuvorkommend, biß ich der ersten, die sich näherte, den Hals durch und rief, während ich den anderen standhielt, Bettina zu Hilfe. Wir beide erreichten unseren Zweck vollkommen. Leider war es aber einer von ihnen geglückt, zu entwischen, und da wir keinen Augenblick daran zweifelten, daß sie Alarm schlagen und ihre ganze Sippschaft auf die Beine bringen würde, machten wir uns fort, um wieder zu euch zu stoßen und euch vor dem drohenden Angriffe zu warnen. Das Weitere wißt ihr."

Während der Erzählung Emmas waren die feindlichen Ameisen fortwährend in dichten Bataillonen herbeigekommen. Ihre schwarzen Massen umgaben schon die ganze Pfütze, und der Anblick dieser feindlichen Horden war für unsere Reisenden, die von ihnen nur durch ein schmales Streifchen Wasser getrennt waren, schreckenerregend genug. Wie sollten sie auf gute Art von hier wieder fortkommen?

Das war, wie leicht erklärlich, der Hauptgegenstand, um den sich ihre Gespräche drehten. Während sie die ernste Frage hin und her erwogen, brachte Feronia, die beauftragt war, die Bewegungen des Feindes zu beobachten, an Max die Nachricht, daß eine Gruppe der Feinde, die Häuptlinge, wie ihr schien, Zeichen mache, als ob man die Absendung von Parlamentären wünsche. Als der Laufkäfer sich jener Gruppe zuwandte, schien es ihm, als ob Feronia recht habe, und er ersuchte Phili, sich zu erkundigen, was der Feind wolle. Phili begab sich ins Wasser und näherte sich dem Ufer. Man sah ihn geraume Zeit mit den Angehörigen des Generalstabes der Ameisen reden, worauf er zurückkam.

„Man schlägt uns eine Kapitulation vor," sagte er, als er wieder bei seinen Freunden angelangt war.

„Ach, und unter welchen Bedingungen?" fragte der Chef.

„Die Ameisen sichern uns unser Leben, den Abzug ihrer Truppen und freien Durchzug durch ihr Gebiet zu — unter einer Bedingung —"

„Unter welcher?"

„Daß wir ihnen zwei der Unserigen ausliefern."

„Ach so! Emma und Bettina wahrscheinlich?"

„Eben die beiden."

„Und was habt Ihr darauf geantwortet?"

„Daß ich Euch diesen Vorschlag mitteilen wolle, aber daß ich voraussähe, er würde nicht angenommen werden."

Ein längeres Stillschweigen folgte den Worten Karpfenstechers, bis sich eine lebhafte Unterhaltung unter den Reisenden entspann. Die Mehrzahl war der Ansicht, daß man auf diese Zumutung eine entschiedene, ablehnende Antwort zu geben habe! Tegenaria war aber anderer

Meinung, und sie verstand es, dieselbe mit allerlei Scheingründen zu belegen.

„Man hat uns,“ sagte sie, „mit einem Auftrage betraut, und wir haben den Wünschen unserer Mitbürger entsprochen. Wenn wir uns hier alle hinschlachten lassen, so wissen unsere Landsleute, die ohne Informationen bleiben, gar nicht, was sie tun oder lassen sollen. Wir stellen auf diese Weise das Dasein eines ganzen, zahlreichen Volkes in Frage, das auf uns sein Vertrauen gesetzt hat. Daher dürfen wir gar nicht über unser Leben verfügen, es gehört nicht mehr uns, und es aufzuopfern, wäre eine übelangebrachte Großmut. Was sagen Emma und Bettina selbst dazu?“

So wurden die beiden Ameisen unmittelbar und niederträchtig genug in die Geschichte verflochten und konnten nun freilich nicht anders, als sagen, sie seien bereit, sich des allgemeinen Besten wegen dem Feinde auszuliefern. Aber Max wollte nichts hiervon hören.

„Eine solche Handlung,“ sagte er, „würde im höchsten Grade unwürdig sein, und ich für meinen Teil werde sie nun und nimmer zulassen. Wir haben geschworen, uns gegenseitig beizustehen, was auch geschehen möge, und wir dürfen unseren Schwur unter allen Umständen nicht brechen. Was die von Tegenaria angeführten Gründe betrifft, so will ich euch dartun, daß sie nichts weniger als stichhaltig sind. Es ist zunächst genügend, wenn nur ein einziges Mitglied unserer Gesellschaft der Abschlachtung entgeht, um unseren Mitbürgern über die Erfolge unserer Reise Rechenschaft abzulegen. Man darf doch annehmen, daß drei, oder meinetwegen noch weniger von uns den Ameisen entgehen werden. Da ist z. B. die Schnecke, die in ihren dicksten Haufen so gelassen dasitzt, als wären sie nichts als ein Völklein schwacher Blattläuse. Da haben wir ferner Freund Hydrophilus und die biedere Nepa, die, wenn sie auf dem Boden des Wassers bleiben, vollkommen der Macht der Ameisen entrückt sind und in aller Sicherheit warten können, bis jene den Krieg satt haben und das Feld räumen. Meine Meinung geht daher dahin, daß wir ihre Vorschläge rundweg von der Hand weisen."

Die Mehrzahl billigte die Anschauung des tapferen Laufkäfers, und Phili wurde abermals abgeschickt, um dem feindlichen Generalstab die Entschließung der Belagerten zu eröffnen.

Die beiden Ameisen drückten ihren Gefährten die Gefühle der Dankbarkeit, die eine so edelmütige Handlungsweise bei ihnen unbedingt erwecken mußte, mit Rührung aus.

„Außerdem," fügten sie hinzu, „genügt es, wenn wir uns hier bis zum Abend halten. Wenn wir bis zum Einbruche der Nacht an unserem jetzigen Zufluchtsorte nicht überwältigt werden, so übernehmen wir beide die volle Verantwortung für euer Leben."

„Und weshalb?" fragte Max.

„Weil," sagte Emma, „die Ameisen niemals eine Nacht außerhalb der Mauern ihrer Stadt verbringen."

„So daß wir also, wenn wir bis Sonnenuntergang standhaft ausharren, gerettet wären?"

„Das versichere ich Euch. Beim Eintritt der Dunkelheit werden sich die Feinde zurückziehen, und nichts wird unserem Abzuge mehr im Wege stehen."

„Welche Zeit mag es denn wohl sein?"

„Nun, es wird nicht viel an Mittag fehlen."

„So müssen wir denn sieben bis acht Stunden tapfer ausharren. Verstanden, Leute?"

„All right,“ hieß es von allen Seiten, „jeder tue seine Pflicht.“

* * *

Eine halbe Stunde verging mit gegenseitiger Beobachtung. Auf der Seite der Angreifer ließ sich keine Bewegung verspüren, mit Ausnahme seitens der Gruppe des Generalstabes, die sich ein wenig zurückgezogen hatte und in lebhafter Beratung begriffen zu sein schien. Bald lösen sich einige Ameisen, wahrscheinlich Ingenieure, von jener Gruppe; man sieht, wie sie durch das Rinnsal laufen und sich nach dem Punkte des Ufers begeben, der dem Steineiland am nächsten ist. Sie betrachten ihn genau und tauschen ihre Beobachtungen unter lebhaften Gesten aus und kehren nach einer kurzen Besprechung zu ihren Kameradinnen zurück, denen sie Rapport abzustatten scheinen. Darauf sieht man, wie sich jene Gruppe auflöst und ihre einzelnen Mitglieder durch die Reihen des ganzen Heeres schreiten, wo sie ohne Zweifel Ordres austeilen. Eine deutliche Bewegung geht von Bataillon zu Bataillon durch die feindliche Armee. Darauf sieht man, wie sich lange, schwarze Kolonnen bilden, die sich alle an die Stelle am Ufer, wo zurzeit die Ingenieure versammelt sind, hinbegeben. Jede Ameise trägt oder schleppt ein Steinstückchen oder etwas feste Erde.

„Was haben sie vor?“ fragte Max.

„Sie wollen einen Damm bauen,“ antwortete Emma.

„Einen Damm?“

„Ohne Zweifel; das Wasser zwischen uns und der Stelle, wo sie sich niedergelassen haben, ist nicht tief. Wenn man sie nicht stört, werden wir sie in einer halben Stunde hier haben.“

„Den Teufel auch! Jetzt wird's Ernst."

Max rief Weber herzu und unterrichtete ihn von den Absichten des Feindes.

„Ich durchschaue ganz wohl, was sie wollen," sagte der Bockkäfer, „und wenn sie so weiter machen, werden wir sie bald genug auf dem Halse haben, wenn —"

„Nun — wenn?" fragte Max gespannt.

„Wenn wir sie in ihrer Tätigkeit nicht hindern."

„Seht Ihr ein Mittel hierzu?"

„O, ich sehe mehrere!"

„Wenn es sich so verhält, Weber, so sagt uns, was wir zu tun haben. Ich lege unsere Verteidigung in Eure Hände, seid Ihr unser Ingenieur. Befehlt, wir werden Euren Anordnungen folgen."

Als Max diese letzten Worte sprach, wurde er beinahe von Geiger über den Haufen gerannt, der einen Seitensprung machte und einen Schreckensschrei ausstieß.

„Was gibt's?" fragte der Chef, indem er sein Gleichgewicht wiederfand. „O, du Aas!" fügte er sofort hinzu und zerfleischte eine Ameise, die den erschrockenen Geiger an der Gurgel gefaßt hatte, „wo kommt die denn her?"

„Dort, dort!" schrie Feronia und deutete auf eine Binse, die vom anderen Ufer schräg über das Wasser hing und deren Blütenbüschel sich gerade über ihren Köpfen befand, „seht Ihr nicht, wie sie da herangeklettert kommen?"

Fünf oder sechs Ameisen zugleich ließen sich mitten unter die Belagerten herabfallen.

„Flink, flink, Phili!" rief Weber, während man die kühnen Eindringlinge abtat. „Hierher, trage mich rasch an die andere Seite des Wassers, wo die Binse ihre Wurzeln hat."

Im Augenblicke war Weber am anderen Ufer, rücksichtslos gegen die Gefahr stürzte er sich zwischen die

Ameisen, bekam die Binse zu packen und zerschnitt ihren Schaft mit seinem starken Kieferpaare, wandte sich wieder Phili zu, während sich ein ganzer Troß von Feinden an seinen Beinen verbissen hatte.

„Unter Wasser! schnell, schnell! schwimm unter Wasser!“ schrie Weber und warf sich auf den Rücken des Freundes.

Phili verstand seine Absicht und tauchte sofort unter, sobald er den Bockkäfer auf sich verspürte.

„Bravo,“ riefen die Belagerten, als sie die beiden Käfer wieder auf dem Stein, von ihren Feinden befreit, anlangen sahen. „Bravo! Weber, seht da Euer Werk!“

Die abgebissene Binse fiel auf die Oberfläche der Pfütze, und etwa hundert Ameisen, die auf sie geklettert waren, strampelten im Wasser.

Als die Belagerten, deren ganze Aufmerksamkeit durch diese lebhaft sich entwickelnden Vorgänge für einige Minuten in Anspruch genommen gewesen war, sich dem Damme wieder zuwandten, sahen sie, daß er mittlerweile sehr bemerkbare Fortschritte gemacht hatte.

Er hatte bereits beunruhigende Proportionen angenommen, und es wurde immer deutlicher, daß das, was Emma über die Zeitdauer seines Baues vorausgesagt hatte, eintreffen würde.

„Jetzt,“ sagte Weber, „jetzt gilt's zu handeln; werft Euch ins Wasser, Phili, nehmt die beiden Bombardiere auf Euern Rücken, schwimmt auf das Ende des Dammes zu, und ihr beiden knallt mir das Gesindel drüben zusammen.“

Der Vorgang spielt sich nach Webers Wunsch ab. Piffke und Paffke ließen sich auf Karpfenstechers breitem Rücken nieder, und dieser, auf der Oberfläche des Wassers schwimmend, näherte sich so rasch er konnte, dem Ende des im Bau begriffenen Dammes. Als er es erreicht hatte, machte er Halt, und die beiden Bombardiere eröffneten auf die Ameisen ein heftiges Feuer, das ihre Tätigkeit lahmlegte.

Nach und nach wurde das Feuer der Artilleristen schwächer und endlich schwieg es völlig.

Hydrophilus kehrte um.

„Weshalb habt ihr denn nicht weiter geschossen?" fragte Max die Bombardiere beim Ausschiffen.

„Weil wir das nicht so ohne Unterbrechung können", antwortete Pifffe. „Unsere Munition ist uns ausgegangen, und es braucht einige Zeit, bevor sie sich ersetzt."

Die Ameisen nahmen ihre Erdarbeiten wieder auf.

Max fragte Weber durch einen Blick, was er davon halte?

„Hervor denn mit den großen, mit den verzweifelten Mitteln", murmelte dieser.

Zehntes Hauptstück.

Philis Heldentaten.

Gleich nach dem Rückzuge der beiden Bombardiere hatten die Ameisen, wie wir schon bemerkten, die Arbeit wieder aufgenommen und führten ihre, für kurze Zeit unterbrochene Tätigkeit weiter.

Sie entwickelten dabei eine Akkuratesse und eine Umsicht, die niemanden überraschen wird, der da weiß, daß sich diese Insekten gerade auf Erdarbeiten in hervorragender Weise verstehen, dank der wunderbaren Eintracht, mit der sie alle ihre Vorrichtungen treffen. Wohl mehr als tausend von ihnen waren damit beschäftigt, Erdbröckchen, kleine Steinchen und selbst Sandkörnchen und Stengelchen herbeizuschaffen. Alle marschierten in einer langen Reihe hintereinander her: entlang der rechten Seite des Dammes kamen sie beladen an und entlang der linken kehrten sie entlastet zurück. Dieses Kommen und Gehen erfuhr keine Unterbrechung, und die unendliche Kette bewegte sich vorwärts und wieder zurück ohne Gedräng, ohne Stoßen und ohne Unordnung.

In dem Augenblicke, als Weber die mit den Augen gestellte Frage des Chefs mit den gemurmelten Worten, mit denen wir das vorige Hauptstück schlossen, beantwortet hatte, rief Geiger, der sich auf der höchsten Stelle postiert hatte und alle Bewegungen des Feindes mit gespannter Aufmerksamkeit verfolgte, mit einemmal:

„Nein, diese Schlauköpfe! Da seht nur, was sie jetzt beginnen!"

Aller Blicke richteten sich nach der Stelle, auf die Geiger gezeigt hatte. Dort befand sich unmittelbar am Rande der Pfütze eine Erderhöhung, hinter der der Boden einen starken Fall hatte. Von dieser Erhöhung holte die Kette der Belagerer die Steinchen und Erdbröckchen, mittels deren sie ihr Bauwerk verlängerten. Man konnte leicht erkennen, daß sie beim Bau ihres Dammes einen doppelten Zweck im Auge hatten, und daß sie ganz genau wußten, was sie taten, wenn sie das Material von einer ganz bestimmten Stelle des Ufers herbeischafften.

Ihre Absicht ging offenbar dahin, zugleich mit der Erbauung des Dammes auch einen Kanal zu graben, der dem Wasser der Pfütze einen wenigstens teilweisen Abfluß gestattete, wodurch ihre Annäherung an das von den Belagerten eingenommene Eiland sehr erleichtert wurde.

„Auf, auf," rief Weber, „jetzt wird es Zeit, energisch zu handeln. Hört zu, Max, und auch Ihr, Moritz. Ihr fürchtet euch nicht vor einem unmittelbaren Handgemenge mit den Ameisen?"

„Wir ganz gewiß nicht," riefen die beiden Laufkäfer, „die einzige Gefahr, die wir dabei liefen, ist, daß wir umzingelt würden und der Übermacht unterliegen müßten."

„Das habt ihr nicht zu befürchten, wenn ihr euch genau an meine Vorschriften haltet. Ihr begebt euch, wieder in Begleitung von Phili, an das Ende des Dammes. Sobald ihr festen Fuß gefaßt habt, stürzt ihr euch auf jene Schar von Erdarbeitern. Das Hauptkorps der Armee wird nicht verfehlen, ihnen eine Abteilung zu

Hilfe zu senden. Aber der Damm ist nicht breit genug, daß sie sich richtig entwickeln und euch umringen könnten. Ihr müßt euch gerade vor die Angreifer hinstellen und alle, die euch zwischen die Kiefer geraten, zermalmen. Und Ihr, Phili, Ihr schwimmt, sobald Ihr die beiden Läufer abgesetzt habt, schleunigst nach jenem Punkt, wo der Damm sich mit dem Ufer verbindet, und hier macht Ihr Euch daran, mit dem Kopfe und den Beinen so viel von ihm einzureißen, wie nur immer möglich. Ihr werdet rasch zum Ziele gelangen, denn das Material, mit dem sie bauen, hängt nur wenig zusammen und wird Euch kaum Widerstand leisten. Habt Ihr mich verstanden?"

„Bravo," schrieen die Belagerten einstimmig, „Euer Plan ist vortrefflich!"

„Auf denn, Moritz," sagte Max, „ins Wasser mit uns beiden! Hopsa!"

Die Dinge spielten sich so ab, wie Weber sie angeordnet hatte. Sobald die beiden tapfern Laufkäfer auf dem Damme festen Fuß gefaßt hatten, stürzten sie sich auf die ersten besten Ameisen, die ihnen in den Wurf kamen. Die anderen, die das vom Ufer aus sahen, strömten in Scharen herbei, um, soweit ihnen eben die Breite der Erdaufschüttung das erlaubte, den Kameradinnen zu Hilfe zu kommen. Mittlerweile war zwischen den Laufkäfern und ihren Feinden ein grimmiger Kampf entbrannt. Max und Moritz taten ihr Bestes und fochten nicht für die Langeweile. Jeder Schnapp ihrer fürchterlichen Kiefer schnitt den Leib einer Ameise mitten auseinander und in viel kürzerer Zeit, als sich das hier sagen läßt, türmte sich vor ihnen ein Berg von Leichen. Aber trotzdem wichen und wankten die tapferen Ameisen nicht, so viele ihrer fielen, immer nahmen neue ihre Plätze wieder ein; man hätte glauben können, daß sie ihre starken Gegner, denen sie an Kraft nicht gewachsen waren, durch die Menge ihrer Leichen hätten ersticken wollen.

Zugleich erhob sich ein gewaltiges Geschrei am Rand der Pfütze. Phili hatte den Anfang des Dammes gesprengt und ihn in zwei Teile zerbrochen. Darauf hatte der tapfere Käfer, noch nicht zufrieden mit seinen Erfolgen und gehoben durch eine innere kriegerische Glut, die sonst seine Sache gerade nicht war, das heimische Element verlassen und drängte auf die Ameisen, die sich noch auf den Resten des Dammes befanden und warf sie auf die beiden Laufkäfer zurück und trieb alles, was sich ihm entgegenzusetzen wagte, vor sich her.

Die feindliche, durch die Ränder der Pfütze in ihren freien Bewegungen gehemmte Armee sah ohnmächtig und vor Wut mit den Kiefern knirschend dem Blutbade zu, das die auf dem vorderen Teile des Dammes durch Philis geschicktes Manöver im Wasser abgeschnittene Schar ihrer Kameradinnen über sich ergehen lassen mußte. Der ganze, von jeder Hilfe getrennte Trupp war bald bis auf die letzte Seele vernichtet.

Die unglücklichen, zwischen zwei Feuer sozusagen genommenen Ameisen vermochten den letzten Angriffen ihrer schrecklichen Feinde nicht zu widerstehen und stürzten sich ins Wasser, um zu versuchen, ob sie sich nicht durch Schwimmen zu den Ihrigen retten könnten. Innerhalb weniger Augenblicke war der Damm, der kurz vorher von Ameisen gewimmelt hatte, völlig von ihnen verlassen. Unsere drei Helden stiegen über die Leichen der von ihnen erschlagenen Feinde weg, umarmten sich und hielten sich, unter gegenseitigen Glückwünschen zu ihren großartigen Erfolgen, innig umfangen.

Phili hatte den Damm gesprengt und ihn in zwei Teile zerbrochen.

Bei diesem Anblicke begrüßten die Belagerten auf dem Eilande mit donnernden Hurras die ruhmreichen Sieger. Diese antworteten und schickten sich, unter Zeichen der Verachtung gegen die bestürzten Ameisen, an, zu ihren Freunden zurückzukehren.

Phili begab sich wieder ins Wasser, um den Rest des von den Belagerern mit so viel Fleiß erbauten Dammes zu zerstören. Nachdem das Material, aus dem das Bauwerk bestanden hatte, ringsum von ihm verstreut worden war, kehrte er zum Eilande zurück, indem er die beiden tapferen Karaben bugsierte.

Gleichwohl konnte ein so wunderbarer Erfolg nicht erwartet werden, ohne daß unsere wachsamen Krieger ein oder die andere Verwundung sollten davongetragen haben. Max hatte einen halben Fühler daran geben müssen, und das Endglied seines einen Fußes war auf dem Schlachtfelde zurückgeblieben. Moritz war besser weggekommen, da er nur eine seiner beiden Palpen eingebüßt hatte. Aber diese Störung der Symmetrie seiner Freßwerkzeuge tat dem männlichen Ausdrucke seiner Züge keinen Abbruch, und Marcha behauptete steif und fest, diese ehrenvolle Verstümmelung, anstatt das Antlitz ihres Freundes zu entstellen, verleihe im Gegenteil seinen edeln Zügen einen neuen Reiz, eine Behauptung, der von niemandem weiter widersprochen wurde.

Phili, der erst gegen Schluß des Kampfes mit dem Feinde, als dieser schon allen Mut und alle Zuversicht verloren hatte, in persönliche Fühlung gekommen war, kehrte im Vollbesitze seiner Gliedmaßen wieder und versicherte, er habe auch nicht die geringste Verletzung wegbekommen.

*   *   *

Die hartnäckige Tapferkeit und die Heldentaten der Belagerten schienen die feindliche Armee zu erschrecken. Für kurze Zeit wurden die Feindseligkeiten eingestellt, und während unsere Abenteurer den Großtaten die Bewunderung zollten, die sie verdienten, konnte man die Ameisen in zahlreichen Gruppen zusammenstehen und beraten sehen, was jetzt zu tun sei.

Man vernahm später von der Schnecke, die tief in ihrem Hause zurückgezogen, gehört hatte, was in den nächsten Gruppen geredet worden war, daß die Ansichten sehr geteilt gewesen wären. Einige der Rabiatesten verlangten, daß die Belagerung fortgesetzt werde und daß namentlich die Herstellung des Abzugkanals, durch den die Pfütze trockengelegt werden sollte, nicht aufgegeben werde. Andere verständigere waren für Aufhebung der Belagerung. Der Tag sei schon zu weit vorgerückt, sagten sie, als daß man noch zu einer Entscheidung vor Sonnenuntergang kommen könne. Auf alle Fälle käme man, vorausgesetzt, daß das Eiland nach dem Abflusse des Wassers besteigbar sei, mit den Belagerten ohne einen wütenden Angriff mit stürmender Hand, der ganz enorme Verluste von Ameisenleben im Gefolge haben müßte, nicht zu Ende. Wöge denn die Genugtuung, solche Gegner vernichtet zu haben, wirklich so große Opfer auf? Man habe jetzt so schon Tote genug zu beklagen.

„Hütet euch," gaben sie zu bedenken, „euch von übereilten Empfindungen hinreißen zu lassen und öffnet euere Ohren und Herzen nicht den Einflüsterungen gekränkter Eigenliebe. Ihr setzt, wenn ihr so handeln wollt, den alten, guten Ruf der Ameisen, deren praktischer Sinn stets als ihre vorherrschende Eigentümlichkeit gegolten hat, leichtfertig aufs Spiel! Lassen wir jene Abenteurer dort, deren

Gefangennahme nutzlos für uns sein, und deren Überwindung uns tatsächlich nichts einbringen würde als einen sehr eiteln Ruhm auf Kosten großer Verluste."

Der gesunde Sinn der Ameisen mußte die Richtigkeit dieser Bemerkungen zugeben und die Mehrzahl stimmte den Vorschlägen bei. Es wurde daher Befehl gegeben, daß das Belagerungsheer nach und nach zum Abmarsch blasen solle. Es war noch nicht 5 Uhr, als ihre letzten Bataillone in der Tiefe des umgebenden Gestrüpps verschwanden.

„Hurra!" rief Max, seinen verstümmelten Arm in der Luft schwenkend, „die wären wir los!"

„So könnten wir also abziehen?" fragte Moritz.

„Sehen wir uns vor!" sagte Emma warnend, „dieser Abzug unserer Feinde ist möglicherweise nur eine Finte, eine Kriegslist. Warten wir die Nacht ab."

Emmas Bedenken wurden für verständig befunden, und unsere Reisenden beschlossen, sich erst nach Sonnenuntergang von ihrem kleinen Felseneilande, auf dem ihr glücklicher Stern sie einen so rechtzeitigen Unterschlupf hatte finden lassen, zu trennen.

Geiger stand auf der höchsten Stelle des Steines und ließ eine Siegesfanfare erschallen. Phili war entzückt, sich in seinem Lieblingselemente tummeln zu können und gab sich ganz dem Schwimmsporte hin. Sein Herz frohlockte im Wasser!

Andere nahmen im Hinblick auf den nächtlichen Marsch ein oder zwei Augen voll Schlaf, auf den sie später möglicherweise verzichten mußten. Die Karaben pflegten ihre Wunden, und Weber plauderte mit Emma und Bettina.

„Ihr seid noch gut davongekommen, meine werten Freundinnen," sagte er zu den beiden alten Jungfern, „denn mir scheint, auf euch beide war der ganze Anschlag hauptsächlich gemünzt."

„Ja! eine alte Rache," erwiderte Emma, „jenes Ameisenvolk hauste früher mehr talabwärts. Wir lebten in gutem Einvernehmen mit ihm, bis es eines schönen Tags, ich weiß nicht mehr aus welchem Grunde, zu Streitereien kam, — ich glaube, es handelte sich um Grenzgebiet, auf das wir beide, d. h. mein Staat und der ihrige, Anspruch erhoben. Ein langer und blutiger Krieg war die Folge. Unsere Feindinnen unterlagen schließlich, und da sie im voraus sahen, daß die Einnahme und Plünderung ihrer Stadt das Ende vom Liede sein würde, so zogen sie davon und nahmen ihre Eier, Larven, Puppen, alle ihre Vorräte und die ganze Bagage mit, um irgendwo anders eine neue Ansiedlung zu gründen."

„Ihr wußtet, daß sie talaufwärts ihren Abmarsch genommen hatten?"

„Versteht sich, doch kannte ich die genaue Richtung, die sie eingeschlagen hatten, durchaus nicht, niemals war ich bis jetzt so weit gekommen."

„Sie schienen mir eines Stammes mit euch zu sein."

„Allerdings, sie sind blaßrote Ameisen, wie wir."

„Ich dachte, ihr führtet nur Krieg mit Angehörigen anderer Rassen?"

„Das ist ein Irrtum."

„Die Menschen haben da ein Sprichwort, das lautet: ‚eine Krähe hackt der anderen kein Auge aus'."

„Ein falsches Sprichwort, wie sie durch ihre Taten selbst am besten beweisen. Wir führen nicht nur häufig Kriege mit Angehörigen unseres eigenen Stammes, sondern es kommt bei uns gelegentlich zu inneren Zwistigkeiten und Bürgerkriegen, die freilich schließlich mit dem Untergange des ganzen Staates zu enden pflegen."

„I, was Ihr sagt! und weshalb denn?"

„Es kommt zur Parteibildung und zum Hader und manchmal aus den nichtigsten Gründen. Warten wir es ab! Es würde mich gar nicht überraschen, eines Tags zu hören, daß jenes Volk, mit dem wir eben den Streit gehabt haben, durch Bürgerkriege zugrunde gerichtet worden sei."

„Was wollt Ihr damit sagen?"

„Ein Bürgerkrieg, dessen Hauptursache die verfehlte, gegen uns ins Werk gesetzte Expedition sein dürfte."

„Meint Ihr?"

„Das wäre keineswegs außer dem Bereiche der Möglichkeiten. Die Opposition wird nicht unterlassen, aus diesem Unternehmen, das so kläglich mißglückte, Kapital zu schlagen. Sie wird mit Recht auf die fadenscheinige Veranlassung zu dieser ganzen Expedition zurückkommen, sie wird dartun, daß die Sache von vornherein schlecht eingeleitet war, daß sie schlecht durchgeführt und schimpflich aufgegeben wurde. Man wird versuchen, die Regierung zu stürzen, und wenn sie sich dagegen sträubt, — nun, dann ist der Bürgerkrieg eben fertig. Das ist nun einmal innere Ameisenpolitik!"

„Welche Toren!"

„Keineswegs, teurer Freund. Das sind die natürlichen Folgen eines sozialen Staates. Glaubt Ihr denn, daß, wenn es bei den Bockkäfern derartige gesellschaftliche Verhältnisse gäbe, es mit ihnen um ein Haar besser bestellt sein würde als bei uns? Ich bin fest überzeugt, es würde dort genau so sein wie hier."

„Kann sein. Aber lassen wir das, erzählt mir lieber, wie es zugeht, daß es in den Reihen unserer Feindinnen auch Ameisen einer anderen Art gab, die sich an ihrer Tätigkeit zu beteiligen schienen."

„Das sind Sklavinnen."

„Was! Ihr Ameisen habt Sklaven?"

„Freilich. In den Kriegen, die zwischen den Ameisen ausgekämpft werden, sind die Siegerinnen stets darauf bedacht, Sklavinnen zu machen. Hier gilt bloß das Recht des Stärkeren. Das ist eine der gewalttätigen Folgen des Krieges. Doch will ich hinzufügen, daß die Sklavinnen bei uns eine vortreffliche Behandlung erfahren, daß sie durchaus nicht mit Arbeiten überbürdet werden, daß sie dieselben Rechte haben wie wir selbst, und daß sie auch denselben Gesetzen, wie die anderen Staatsbürger, gehorchen müssen."

Diese Unterhaltung wurde von Max unterbrochen, der Weber um Rat fragen wollte, welche Straße man, nachdem man sich bei Einbruch der Nacht auf den Marsch begeben habe, einschlagen solle.

„Ich bin," sagte der Bockkäfer, „der Meinung, daß wir in diesem Falle gut tun werden, wenn wir auf dem Pfade hier, der parallel zur Talsohle läuft, bleiben. Wir laufen sonst Gefahr, uns während der Nacht in dem umgebenden Gestrüpp zu verirren, während wir auf diesem, von Menschen ausgetretenen Fußsteige mühelos fortkommen."

„Aber hier riskieren wir vielleicht unliebsame Begegnungen."

„Wohl wahr! aber wie wollen wir aus dem Dilemma herauskommen? Wenn die Sonne aufgeht, muß sie uns schon weit von hier entfernt finden, denn wenn die Ameisen auf den Gedanken verfallen sollten, morgen früh zurückzukommen, dann dürfte es sehr fraglich sein, ob wir uns ein zweites Mal wieder mit ebensoviel Glück aus der Schlinge ziehen."

„Horcht," unterbrach ihn Max, „was ist das für ein Geräusch?"

Die Insekten ersuchten Geiger, still zu sein und spitzten die Ohren.

Der Boden dröhnte unter wiederholten schweren Stößen, und das Getöse näherte sich mit großer Schnelligkeit. Es wurde bald so stark, daß man leicht erkennen konnte, was seine Ursache sei. Es war der Schritt eines Pferdes, das auf eben dem Wege, auf dem sich die Reisenden befanden, daher kam. Ehe sich die Insekten schlüssig machen konnten, welche Richtung sie angesichts dieser neuen Gefahr einzuschlagen hätten, war der Gaul, auf dem ein Mann saß, schon unmittelbar bei ihnen. Sie beobachteten voll Angst die Bewegung seiner Hufe, die diejenigen von ihnen, die noch auf dem Eilande waren, leicht ins Wasser schleudern oder im Vorbeigehen zertreten konnten. Glücklicherweise ging das Pferd nicht mitten durch die Pfütze. Jenes von ihnen gefürchtete Ereignis fand nicht statt und sie wurden bloß mit einem tüchtigen Sturzbad überschüttet. Das Pferd war, dicht bei ihrer Insel, mit dem einen Fuße in das Wasser getreten, das hoch aufspritzte und die ganze Kommission zugleich bis auf die Haut durchnäßte. Das Ereignis hatte aber weiter keine übeln Folgen, und Phili beeilte sich, seine Freunde in Sicherheit zu bringen, was ihm bald gelang.

„Da seht Ihr," setzte Weber seine durch den Zwischenfall unterbrochene Unterhaltung mit Moritz fort, „welchen Fährlichkeiten wir ausgesetzt sind, wenn wir uns dieser von Menschen angelegten Wege bedienen."

„Was schadet das?" fragte Moritz, „ich gebe mich durchaus keinen Selbsttäuschungen über die Gefahren, die wir auf unserer Reise noch zu bestehen haben werden, hin. Aber Menschen sind nachts nur selten unterwegs, zumal in den Wäldern, und ich glaube, dieser Pfad ist das am wenigsten gefährliche Mittel, dessen wir uns, um rasch von der Pfütze hier wegzukommen, bedienen können. Ein nächtlicher

Marsch ist eben mit allerlei unausbleiblichen Schwierigkeiten verbunden."

„Durch dieses Dickicht würde er," sagte Weber und betrachtete die beiden Seiten des Stegs, „für verschiedene von uns selbst am Tage unmöglich sein. Das ist doch klar, daß die Schnecke, Phili, die beiden Bombardiere und Nepa niemals in ihrem Leben durch dieses Blättergewirre würden hindurchkommen können. Bleiben wir also in Gottes Namen auf dem Fußwege."

Gegen Abend ersuchte Max Feronia in der Richtung, die die Kommission bei ihrer Weiterreise, wenn sie ihr Eiland verlassen hatte, einzuschlagen gedachte, einmal eine Streife zu machen, namentlich um sich zu vergewissern, ob sich nicht die feindlichen Ameisen irgendwo in der Dämmerung des umgebenden Gebüsches verborgen hielten.

Der flinke Käfer beeilte sich den Wünschen seines Chefs nachzukommen. Nachdem er auf Philis Rücken gestiegen und das Ufer der Pfütze erreicht hatte, sah man ihn bald in der Ferne verschwinden.

Nach einer Stunde kehrte er zurück und meldete, daß er nirgends eine Spur vom Feinde bemerkt habe. Er war auf dem Wege ein gutes Stück fortgelaufen und hatte sogar das nächste Dickicht untersucht. Er war wohl ab und zu einmal einer einzelnen Ameise begegnet, die ihm aber alle zu einem anderen Volke, als mit dem sie es zu tun gehabt hatten, zu gehören schienen. Auf sein Befragen hin hatten ihm diese Ameisen bestätigt, daß weit und breit nirgends ein feindlicher Hinterhalt verborgen sei.

Der Bericht Feronias war beruhigend. Nach dem Erlebnis mit den so listigen Ameisen war es einfach ein Gebot der Klugheit, in der Nacht zu reisen.

Elftes Hauptstück.

Eine seltsame Entdeckung.

Sobald die Sonne untergegangen war, versicherten die beiden Ameisen Max, daß die Feinde mittlerweile aller Wahrscheinlichkeit nach in ihre Stadt zurückgekehrt wären, und daß die Aufhebung der Belagerung kein Scheinmanöver, sondern eine Tatsache wäre. Sie wiederholten ihre frühere Aussage, daß nämlich die Ameisen sich niemals auf nächtliche Unternehmungen einließen, wie viel auch für sie etwa davon abhinge. Man könne sich ihrer Ansicht nach ohne die geringste Furcht auf den Weg machen.

So gab denn Karabus I. das Zeichen zum Aufbruch, und Phili machte sich daran, seine Gefährten einen nach dem anderen durch das Wasser zu schaffen.

Beim Appell stellte sich heraus, daß Skolopendra fehlte. Hatte sie bei dem Vorbeikommen des Pferdes Schaden genommen? Als Phili über die Einzelheiten bei der Bergung auf dem Steine, bei dem er ja die Hauptrolle gespielt habe, und die jenem Abenteuer mit dem Pferde vorhergegangen sei, befragt wurde, erklärte er, er habe bei der Verwirrung auch nicht daran gedacht, sich die einzelnen, die er hinübergeschafft habe, zu merken, und es könne immerhin sein, daß er Skolopendra vergessen habe.

Max beschwor ihn und Nepa, doch einmal auf dem Boden der Pfütze nachzuforschen in der Richtung, wohin sie von der Sturzwelle beinahe abgespült worden seien, und die beiden Schwimmkünstler machten sich sofort ans Werk.

Eine Viertelstunde verstrich über diesen, der zunehmenden Dunkelheit keineswegs leicht auszuführenden Nachforschungen. Endlich erschien Nepa im Gefolge von Phili. Sie brachten ein Stück vom Körper Skolopendras herbei, deren Tod ja freilich dadurch bewiesen war. Die Unglückliche hatte sich wahrscheinlich an einem Vorsprunge des Steines zerschmettert, als sie von der Welle, die die anderen bloß durchnäßt hatte, in das Wasser geschleudert worden war.

Die Tausendfüßin, deren trauriges Ende nunmehr festgestellt worden war, hatte sich fast stets von ihren Gefährten abgesondert gehalten, sei es aus Hang zur Einsamkeit oder aus angeborener Schüchternheit. So erweckte denn auch ihr Tod keine große Teilnahme. Dieser Zwischenfall hatte den Aufbruch verzögert. Jetzt aber trieb Max zum Abmarsch, der auch gleich vonstatten ging.

Phili schwang sich wieder auf den Rücken seiner Freundin, der Schnecke, die er von den Vorbereitungen zur Weiterreise in Kenntnis gesetzt hatte, und die ganze Gesellschaft verfolgte unter tiefem Stillschweigen ihren Weg, wobei sie sich in acht nahm, sich nicht zu sehr zu verzetteln, damit die einzelnen im Falle eines Angriffes einander beistehen könnten und damit diejenigen von ihnen, die an nächtliche Wanderungen nicht gewöhnt waren, nicht in Ungelegenheiten gerieten oder sich etwa gar verirrten.

So legte man etwa eine Strecke von 50 m ohne weitere Abenteuer zurück. Ab und zu begegnete man dem einen oder dem anderen nächtlichen Insekt, das auf einem Raubzuge begriffen war, aber dank der Vorsicht, in einer geschlossenen Masse zu marschieren, hatte man nichts von ihnen zu befürchten. Sie gingen vielmehr unseren Reisenden schleunigst aus dem Wege und sahen nicht wenig überrascht den seltsamen Zug an sich vorbei defilieren.

Die Nacht war nicht so dunkel, daß sie ihre Wanderung unmöglich gemacht hätte. Zwischen den leichten Wolken, die langsam am Himmel dahin zogen, stahl sich von Zeit zu Zeit ein heller Mondstrahl hervor, der mit blassem Lichte die Umgebung beschien und deutlich genug die Unebenheiten des Weges zeigte.

So hatten sie ohne bemerkenswerten Zwischenfall ein gut Teil ihrer Straße zurückgelegt, als ein Pfeifen, das aus dem nächsten Gebüsche schallte, ihr Weitergehen unterbrach. Alle spitzten die Ohren, denn sie kannten die Laute nur gar zu gut.

„Himmel", rief Max, „eine Kröte! Halt!"

Das war eine der allerunangenehmsten Begegnungen, die die kleinen Wanderer nur machen konnten, denn man muß wissen, daß eine Kröte für Insekten eine höchst gefährliche Feindin ist, etwa wie für uns ein Tiger, der unseren Weg kreuzt.

Alle hatten sich um den Laufkäfer geschart und erwarteten seine Anordnungen.

„Flüchten wir uns unter die Blätter jener Pflanze", sagte Max und deutete auf eine Wegebreitstaude, die am Wege wuchs, „und Ihr, Feronia, schleicht Euch leise voraus und haltet Umschau, ob Ihr erspähen könnt, wo sich das grimmige Raubtier befindet, aber seid vorsichtig!"

Feronia ging voraus und huschte lautlos den Gewächsen entlang, die am Rande des Pfades standen. Als sie sich ein Stück von ihren Kameraden entfernt hatte, machte sie Halt und lauschte auf ein neues Geräusch seitens des Ungeheuers, aus dem sie schließen könne, wo es sich ungefähr befinde. Sie brauchte nicht lange zu warten, und von dem Ton geleitet, erblickte sie das Lurchtier, das ihr gerade gegenüber am Fuße eines großen Steines an der anderen Seite des Weges hockte.

Feronia untersuchte die Örtlichkeit gründlich, damit sie genau in der Nachbarschaft des greulichen Viehes Bescheid wüßte, an dem sie und die Ihrigen so nahe vorüber mußten, dann kehrte sie zu den Genossen zurück und teilte ihnen das Resultat ihrer Beobachtungen mit. Durch einen glücklichen Zufall befanden sich gerade an dieser Stelle des Weges zwei tief eingeschnittene Wagengeleise, und wenn man in einem derselben geräuschlos hinschlich, konnte man unbemerkt an der Kröte vorbeikommen.

Das beschloß man zu tun und führte den Beschluß auch sofort aus, und die ganze Gesellschaft mit Ausnahme der Schnecke, die nichts von dem Lurche zu fürchten hatte, stieg in das Geleis hinab, das am weitesten von ihm entfernt war, und passierte in tiefster Stille ohne Unfall die gefährliche Stelle.

„Da wir einmal drinnen sind," sagte Max, „könnten wir in dem Geleise weiter gehen, wir sind hier weniger in Sicht als auf dem Wege."

„Und außerdem marschiert es sich auch leichter," bemerkte Moritz.

„Die einzige Gefahr," gab Geiger zu bedenken, „wäre nur ein Wagen, der daher käme und dessen Räder uns zermalmen würden."

„Wir würden sein Rollen vernehmen und uns beizeiten retten können."

„Wenn wir nun auf eine Kröte stießen, die im Geleise selbst kauerte?"

„Alle diese Erwägungen von Möglichkeiten," rief Max ungeduldig, „nützen keinen Deut. Wenn uns eine neue Gefahr droht, werden wir es schon bemerken, und außerdem geht Feronia voraus und untersucht den Weg."

* * *

Das Geleise war für unsere Reisenden eine ausgezeichnete, ganz gerade und glatte Straße, die noch außerdem den Vorzug hatte, daß man von ihr nicht rechts und links abkommen konnte. Hier durfte man schon ein Schrittchen zulegen, und so kam man bald mehrere hundert Meter weiter. Phili fand es nicht nötig, die Schnecke zu Hilfe zu rufen und begleitete seine Kameraden zu Fuße. Man begegnete keinem Karren, dem man hätte ausweichen müssen. Zweimal noch schlug die kräftige Stimme einer Kröte an ihr Ohr, aber sie gingen weiter, ohne noch eins dieser Tiere zu Gesicht zu bekommen. Ein einziges Mal kam Feronia, die immer voran lief, zu ihnen zurück und berichtete, daß irgend ein Ding von unbestimmter Gestalt, vielleicht eine Kröte, auf dem Boden des Geleises selbst hocke. Man kletterte daher eiligst aus demselben heraus, bemerkte aber, als man dem Gegenstande näher kam, von oben, daß das, was Feronia für eine Kröte gehalten hatte, nur ein runder Stein sei. Abgesehen von einem oder dem anderen derartigen blinden Lärm und von einigen Hasen, Kaninchen und anderen Nagern, die über den Weg sprangen, verstrich die nächtliche Reise ohne Zwischenfall.

Unsere kleinen Wanderer gingen schweigend immer dem Geleise nach, dessen senkrechte Wände sich an jeder Seite bis zu einer im Verhältnisse zu ihrer Größe bedeutenden Höhe erhoben und sie dem Gesehenwerden aus der näheren Umgebung entzogen. So marschierten sie denn auf gut Glück darauf los, bloß in der Gewißheit, daß ihr

Weg in halber Höhe des Berges dahin führe und parallel zum Tale der Maina, das sie, wenn es Tag gewesen wäre, hätten sehen können.

Herr Weber, der an der Spitze der Gesellschaft einherschritt, machte Halt und sagte zu seinem Freunde:

„Ich bemerke eben, daß der Weg sich plötzlich stark nach links wendet, in der Richtung nach der Talsohle, und doch sind wir nicht bergab gegangen. Da steckt irgend etwas Rätselhaftes dahinter. Täten wir nicht gut, einmal Umschau zu halten, wo wir eigentlich sind?"

Man rief Feronia und trug ihr auf, das Geleise zu verlassen und die Umgegend in Augenschein zu nehmen, soweit das schwache Mondlicht das erlaube.

„Unterdessen," sagte Max, „wollen wir ein paar Augenblicke ausruhen."

Feronia erschien bald wieder.

„Ich kenne mich gar nicht aus hierherum," sagte sie, „wir marschieren auf dem höchsten Rücken eines Felsens.... nicht weit von hier befindet sich ein gewaltiges, regungsloses Tier .... kommt selbst und schaut!"

Unsere Reisenden waren durch die Worte Feronias nicht wenig bestürzt und verließen alle das Geleise. Über das, was sie da erblickten, rissen sie, starr vor Erstaunen, die Augen auf.

Vor ihnen auf einem Steinblocke erhob sich die riesenhafte Gestalt eines Löwen!

Beim ersten Anblicke dieses ihnen unbekannten Ungetüms, das sich schwarz von dem Himmel vor ihnen abzeichnete, beschlich die Wanderer ein Gefühl des Entsetzens. Sie glaubten auf ein lebendiges Geschöpf gestoßen zu sein, und erst nach sorgfältigster Untersuchung kamen sie dahinter, daß es ein Gebilde von Stein sei.

Vor ihnen auf einem Steinblock erhob sich die riesenhafte Gestalt eines Löwen.

„Was hat diese gigantische Bestie in aller Welt zu bedeuten?“ rief Geiger. „Wie grimmig sie aussieht!“

Niemand konnte jene Frage beantworten. Niemals noch hatten unsere Insekten einen Löwen erblickt, und diese Silhouette da vor ihnen erinnerte sie an keins der ihnen bekannten Tiere.

„Ich weiß,“ sagte Weber, „daß die Menschen von Sachen, die sie verehren, Bildnisse zu machen pflegen. Was wir da vor uns sehen, ist Menschenwerk, verlaßt euch darauf!“

„Ohne Zweifel,“ bestätigte Max, „nur Menschen sind imstande, solche Dinge herzustellen. Aber wo befinden wir uns denn? Schaut um euch! Alles, was uns umgibt, kommt mir so außerordentlich vor. Wir befinden uns nicht mehr auf dem Wege von vorhin.“

Was die Insekten erblickten, war allerdings wohl staunenswert. Die Vegetation, die weiter abwärts den Weg umgab, war völlig verschwunden. An ihre Stelle waren große, quadratische Steinblöcke getreten, die eine gerade, nur hier und da durchbrochene, jede Aussicht seitwärts verhindernde Masse bildeten. Der Boden war mit Steinstücken in allen Größen bedeckt.

„Befinden wir uns etwa in einem Steinbruch?“ fragte Geiger.

„Das wäre möglich“, sagte Weber, „wenn wir uns rechts gewendet hätten, aber die Richtung, die wir eingeschlagen haben, hat uns mitten in das Tal, genau zwischen seine beiden Seitenabhänge gebracht! Das ist geradezu unbegreiflich.“

„Steigen wir einmal an diesen Steinen hinauf“, schlug Moritz vor, „wir sind bald genug oben.“

Die Abgesandten begaben sich zu einer Fuge zwischen

den Sandsteinblöcken, und nachdem sie geraume Zeit geklettert waren, befanden sie sich plötzlich am Rand eines senkrechten Absturzes von ungeheuerer Tiefe: unter ihnen dehnt sich das Tal aus. Rechts und links sind seine beiden Abhänge mit Gebüsch bedeckt und heben sich oben schwarz gegen den schwacherleuchteten Himmel ab. Der Anblick war nahezu bewältigend.

„Wo sind wir nur?“ riefen unsere Reisenden einstimmig.

„Wo wir sind?“ warf Emma dazwischen, „das will ich euch sagen. Wir sind auf der Zinne der Mauer, die das Tal sperrt und die wir, Bettina und ich, vorgestern von jenem Baumgipfel erblickten. Wir sind durch einen wunderlichen Zufall hierher verschlagen worden.“

„Das dürfte in der Tat zutreffen,“ sagte Weber. „Die behauenen Blöcke, die uns umgeben, jene Gesteinbrocken, über die wir liefen, die seltsame Lage dieser ungeheueren, das Tal sperrenden Mauer . . . jenes Tier aus Stein — alles verrät das Gebilde aus Menschenhand! Gehen wir auf die andere Seite.“

Die Reisenden krochen die Steinfuge, der sie aufwärts gefolgt waren, wieder hinab, kreuzten die Straße und begaben sich auf die andere Seite. Hier erwartete sie eine noch viel größere Überraschung.

Hier war das Tal vollkommen verschwunden. An seiner Stelle dehnte sich ein weiter Wasserspiegel aus, dessen Ufer unbestimmt waren und der sich talaufwärts in weiten Fernen verlor. Von seiner regungslosen Oberfläche strahlten das silberblaue Licht des Mondes und unzählige Scharen der goldenen Sterne wider. In dieser Stunde der Nacht unterbrach kein Laut die tiefe Ruhe, in der die Natur zu schlafen schien. Dieses allgemeine Schweigen stimmte wundervoll zu der fremdartigen Landschaft, die sich so unerwartet vor den Augen des Insektenvolkes aus dem Mainatale auftat. Sie betrachteten, stumm vor Staunen und Bewunderung zugleich, das für sie so überraschende, neue Schauspiel. Niemals noch in der Tat hatte sich der unbewegte Spiegel eines Sees ihren Blicken gezeigt, und die Umstände, unter denen das Bild ihnen so ganz unvorbereitet vor Augen gekommen war, trugen nicht wenig dazu bei, die Empfindungen, die auf sie einstürmten, zu steigern.

„Darum also", murmelte Weber tief ergriffen, „darum also rauscht die Maina nicht mehr durch unser friedliches Tälchen. Die Menschen haben ihren Lauf gehemmt, hier hält man ihr munteres Wasser gefangen. Weshalb aber haben sie wohl diese Mauer erbaut? Was kann ihre Absicht sein?"

„Die Menschen", bemerkte Max, „sollen manchmal derartige Dämme bauen, um das Wasser eines Flusses anzustauen und so ein Mittel in Händen zu haben, ihre Mühlen nach Gutdünken zu treiben."

„Es ist wohl möglich, daß das ihr Zweck dabei ist," sagte Weber. „Dem sei, wie ihm wolle, wir sind bis hierher vorgedrungen, um das zu ergründen, und haben es nun ergründet. Morgen wollen wir uns nach der Bewohnerschaft dieses Teiles des Mainatales umsehen."

„Wenn es nämlich noch eine gibt", warf Marcha ein.

„Weshalb soll es denn keine mehr geben?"

„Eben weil das Wasser das ganze Gelände überschwemmt hat. Die Einwohner wurden mit überschwemmt, sie ertranken, sie sind vernichtet für ewige Zeiten."

„Nun", bemerkte Weber hierauf, „es wird doch noch ein gut Teil dieser Sintflut entronnen sein: das Wasser wird das Land nicht so mir nichts dir nichts von gestern auf heute bedeckt haben, sondern sehr allmählich, nach und nach. Doch meinetwegen, wir werden bald wissen, woran wir sind."

„Ich glaube allerdings," warf Emma hier ein, „wir würden gut tun, uns hier nicht allzu lange aufzuhalten. Sobald der Tag anbricht, werden Menschen kommen, voll Eifer in ihrer Arbeit fortzufahren, und dann könnte es hier gefährlich für uns werden."

„Emma hat recht," sagte Max, „ich glaube mit ihr, daß die Klugheit uns befiehlt, einen Ort aufzusuchen, wo wir nicht Gefahr laufen, zertreten zu werden wie hier, wenn die Arbeiter morgen wiederkommen."

Alle Insekten waren der gleichen Ansicht und setzten sich nach dem linken Abhang des Tales zu in Bewegung, indem sie der Mauerzinne folgten, die ihnen einen bequemen Weg bot, denn an den Seiten des Dammweges war wie auf seiner Mitte nur Steingerölle.

Zwölftes Hauptstück.

In dem Tegenaria ihren schlechten Charakter enthüllt.

Die Kommission hatte sich eine Stelle ausgewählt, wo sie den Rest der Nacht in Sicherheit zu verbringen gedachte, und zwar einige Meter unterhalb der Oberfläche des Dammes, in einer der tausend Höhlungen, von denen die Felsen am linken Mainaufer voll waren.

Als es Tag geworden war, konnten die Insekten dieses gigantische Menschenwerk, das für sie und ihre Mitbürger so verhängnisvoll geworden war, in seiner gewaltigen Gesamtheit und im einzelnen untersuchen. Die Sonne überstrahlte mit ihrem Glanze die Landschaft, welcher der schwache bläuliche Schimmer des Mondes ein phantastisches Ansehen verliehen hatte, als sie sie zum ersten Male erblickten.

Von ihrem Quartier hatten sie folgende Aussicht: vor ihnen erstreckte sich in einer leichten Kurve die Oberfläche des Dammes, in einer Breite von 10 und in einer Länge von fast 200 m. Mitten auf dieser Oberseite, die, nach den stellenweise unordentlich herumliegenden Steinblöcken zu urteilen, noch nicht völlig ausgebaut war, stand ein ungeheuerer steinerner Löwe fest auf seinem Sockel und zeigte den Beschauern sein vornehmes Profil. In ruhiger Haltung da mitten auf dem Damm schien er, das Antlitz dem Tale zugewendet, an die Bevölkerung aus der Höhe herab folgende Ansprache zu halten: „Fürchtet nichts, die Mauer ist fest, ich stehe dafür ein.“ Den Eindruck hatten wenigstens die Mitglieder der Kommission, und dieser Gedanke mußte ganz naturgemäß bei ihnen aufsteigen, denn an der Stelle, wo sie standen, konnte man sich ganz vortrefflich vorstellen, welch fürchterlicher Wasserschwall sich in das Tal hinabstürzen würde, wenn jenes Mauerwerk einmal bräche.

Rechter Hand dehnte sich der große See mit seinen geschlängelten Ufern aus, dessen ganze Wassermasse gegen die Mauer drückte, deren Kante sie beinahe erreichte. Links in einer Tiefe von 50—60 m zog sich das Tal hin, das in seiner Ausdehnung vortrefflich die wirkungsvolle Kraft des Wassers zeigte, welcher der Damm jetzt allein Widerstand bot.

„Das ist alles schön und gut“, murmelte Weber im Selbstgespräche, „aber so viel weiß ich, hätte ich die Sachlage hier oben früher so gut gekannt, ich würde nicht so ruhig dort im Tale gewesen sein.“

„Ja, ja“, sagte Max, „wenn dieser Damm einmal nachgibt . . .“

„Es scheint aber doch“, warf Phili ein, „daß die Menschen, die ihn gebaut haben, alles Vertrauen in seine Festigkeit setzen.“

„Sie haben ihn unter die Schirmherrschaft jenes Riesentieres gestellt, das vielleicht zu ihrem Kultus in Beziehung steht.“

„Die Menschen haben keinen Tierkultus“, bemerkte Max.

„Nicht? — Da irrt Ihr Euch sehr, mein Freund“, sagte Weber, „ich erinnere mich, daß mir erzählt worden ist, daß gewisse Völker einen Stier göttlich verehrt hätten. . .“

„Was? einen Stier!“

„Ja, ja, einen gewissen Stier, — wart' einmal — wie nannten sie ihn doch? Richtig — Apis. So habe ich wenigstens von einer Fliege gehört, die bei einem alten Gelehrten gelebt hatte."

„Aber was wir da drüben sehen, das stellt doch keinen Stier vor?"

„Allerdings nicht. Aber es ist sicherlich ein Emblem der Stärke und der Kraft. So viel steht fest, die Menschen sind sehr von der Vortrefflichkeit ihres Bauwerks durchdrungen, und dort unten geht ihr Getriebe so ruhig seinen Gang, als ob sich die Beschaffenheit dieses Tales nun und nimmer ändern könnte."

Einige Mitglieder der Kommission schüttelten die Köpfe.

„Nun, das Ding sieht doch fest genug aus", meinte Moritz, „an was denkt Ihr eigentlich, Weber"?

„Ich glaube auch, daß unter gewöhnlichen Umständen ein Bruch nicht zu befürchten ist. Ihr sehet, daß die, welche den Damm erbauten, ihm eine leichte Krümmung und zwar mit der konvexen Seite talaufwärts dem See zu gegeben haben und daß sie die Vorsicht gebraucht haben, sein Mauerwerk an beiden Enden mit dem natürlichen Felsen des Berges zu verbinden."

„Ihr sagtet vorher: unter gewöhnlichen Umständen; was meintet Ihr damit?"

„Das heißt, wenn kein außerordentliches Ereignis den naturgemäßen Gang der Dinge stört."

„Wie könnte er denn Eurer Ansicht nach gestört werden?"

„Was weiß ich? Durch ein Erdbeben zum Beispiel."

Alle Zuhörer rissen die Augen weit auf und fragten Weber, was denn ein Erdbeben wäre.

„Ich weiß selber nicht Bescheid," antwortete der Bockkäfer," aber eine spanische Fliege hat mir einmal erzählt, daß bei ihr zu Hause der Boden manchmal zufolge mehr oder weniger heftiger Erschütterungen wanke, sich spalte, sich hebe und plötzlich wieder senke, daß Felsen, Bäume, Häuser über den Haufen geworfen und bisweilen sogar von der Erde verschlungen würden. Es ist die Mitteilung jener Fremden, an die ich denken muß, wenn ich von Ereignissen gegen den natürlichen Gang der Dinge rede."

„Gibt es wirklich Länder, in denen solche Umwälzungen stattfinden?"

„Ich glaube, ja! Doch ich wiederhole euch nur, was mir selbst erzählt wurde."

„Auf alle Fälle," sagte Moritz, „handelt es sich da um außerordentliche Ereignisse, die zu selten einmal vorkommen, als daß man mit ihnen zu rechnen brauche. Aber, sagt, seht ihr irgendwo an dem Damme einen unteren Abzugskanal für das Wasser? Das wird doch natürlich oben in das Bassin fortwährend zuströmen und muß doch irgendwo wieder abfließen können? Ich kann keine Spur davon entdecken."

Alle anderen Insekten erklärten, auch sie könnten nichts derartiges bemerken.

„Das," sagte Weber, „ist ein Gegenstand späterer Untersuchungen, denn es ist sehr wichtig für uns, zu wissen, wie sich die Sache verhält. Es ist sogar der Hauptpunkt, um den sich das Wohl und Wehe der Bevölkerung des ganzen Tales dreht. Wenn das Wasser nur vorübergehend durch den Damm gestauet würde, wenn es später wieder so flösse, wie früher, so würde auch die Dürre, die uns so viel zu schaffen macht, der selbst das Leben so vieler unserer Mitbürger zum Opfer gefallen ist, kein bleibender Zustand sein, und wir könnten unseren Auftraggebern die Versicherung bringen, daß bald alles wieder wie früher sein würde. Hat man aber dem Wasser einen anderen Abfluß gegeben und es etwa in ein anderes Tal abgeleitet, dann müssen wir freilich zu ihnen zurückkehren, um ihnen zu eröffnen, daß keine Aussicht vorhanden ist, den blühenden Zustand unseres Vaterlandes je wiederkehren zu sehen. Das einzige, was uns dann übrig bliebe, wäre meines Erachtens eine Massenauswanderung in andere Gegenden."

Alle Mitglieder der Kommission stimmten den Worten des Bockkäfers bei, und man beriet über die Maßregeln, die zu ergreifen wären, um diese Untersuchungen zu einem guten Abschlusse zu führen.

„Ich bin der Ansicht," sagte Weber nochmals, „daß wir uns hier niederlassen und an dieser Stelle unser Hauptquartier aufschlagen. Täglich müssen die raschesten unter uns nach verschiedenen Richtungen hin auf Kundschaft gehen, sie müssen die Ufer des Sees untersuchen, sie müssen sich mit einem Worte auf alle nur mögliche Weise zu unterrichten bestreben und, wenn wir uns so den nötigen Schatz von Kenntnissen verschafft und alles, was für uns zu wissen von Wichtigkeit ist, erforscht haben, so ist der Zweck unserer Reise erreicht. Dann können wir in unser Vaterland zurückkehren und unseren Mitbürgern Bericht von unseren Entdeckungen abstatten, dann mögen sie abermals beraten und, von der Sachlage völlig unterrichtet, wie sie sind, sich die Mittel und Wege, die unter solchen Umständen zu ergreifen und einzuschlagen wären, überlegen."

„Ich bin ganz Eurer Ansicht, Weber," sagte Max. „Es ist hier gar nicht so übel, die Stelle scheint mir ganz geeignet, um an ihr unser Lager aufzuschlagen."

„Wie wäre es mit einem Ruhetage?" fragte Marcha, „es wäre mir sehr angenehm, meiner Verwundung wegen einmal volle 24 Stunden nichts zu tun, als spazieren zu gehen und auszuruhen. Außerdem sehe ich auch dort unten ein Pflänzchen stehen, das mir ganz so aussieht wie Labkraut. Das wäre mein Fall.“

„Ruhe dich nur nach Wunsch aus, beste Marcha, wir bleiben hier mehrere Tage. Außerdem ist es durchaus überflüssig, daß wir nun gleich alle zusammen Erkundigungen einziehen, die flinksten unter uns, wie z. B. Moritz und ich, sind genug, um das zu besorgen. Phili seinerseits ist wohl so gut, schwimmend den See zu untersuchen, vielleicht erfährt er Dinge von Wichtigkeit. Die anderen mögen ihre Zeit in Gottes Namen verbringen, wie es ihnen gefällt. Ach! da sehe ich auch die Schnecke angewackelt kommen, sie ist unseren Spuren nachgekrochen. Feronia, lauft hin und sagt ihr, wo unser Lager ist, das wird ihr eine lange Sucherei ersparen. Außerdem kommen da auch die Arbeiter zum Damme zurück, und es wäre am Ende nicht gut für sie, wenn sie sich hier noch länger herumtrieb.“

Feronia beeilte sich den Auftrag Maxens auszuführen.

* * *

Wie wir sagten, hatte sich die Kommission in den Felsen des linken Talabhanges niedergelassen, unweit des einen Endes der Sperrmauer. Diese Felsen bildeten die Wände einer großen Ausschachtung, aus der man das Material zum Bau des Dammes genommen hatte. Beide Talabhänge hatten einen tiefen Einschnitt, an den sich die ungeheuere Mauer mit je einem Ende anschloß, wodurch ihr Vermögen, dem Drucke zu widerstehen, vermehrt wurde. Wenn unsere Insekten eine Ahnung davon gehabt hätten, daß man gerade von da, wo sie sich niedergelassen hatten, noch täglich große Steinblöcke fortschaffte, so würden sie sich wohl gehütet haben, gerade hier ihr Hauptquartier aufzuschlagen. So aber war ihnen diese Tatsache unbekannt.

Der Platz eignete sich übrigens vorzüglich für einen derartigen vorübergehenden Aufenthalt. Es war eine Art große wagerecht verlaufende Spalte, deren Boden und Decke aus der Felsenmasse unmittelbar bestand. Der Fußboden ragte ein wenig unter dem Dache vor und bildete so eine vorspringende Terrasse, von der aus man weit nach allen Seiten sehen konnte. Der Vorsprung setzte sich, nach der einen Seite ziemlich steil abfallend, bis zum Boden fort, wodurch ein schräger Aufstieg zustande kam, der es der Gesellschaft ermöglichte, ohne große Beschwerden ihren ebenso bequemen wie, vorläufig wenigstens, sicheren Schlupfwinkel zu erreichen.

Als die Insekten von der Wohnung Besitz ergriffen hatten, suchten die meisten den früher beschriebenen Weg wieder auf, zum Teil, um nach Lebensmitteln Umschau zu halten. Marcha machte sich auf, um vom Labkraut zu naschen, Phili und Nepa, um im See ein Bad zu nehmen. Andere zogen sich in den Hintergrund der Wohnung zurück, um dort etwas zu ruhen, was ihnen nach den Strapazen und den Gemütserschütterungen der letztvergangenen Nacht das nötigste schien.

Tegenaria hatte sich gleich anfangs mit den ersten entfernt, schien sich aber eines Besseren zu besinnen und kehrte wieder um, aber anstatt in der Höhle zu bleiben, ließ sie sich auf einem nahen Sims nieder und streckte ihre acht Beine von sich, als wolle sie schlafen.

Weber fand das Treiben auffallend.

Er hatte es sich nach der Geschichte der Schabe zur Aufgabe gemacht, die Spinne, ohne ihr Mißtrauen zu erwecken, zu beobachten, was ihm um so leichter wurde, als jene keine Spur von Argwohn hegte, sie könne der Gegenstand eines Verdachtes bei ihm sein.

Er gab sich daher den Anschein, als ob er mit Max und den anderen fortginge. Aber, indem er ihr den Vortritt ließ, kehrte er langsam um und ging nahe am Felsen hin bis an das Ende des Simses, von wo aus er Tegenaria sehen konnte. Hier verkroch er sich hinter ein Büschlein Milzfarn, wie es dort herum wuchs, so daß es ihr nicht möglich war, ihn zu sehen; hier machte er sich, auf das beste versteckt, fertig, die Bewegungen der Spinne zu beobachten.

So brachte Weber zwei Stunden zu. Die Reisenden, die sich in die Höhle zurückgezogen hatten, waren eingeschlafen, mit Tegenaria schien es auch der Fall zu sein, und Weber, der seinen Verdacht während dieser allgemeinen Ruhe mehr und mehr schwinden fühlte, war gleichfalls eingenickt, bis ein leiser Ton nicht weit von ihm seine Aufmerksamkeit auf sich zog.

Tegenaria war verschwunden.

Dabei konnte es sich nun freilich um eine ganz harmlose Sache handeln. Weber wollte aber auf alle Fälle Gewißheit haben.

Um das Pflanzenbüschchen, hinter dem er sich verborgen gehalten hatte, herumgehend, huschte er leise bis zum Eingange zur Höhle.

Nichts hatte sich äußerlich in der Lage der Schläfer geändert. Als sich der Bockkäfer überzeugt hatte, daß soweit alles in Ordnung sei, machte er sich daran, nun auch für sich ein gemütliches Eckchen zu suchen, wo er ein paar Stündchen ruhen könnte. Er hielt es für überflüssig, diesmal noch länger den Sicherheitswachmann der Kommission abzugeben, als er aber einen letzten Blick auf seine schlafen-

Armadillos Mißgeschick.

den Genossen warf, wollte es ihm scheinen, als ob einer derselben fehle.

„Bis jetzt waren es doch ihrer sieben,“ sagte er zu sich, „und jetzt sind es nur noch sechs. Wer fehlt denn da?“

Weber wiederholte im Gedächtnisse die Namen aller seiner Gefährten. Als er bis auf Armadillo gekommen war, hielt er inne: „Der ist's! er war unter den Schläfern, darüber bin ich ganz sicher, — der fehlt.“

Er trat vollends in die Höhle hinein, sah in alle Eckchen und Winkelchen, aber nirgends fand er eine Spur von dem, den er suchte. Wo in aller Welt war die Kugelassel hingeraten? Möglicherweise hatte sie, nachdem sie einige Zeit geschlafen hatte, die Grotte verlassen und war nach einer anderen Richtung wie die anderen fortgegangen, so daß er nicht gesehen hatte, wie sie sich entfernte.

Weber nahm seine Nachforschungen wieder auf und begab sich auf den Vorplatz vor der Höhle. Hier neigte er sich über dessen Rand und sah in die Tiefe an der Felswand hinab, die hier senkrecht aufstieg.

Was er da erblickte, erfüllte ihn mit Erstaunen und Entrüstung.

Etwa ein Meter unter ihm hing Armadillo zusammengerollt in freier Luft an einem langen Faden. Der Körper der Kugelassel sah weiß und glanzlos aus, was von einer Art Schleier herrührte, in den sie völlig eingewickelt war, so daß sie kein Glied rühren konnte. Nur Tegenaria konnte Armadillo in diesen sonderbaren Zustand versetzt haben, daran war nicht zu zweifeln. Ihre Absicht bedurfte keines weiteren Kommentars, das Attentat stand fest. Die Spinne hatte sich wahrscheinlich in irgend einer Felsritze verkrochen, jetzt war sie wenigstens nicht sichtbar.

„Was ist da zu machen?“ fragte sich der Bockkäfer und maß mit dem Auge den Zwischenraum, der ihn von seinem unglücklichen Genossen trennte. „Ich könnte allenfalls hinunterklettern und ihn heraufschleppen, aber das ist eine gefährliche Geschichte und außerdem ist es überflüssig. Tegenaria wird jedenfalls die Nacht abwarten, um sich über ihr Schlachtopfer herzumachen, das glaube ich gewiß. Daher werden wir die anderen nach ihrer Rückkehr von allem in Kenntnis setzen.“

Unter solchen Betrachtungen zog sich Weber zurück und kehrte zu seinem Büschelchen Milzfarn zurück, um sich dahinter zu verstecken, wie er vorher schon ein paar Stunden getan hatte. Während er hier regungslos die Rückkehr seiner Gefährten erwartete, sah er, wie die Spinne wieder auftauchte. Das arglistige Geschöpf hatte keine Ahnung davon, daß es des Attentates, von dessen Ausführung es eben kam, von einem Zeugen beschuldigt werden könnte. Es kletterte, ohne von den schlafenden Kameraden bemerkt zu werden, an die Stelle, wo es vorher verweilt hatte, zurück. Hier legte es sich flach auf den Bauch, streckte alle Achte von sich und nahm ganz seine frühere Stellung ein, als ob nichts geschehen sei.

Weber wußte einen Augenblick lang nicht recht, was er tun solle. Sein erster Gedanke war gewesen, über Tegenaria herzufallen und sie ohne weiteres zu töten. Nach einiger Überlegung änderte er aber seinen Plan. Er sagte sich, in diesem Falle könne Übereilung gefährlich werden. Es schien besser, die Wiederkehr der Gesellschaft abzuwarten und zur Bestrafung der Übeltäterin unter Beobachtung aller gerichtlichen Formen zu schreiten. Er überwachte daher nur ihren zeitweiligen Aufenthaltsort. Bald darauf wurde er es müde, noch länger unbeweglich zu verbleiben, er verließ seinen Platz und stieg zu seinen Genossen hinab.

Als er an dem Fuße der Felsen anlangte, begegnete er Max, dem in einiger Entfernung Feronia und die beiden Bombardiere folgten.

Mit einigen kurzen Worten wurde der Chef von dem Vorfalle unterrichtet.

„Das elende Weibsbild!" knirschte er wütend. „Diese entartete Kreatur! Es ist eine böse, böse Sorte, diese Spinnen. Die da hat mir niemals gefallen, ich habe ihr vom ersten Tage an mißtraut."

„Sie hat auch in der Tat ein schlimmes Gesicht," bestätigte Weber.

„So niederträchtig und verräterisch an dem armen Armadillo zu handeln! Glaubt Ihr, daß er noch am Leben ist?"

„Ich glaube, ja. Als seine Gegnerin über ihn kam, wird er sich eingerollt haben, und dann ist er eine über und über gepanzerte, feste Kugel."

Als Weber diese letzten Worte äußerte, waren er und sein Gefährte auf der Terrasse angelangt.

Tegenaria kauerte noch immer auf ihrem Sims und schlief, oder gab sich wenigstens den Anschein, zu schlafen.

Dreizehntes Hauptstück.

Mißgeschick!

„Warten wir noch", flüsterte Max Webern zu, „bis wir völlig imstande sind, den Fall „Armadillo" behandeln zu können. Dort unten kommen die Nachzügler".

Man sah in kurzer Entfernung die Schnecke, die langsam daher kam und Phili auf dem Rücken trug. Letzterer war der biederen Hausbesitzerin im tiefen Dickicht begegnet und hatte es bequemer gefunden, auf diese Weise vorwärts zu kommen, als auf irgend eine andere.

Kurz darauf erregte Geiger in der gemeinsamen Wohnung einiges Erstaunen. Er schien sehr kordial mit einem Fremdling zu sein, mit dem er lebhaft plauderte und der ihm sehr ähnlich sah. Seine Kleidung allein war in einigen unwesentlichen Punkten verschieden.

Der Fremde gehörte, wie Geiger, auch zur Familie der Feldheuschrecken, aber zur Seitenlinie der Dickbeiner. Geiger war ihm in der Nachbarschaft begegnet und hatte ihn beredet, mitzukommen, damit er die Bekanntschaft der Reisegesellschaft mache, und zugleich über die Verhältnisse des Landes, in dem sie sich befanden, einiges mitteile.

Geiger, der leicht Bekanntschaften machte, hatte seinen Verwandten schon betreffs seiner Angelegenheiten unterrichtet. Herr von Dickbein wußte daher schon, was die Fremdlinge hierher geführt hatte und kannte auch bereits ein gut Teil ihrer abenteuerlichen Erlebnisse.

„Hier", sagte Geiger und führte den Fremden zu Karabus I., „Herr Max, unser Chef. Ohne ihn hätten wir unterwegs manch einen unserer Gesellen verloren. Der hier ist der Herr Weber, das geistige Haupt der Gesellschaft, unser Ingenieur während jener berühmten Belagerung, von der ich Euch erzählt habe. Hier Herr Hydrophilus von Karpfenstecher und seine unzertrennliche Freundin, Frau Schneck von Schneckigen geborene Freiin de la Pomacia. Hier die wachsamen Bombardiere, Piffke und Paffke, da unsere beiden Ameisenfräulein, Emma und Bettina Emsig, die unfreiwilligen Veranlassungen unseres gestrigen Kampfes, wie Ihr wißt — und Moritz? Richtig, wir verließen ihn dort unten in Gesellschaft von Fräulein Timarcha Sachtleben. Halt, ich muß Euch noch den drolligen Burschen vorstellen, der sich allemal zu einer Kugel zusammenrollt, wenn ihm etwas die Quere kommt. Wo sitzt denn die putzige Kugelassel? He! Armadillo! Heda! Holla! Armadilloooooh!"

„Armadillo", sagte Max mit ernster Stimme, „ist ermordet!"

„Ermordet?" schrieen die Abenteurer entsetzt und näherten sich dem Chef.

„Ja, — und hier, diese da, ist seine Mörderin!"

Mit diesen Worten zeigte Max mit blitzenden Augen auf Tegenaria, die immer noch auf ihrem Simse hockte.

Bei dieser furchtbaren Anklage erhob sich die Spinne sofort auf ihre acht Füße.

„Verhaftet sie", befahl Max.

Aber Tegenaria Lauerwinkel wartete nicht, bis man dem Befehle des Chefs nachkam. Sie machte sich den

Augenblick der allgemeinen Überraschung, welche die Worte von Karabus hervorriefen, zunutze, — mit einem Sprunge saß sie auf der Schnecke, mit einem zweiten erreichte sie den Rand der Terrasse und, sich in die Tiefe stürzend, entschwand sie den Augen aller.

Die auf der Terrasse zurückgebliebenen Insekten eilten, einem plötzlichen Antriebe folgend, gleichfalls an den Rand des Abgrundes und starrten in die Tiefe. Ihr Blick suchte die Spinne. Aber der Flüchtling hatte den Boden noch nicht erreicht. Da hing Tegenaria an einem Faden, halbwegs schwebte sie zwischen dem Fuße des Felsens und der Terrasse, von der sie sich herabgestürzt hatte. So schien sie vor den Angriffen derer, die sie fangen wollten, sicher. Zugleich mit der Spinne erblickten die Insekten den auch an einem Faden hängenden Armadillo.

Sie machten sich gegenseitig auf ihn aufmerksam, während Weber ihnen auseinandersetzte, was während ihrer Abwesenheit sich zugetragen hatte, und wie er Verdacht auf ihre niederträchtige Gefährtin geworfen und ihre Übeltat endlich entdeckt habe.

„Ich hoffe nur“, fügte er hinzu, „daß unser armer Freund noch am Leben ist. Er ist vielleicht nur eingesponnen, denn die Spinnen machen es so mit ihren Schlachtopfern, bevor sie sie aussaugen. Ich bin der festen Überzeugung, daß diese ver . . . . Tegenaria noch nicht Zeit gefunden hat, die Früchte ihrer Missetat zu genießen, was übrigens nicht den geringsten Milderungsgrund für ihr Verbrechen abgibt; niemand ist sicher vor ihren bösen Anschlägen, und man kann ja jeden Augenblick von ihr eingewickelt werden!“

„Und dann hängen wir bald alle dort unten,“ fügte Max hinzu. „Während unterdessen einige von euch

Armadillo wieder heraufwinden, wollen wir dasselbe mit dieser Tegenaria machen."

„Es wäre vielleicht doch gut," meinte Weber, „vorher Feronia und die Bombardiere, Piffke und Paffke, zum Fuße des Felsens zu senden, um den Flüchtling in Empfang zu nehmen, falls er sich dort hinabließe."

„Ganz recht," sagte Max. „Habt ihr's gehört, ihr andern? schnell, stellt euch unter Tegenaria auf und laßt sie mir nicht aus den Augen."

Feronia, Piffke und Paffke beeilten sich, diesem Auftrage nachzukommen. Während sie sich auf ihren Posten verfügten, gab Max ein Zeichen und man fing an, die niederträchtige Spinne und die arme Kugelassel an den Fäden, an denen sie schwebten, und deren oberen Enden an dem Rande der Terrasse befestigt waren, heraufzuziehen.

In demselben Maße aber, wie man oben den Faden durch Anziehen verkürzte, verlängerte ihn Tegenaria unten durch Nachspinnen und blieb so an der nämlichen Stelle zwischen Himmel und Erde hängen.

„Halt!" rief Max, „es nutzt nichts, die Spinne heraufzuhissen, sie lacht uns dabei nur aus. Überlaßt sie einstweilen sich selbst und helft alle, Armadillo zu befreien."

Die Kugelassel war denn auch bald aus den sie umhüllenden Fadenfesseln herausgeschält. Auf den Klang befreundeter Stimmen hin kam sie bald wieder zu sich, und alle ihre vielen Glieder streckend, erklärte sie, sie sei heil und gesund. Sie sei eingeschlafen gewesen, erzählte sie, in sich zusammengerollt, wie sie es in der Gewohnheit habe und hätte ihr ganzes Gesicht, Augen und alles unter ihrem Panzer eingeschlagen gehabt. Durch gewisse Berührungen auf ihrem Körper sei sie munter geworden und sei sehr überrascht gewesen, als sie bemerkt habe, daß sie sich nicht wieder habe aufrollen und auf ihre Beine habe erheben können. Sie habe gefunden, daß sie um und um gefesselt gewesen sei, könne sich aber nicht vorstellen, wer ihr diesen bösen Streich gespielt habe. Ihre Verwunderung war nicht gering, als man ihr erzählte, was geschehen sei, in welcher Gefahr sie, in des Wortes doppelter Bedeutung, geschwebt habe und wer der Urheber des gemeinen Anschlages, den sie bis dahin bloß für einen albernen Scherz gehalten hatte, gewesen sei.

„Wahrlich," sagte Geiger zu Armadillo, „Ihr seid zum Bestehen von Abenteuern prädestiniert."

„Und da sagen die Leute noch, daß meine Geschmacksrichtung auf Ruhe und Dunkelheit gestellt sei!" seufzte die Kugelassel.

„Na, Gott sei Dank! daß Ihr wohlauf seid."

„Die Geschichte hätte für mich schlecht ablaufen können, fürchte ich."

„Ih, was, bis jetzt ging's Euch doch wahrlich nicht schlecht." —

„Auf, auf, Kameraden!" schrie Max, „zur Jagd, zur Jagd! jetzt gilt's, die schuldige Sünderin zu fangen."

Weber hatte sich über den Abgrund gebogen und schien die Spinne und den Faden, an dem sie hing, gedankenvoll zu betrachten.

Als Max in seine Nähe kam, streckte er seine Pfote nach der Stelle, an der oben der Faden in seiner Nähe befestigt war, aus.

„Was habt Ihr vor?" fragte Karabus.

„Ich denke, daß ich den Faden, anstatt ihn heraufzuziehen, hier abschneide. Tegenaria fällt dann gerade zwischen die beiden Bombardiere."

„Eine famose Idee."

Der Bockkäfer zerriß mit einem Ruck seiner Pfote den Faden, an dem Tegenaria hing, aber die listige Kreatur hatte das vorausgesehen und anstatt auf den Boden zu fallen, blieb sie an einem zweiten Faden, den sie an einem Felsenvorsprunge befestigt hatte, hängen und zwar außerhalb des Bereiches ihrer Verfolger oben und unten.

Max schäumte vor Wut.

„Das Ding muß ein Ende nehmen," brüllte er, „wir können uns hier nicht den ganzen Tag von dem niederträchtigen Weibsbilde zum Narren halten lassen!"

Emma und Bettina machten den Vorschlag, sie wollten an der senkrechten Felswand hinaufklettern und den Faden, an dem Tegenaria baumelte, abschneiden. Sie waren allerdings, außer der Spinne selbst, die einzigen von der ganzen Gesellschaft, die das unter solchen Umständen ausführen konnten.

„Freilich, freilich," rief Max, „munter, munter, meine Mädchen."

Als die Spinne die beiden Ameisen auf sich zusteigen sah, erriet sie sofort deren Absicht. Da sie nun die Unmöglichkeit, daß ihr Verteidigungssystem, das sie bis jetzt in Anwendung gebracht hatte, ihr weiter durchhelfen würde, einsah, gedachte sie sich auf die Schnelligkeit ihrer Beine zu verlassen und auf ihre Geschicklichkeit, an senkrechten Flächen in die Höhe zu klettern, um auf diese Art zu entrinnen. Sie hatte einen tüchtigen Vorsprung vor den beiden Ameisen und war bald außer Sehweite.

Es war nicht daran zu denken, sie zu verfolgen. Die von der Gesellschaft, die es etwa wagen konnten, an einem senkrechten Felsen emporzusteigen wie sie, besaßen doch nicht entfernt ihre Hurtigkeit. Emma und Bettina waren bloß auf ihre eigenen, keineswegs beträchtlichen Körperkräfte angewiesen und durften es daher nicht riskieren, es auf ein Handgemenge mit der Spinne ankommen zu lassen, zumal hier nicht, wo alle Chancen gegen sie waren. Sie kehrten daher zu ihren Kameraden zurück.

Max war außer sich vor Wut und machte seinem Herzen durch schreckliche Verwünschungen Luft. Dieses Ereignis gab noch lange den Hauptstoff der Gespräche unserer Reisenden ab, bis es nach und nach in ihrer Erinnerung verblaßte.

* * *

Gegen Abend versammelte sich die Gesellschaft vollzählig in der Grotte. Man ersuchte Joseph Joachim Geiger, Musiker und Kapellmeister, und seinen Vetter, einige Stücke nach eigener Wahl zum besten zu geben. Ohne Ziererei entsprachen die beiden Künstler dem Verlangen ihrer Gefährten, und sie führten ein aus mehreren Duos bestehendes Konzert mit vielem Erfolge auf. Darauf unterhielt man sich.

Die Unterhaltung drehte sich, wie man sich denken kann, um die Talsperre der Maina und die Umwälzungen, die dieses Ereignis im Lande hervorgerufen hatte. Von Dickbein, der aus der Umgegend gebürtig war, hatte das Werk vor seinen Augen entstehen und vollenden sehen und kannte alle seine unseligen Folgen.

„Ich wohnte hier," sagte er, „mit einer zahlreichen Verwandtschaft. Eines Tages sahen wir eine Anzahl Menschen ankommen mit allerlei Geräten, deren Bedeutung und Anwendung uns unbekannt waren. Die Leute liefen geraume Zeit im ganzen Tale hin und her, guckten hierhin und guckten dorthin, bis sie endlich hier Posto faßten. Nach ihnen kamen andere, die das Bauwerk, das ihr vor euch unterhalb des Dammes sehet und das eine Verbindung von einem zum anderen Ufer bildet, in Angriff nahmen. Bald darauf erschienen sie mit Material aller Art und mit Maschinen von seltsamem Ansehen. Ihr könnt euch denken, wie uns das ganze Getreibe auffiel. Kurz und gut, — oder besser: kurz, aber schlecht! man machte sich daran, die beiden Einschürfungen an jeder Seite des Tales herzustellen, und der Bau der Sperre begann. Ich vergaß, euch zu sagen, daß von da ab die Maina, zu unserer größten Überraschung, zu fließen aufhörte."

„Was, vor der Errichtung des Dammes schon?" unterbrach Weber den Sprecher.

„Jawohl."

„Seid ihr dessen gewiß?"

„Aber natürlich!"

„Könnt Ihr Euch den Grund davon erklären?"

„Meiner Treu! das kann ich nicht."

„Das ist nämlich nicht unwichtig für uns", wandte sich Weber genannt Weidner an Karabus I. „Man könnte daraus folgern, daß das Flüßchen schon weiter oben abgelenkt worden sei. Das ist eine Sache, die späteren Nachforschungen vorbehalten bleibt."

„Während nun," fuhr Dickfuß fort, „das Wasser dort oben stieg, fand ein allgemeiner Umzug der Uferbewohner statt. Sie wurden von Tag zu Tag immer höher auf die Abhänge des Tales hinaufgedrängt, bis endlich das Wasser zu steigen aufhörte. Jetzt, so hoffen wir, hat der künstliche See seinen höchsten Stand erreicht."

Die Wanderer schwätzten bis spät in den Abend mit ihrem Besuche, bis dieser sich von ihnen verabschiedete und man Veranstaltungen traf, die Nacht gemütlich zu verschlafen.

* * *

Am anderen Morgen beobachteten die auf der Terrasse versammelten Insekten mit Interesse die Tätigkeit der Menschen, die oben auf dem Damme in sehr großer Zahl beschäftigt waren. Nicht ohne Staunen, das von Befürchtung nicht ganz frei war, sahen sie, wie einige von ihnen sich mit ihren Arbeitsgeräten dem Felsen, auf dem sie zur Zeit versammelt waren, zuwendeten.

Als die Leute in der Nachbarschaft angekommen waren, zerstreuten sie sich. Die einen trugen Seile, andere Leitern und sie stiegen an der Felswand hinauf, die sie auch bald mit ihren Eisenhacken zu bearbeiten anfingen.

Die Insekten waren über die verhältnismäßig geringen Bewegungen, die die bloß mit den Armen beschäftigten Menschen ausführten, einigermaßen überrascht und folgten ihren Manövern neugierigen Blickes. Sie sahen zu, wie sie Löcher in die Felsen schlugen und bemerkten ferner, daß eben diese Männer, nachdem die Löcher so tief getrieben waren, wie die Werkzeuge es nur gestatteten, in eben diese Löcher, die sie doch mit so vieler Mühe hergestellt hatten, Holzzapfen mit kräftigen Hammerschlägen eintrieben, nachdem sie vorher eine Masse, die die Insekten von der Stelle aus, wo sie sich befanden, nicht erkennen konnten, hineingeschüttet hatten.

Diese verschiedenen Vorbereitungen dauerten nicht weniger als sechs Stunden.

Als endlich alle Löcher wieder verstopft waren, gab einer der Arbeiter ein Zeichen und sofort kletterte der ganze Schwarm Hals über Kopf von dem Felsen herab und ging weit weg. Innerhalb einer Minute war der ganze Steinbruch leer.

„Was hat denn das nur zu bedeuten?“ fragte Moritz, „was beabsichtigen sie denn?“

„Meiner Seel'!“ antwortete Max, „das ist mir denn doch ganz rätselhaft! Wundern sollte es mich, wenn sie die Lauerwinkel nicht aus ihrem Verstecke vertrieben hätten. Dort hinaus hat sie sich gestern aus dem Staube gemacht.“

„Ich sehe da unten eine Spinne,“ sagte Weber, „aber Tegenaria scheint es nicht zu sein“.

„Halt!“ rief Joachim, „was ist das nun wieder?“

Aller Blicke wendeten sich dem Gegenstande zu, auf den der Kapellmeister zeigte.

An den verschiedenen Stellen, wo die Arbeiter noch eben beschäftigt gewesen waren, stiegen dünne Rauchwölkchen auf, die sich oben verbreiterten und einen leichten Schleier bildeten, der sich nach und nach in der Luft verlor.

Um diese seltsame Erscheinung besser beobachten zu können, hatten sich die Insekten allmählich dem Rande der Terrasse genähert. Aller Augen hingen an jener Stelle, wo die Rauchwolken aufstiegen, über deren Natur und Ursache man sich lebhaft unterhielt. Joachim Geiger, der zu den Neunmalklugen gehörte und nicht nur alles zu wissen, sondern auch am besten zu wissen glaubte, wollte eben gegen Weber eine lange Auseinandersetzung loslassen.

„Ich kann Euch versichern, Weber, es handelt . . . .“

Eine furchtbare Detonation schnitt ihm das Wort ab, und zugleich hoben sich die Felsen ringsum und stürzten mit gewaltigem Gepolter herab.

Als sich die Rauch- und Staubwolken, die für kurze Zeit dieses ungeheuerliche Schauspiel verhüllten, verzogen hatten, war die Terrasse, auf der die Insekten sich eben noch unterhalten hatten, verschwunden, wie weggefegt . .

. . . .

. . . .

Aller Augen hingen an jener Stelle, wo die Rauchwolken aufstiegen.

Unglückliche Wanderer! Waret ihr bis jetzt nur deshalb allen Fährlichkeiten einer langen und beschwerlichen Reise entgangen, um nun die Opfer einer so entsetzlichen Katastrophe zu werden, die nicht einmal der Scharfblick eines Webers vorhersehen konnte, und gegen die selbst die Kraft und der Mut von Karabus I. und Karabus II. sich als ohnmächtig erwiesen? Die beiden klugen Ameisen hatten sie doch gewarnt. Warum hatte man nicht auf ihren Rat am Tage vorher gehört, als jene verständigen Insekten, die den Menschenschwarm, der sich am Damm umhertrieb, aus der Ferne wahrnahmen, aufforderten, man möge das Abenteuer doch nicht weiter fortsetzen? Wie sehr hatten sie recht, als sie ihren Kameraden vorstellten, daß die Berührung mit Menschen immer Gefahren in sich berge, und für Tiere, namentlich für schwache, oft tödliche! Sind sie nicht heute, ebenjetzt die Opfer einer gar verhängnisvollen Neugier geworden?

Hat sie hiermit ihr Ende erreicht, diese ewig denkwürdige Mission? Sollten die Bewohner unten im Tal vergeblich auf die Wiederkehr ihrer Abgesandten warten? Ein Tag folgte dem anderen, die Hungersnot dort unten wurde immer unerträglicher und die Zahl der Unglücklichen, die der Mangel an Wasser dahinraffte, wuchs zusehends. Kam denn niemand, um den Überlebenden zu sagen, daß Flucht, nur Flucht sie noch retten könne, daß sie diese für immer der Öde geweihten Stätten verlassen müßten, und das zwar so schnell wie möglich? —

Doch, — verzweifeln wir noch nicht, lassen wir noch nicht alle Hoffnung sinken! Einige, wenn auch nicht alle Mitglieder der Gesandtschaft sind dem Verderben entronnen. Wir werden es ja bald erfahren.

Aber, bevor wir unsere Freunde wiedersehen, wollen

wir zurück in die Vergangenheit blicken. Unsere wohlgeneigte Leserin und unsere vortrefflichen Leser mögen uns an eine Stelle des Tales folgen — heute ist sie von Wasser bedeckt — in einer Zeit, wo die ursprünglichen Verhältnisse noch in ihrer ganzen Naturwüchsigkeit bestanden. Das war, bevor Menschen dort oben erschienen, bevor der Sperrdamm sich erhob.

Ein anderes Drama will ich euch jetzt vorführen, an denen Personen mitwirken, von denen einige dazu bestimmt sind, im Verlaufe dieser höchst wahrhaften Geschichte noch eine Rolle zu spielen.

Vierzehntes Hauptstück.

Die Überschwemmung.

Unmittelbar am Ufer der Maina lag etwa einige hundert Meter oberhalb der jetzigen, damals noch nicht vorhandenen Sperrmauer, eine aus großen, geschichteten Kalksteinblöcken bestehende Erhöhung, ein kleiner Hügel, auf dessen oberster Spitze sich der gesunde, lebenskräftige Stamm einer hohen Eiche reckte.

Erde und verwesende Pflanzenteile hatten nach und nach die Zwischenräume zwischen den Blöcken ausgefüllt, wodurch der kleine Hügel sich mit buschigem Gesträuch und üppig wachsenden Kräutern hatte bedecken können. Da sah man goldgelb blühenden Ginster, Zwergweiden und rosenrotes Heidekraut, Fingerhut, Immergrün, platanenblättrigen Hahnenfuß, Glockenblumen, Wolfsmilch, die Rispen verschiedener Gräser, Farnkräuter, Bärlapp und verschiedene Moosarten: das Ganze gewährte einen allerliebsten Anblick.

Eine Welt kleiner Tiere lebte hier, wuchs heran und pflanzte sich fort. Ich will nicht gerade sagen, daß das Leben besonders „friedlich" gewesen sei, denn der Frieden ist in den tierischen Gesellschaften so wenig ein normaler Zustand wie in der menschlichen, aber es war doch so, daß sich der Bestand der Bevölkerung seit unvordenklichen Zeiten auf der Höhe von einigen Tausend Individuen gehalten hatte — der Zugang durch Geburten genügte, den durch Tod oder Auswanderung erfolgten Abgang zu ersetzen.

Den Stock dieser Bevölkerung bildeten zwei ansehnliche Gemeinwesen, nämlich eine Gesellschaft von Prozessionsraupen, die oben auf den Ästen der Eiche hauste, und ein Volk schwarzer Ameisen, deren Stadt sich an ihren Wurzeln befand.

Außer jenen Raupen beherbergte die Eiche noch eine beträchtliche Zahl anderer kleiner Geschöpfe allerlei Art, als da waren: Rüsselkäfer, Spinnen, Blattläuse, Schnellkäfer, Silphen, Marien- und Bockkäfer, Pyrochroën, Skutellarien usw.

Unter den Steinen wohnten zwei Feldmäuse, eine graue Bergeidechse, eine Kröte — ein Gegenstand des Abscheues bei ihren Nachbarn — es gab da ferner ein Nest mit Hummeln, ein altes Grillenpärchen, eine Handvoll Hirschkäfer, ein halb Dutzend violettrandiger Laufkäfer, sowie einige Puppenräuber, ein paar Schnecken, Kugelasseln, Wolfsspinnen und eine Menge anderes kleines Getier, deren einzelne Namen anzugeben hier zuweit führen würde, und außerdem den Leser wenig interessieren dürfte.

Das wären die eingesessenen Bewohner, welche die dauernde Bevölkerung bildeten. Dazu kam eine, in der schönen Jahreszeit sehr zahlreiche, vorübergehende. Der Hügel wurde von allerlei Schmetterlingen besucht: von Trauermänteln und Admiralen, von Sandaugen und Blaumäntelchen, ferner von Libellen, Fliegen und Mücken in allen Größen und Farben, von Wespen, Schlupfwespen, Bienen und Florfliegen.

Unter all diesen geflügelten Besuchern gab es friedfertige, die durch die Blumenpracht des Hügelchens angelockt, einige Augenblicke im Vorüberfliegen verweilten. Andere kamen als Feinde und hegten die schlimmsten Absichten. So verhielt es sich mit einer großen Libelle, deren plötzliche Besuche während der warmen Tagesstunden unter dem summenden, brummenden Fliegenvolke große Verwirrung anrichteten.

Der alte Grillenpapa und die würdige Gefährtin seines Lebens bewohnten dort schon seit langer, langer Zeit eine niedliche, kleine Erdhöhle. Der Alte war hier nicht geboren, er hatte in jüngeren Jahren allerlei Abenteuer erlebt und war später während eines ziemlich langen Aufenthaltes unten im Tale mit verschiedenen angesehenen Einwohnern des Landes in Bekanntschaft geraten.

Er und sein Weib hatten sich erst in vorgerückteren Jahren verheiratet, und sie hatten sich die Mittagsseite des Hügels ausgewählt, um sich hier ihre Wohnungen zu graben. Wir sagen, ihre Wohnungen, denn sie wohnten nach Art ihrer Sippe nicht zusammen, was aber der Herzlichkeit ihrer Beziehungen nicht den mindesten Abbruch tat. Es war ihre Gewohnheit, allabendlich auf einer Art kleinen Terrasse zusammenzukommen. Dicht dabei lagen, Tür an Tür, ihre beiden Wohnungen. Hier ließ der alte Grillenpapa, ein verdienter Musikus und ein Virtuose ersten Ranges, die schönsten Stückchen seines Repertoires erschallen zur größten Erbauung der Grillenmama. Ab und zu kamen einige Hirschkäfer und ein Puppenräuber, Bekannte von ihnen und sehr achtbare Leute, um den Kreis der Zuhörerschaft zu vergrößern. War das Konzert zu Ende, so plauderte man einige Zeit über Tagesneuigkeiten.

Die Unterhaltung drehte sich um die neuerdings erfolgte Ankunft eines Schwarms von Menschen und um ihr Tun und Lassen: wie sie durch das ganze Tal hin- und hergelaufen waren, die Umgebung aufgenommen und ausgemessen und sich endlich etwas weiter talabwärts niedergelassen und nun unter dem Feuer, Rauche und Gepolter ihrer Maschinen den Bau eines Dammes unternommen hatten, desselben Dammes, der, wie wir schon wissen, für die Bewohner des unteren Tales so verhängnisvoll werden sollte.

Es ist aus Dickbeins Munde bereits bekannt, daß alle von jenen, die irgendwie auswandern konnten, sich beeilten, es zu tun, die einen in das große Tal der Bucha, in das sich das der Maina öffnet, während andere sich in dem letzteren Tale selbst weiter aufwärts begeben hatten. Diese Auswanderung hatte nicht wenig dazu beigetragen, die vorübergehende Bevölkerung jenes Hügels und seiner Umgebung zu vermehren. Die Bewohner der in nächster Nähe des eingebrochenen Menschenschwarms befindlichen Gegenden hatten sich gleichfalls zurückgezogen, und alle hatten sich, so gut es eben ging, in dem Teile des Tales niedergelassen, in den wir den Leser zuletzt geführt haben. Diese allmählich stattfindenden Einwanderungen konnten sich begreiflicherweise nicht vollziehen ohne Beunruhigung der alten Besitzer des Bodens. Da sie aber dem Eindringen ihrer Nachbarn keinen genügenden Widerstand entgegensetzen konnten, wie sie bald bemerkten, so hatten sie sich schließlich mit ihnen abgefunden, was auch, dank der Üppigkeit des Landes, so leidlich gelungen war. Die Fleischfresser hatten ihre Rechnung dabei gefunden, die Spinnen hatten nicht mit Mißvergnügen die Ankunft zahlreicher Fliegenscharen bemerkt. Die Schlupfwespen versuchten nicht, ihre Genugtuung über das Erscheinen langer Züge von Raupen und Larven, die ohne Unterlaß im Tale eintrafen, zu verbergen. Die Libellen schauten hoch aus den Lüften, wo sie wie Raubvögel kreisten, voller Gier dem Einmarsche der Ankommenden zu, welche die Schar derjenigen vergrößerten, aus der sie sich täglich den nötigen Lebensunterhalt holten.

* * *

An einem Maiabend, etwa zwei Monate vor der Zeit, wo jene denkwürdige Versammlung im unteren Mainatale stattfand, deren Resultate wir am Anfange dieser Geschichte kurz erzählt haben, saß das Grillenpärchen nebst seinen Freunden auf jener Terrasse, auf der sie sich zu treffen pflegten. Der Tag war gewitterig gewesen, und einige kurze, aber heftige Regengüsse hatten zur großen Freude der Talbewohner Büsche und Kräuter, die seit einem Monate unter dem Einflusse einer langen Dürre erschlafft waren, neu belebt. Die Luft war warm und feucht, und man hörte in der Stille der Nacht das harmonische Murmeln und Plätschern einer Menge kleiner improvisierter Bächlein, welche die flüssige Errungenschaft des Tages der Maina zuführten. Das Geräusch tat den Ohren unserer Insekten, die dessen ganz ungewohnt geworden waren, gar so wohl. Um es recht genießen zu können, hatte der Grillenpapa sein übliches Konzert abgekürzt, und die kleine Gesellschaft gab sich dem berückenden Zauber des herrlichen Abends mit vollem Herzen hin. Man hatte die Unterhaltung, die schon seit einiger Zeit ins Stocken geraten war, nach und nach völlig fallen lassen.

„Seht doch einmal," rief da mit einem Male der Hirschkäfer, Herr von Lucanus, „bin ich denn das Opfer einer Sinnestäuschung? Mir ist es, als ob die Maina nicht mehr flösse!"

Auf diese Bemerkung hin wendeten sich aller Blicke dem Flüßchen zu.

„Lucanus hat recht," rief Mutter Grille, „in der Tat, die Maina fließt nicht mehr! ihr Wasser steht!!"

„Das ist wunderbar," fügte der Hirschkäfer hinzu, „der Lauf des Wassers hat aufgehört. Eben darum vernehmen wir fortwährend das Murmeln der kleinen Zuflüsse der

Maina, das sonst von deren stärkerem Rauschen übertönt wird."

Die drei Freunde und ihre Gefährten ergingen sich in einigen weiteren Mutmaßungen über diese seltsame Erscheinung, bis sie sich beim Eintritte der Abschiedsstunde gegenseitig gute Nacht wünschten und sich in ihre Wohnungen zurückzogen.

Gegen Mitternacht glaubte Herr Grille, der sich über jene merkwürdige Unterbrechung des gewöhnlichen Ganges der Dinge den Kopf im Halbschlummer zerbrach, von draußen her ein ungewöhnliches Geräusch zu hören und erhob sich, um nachzusehen, was wohl die Ursache davon sein könnte. Als er auf die Terrasse trat, erfüllte ihn der Anblick, der sich seinen Augen bot, mit Staunen.

Das Niveau des Flusses war während der Nacht bedeutend gestiegen; es erreichte fast die Stelle, wo seine Freunde und er am Abend vorher gesessen hatten. Man sah unbestimmt im Dunkel der Nacht allerlei Gestalten in allen Richtungen geschäftig hin- und wiederlaufen. Das waren die Bewohner des tiefer gelegenen Teiles des Hügels, die sich, durch das steigende Wasser überrascht und vertrieben, eiligst flüchteten. Unter anderen sah Grille, wie die Kröte, deren unterirdische Behausung sich ganz unten am Abhange befand, sich eifrigst bemühte, durch allerlei Pflanzen, die zwischen den Felsblöcken wuchsen, die Höhe zu gewinnen. Die allgemeine Bestürzung war zu groß, als daß irgend wer von den Bewegungen des sonst so verhaßten Lurchs hätte Notiz genommen. Man lief neben ihm her, stieß es sogar, ohne sich in acht zu nehmen, als ob es das harmloseste Tierchen gewesen wäre.

Grille hielt einen seiner vorübergehenden Nachbarn an und fragte ihn nach dem Grunde dieser Aufregung.

„O, o"! antwortete dieser, „den Grund? seht Ihr denn nicht, wie das Wasser steigt?"

„Das ist kein gewöhnliches Steigen, denn —"

„Gewöhnlich oder ungewöhnlich, ich sage Euch, das Wasser wächst mehr und mehr, und es heißt fliehen, und zwar so rasch wie möglich. Tummelt Euch, bald wird es zu spät dazu sein."

Grille beeilt sich, sich die Warnung, die er eben erhalten hat, zunutze zu machen und stürzt zu seiner Frau, weckt sie und reißt sie mit sich aus der Wohnung. Beide klettern, so rasch sie können, den Hügel hinauf und machen nicht eher halt, als bis sie den Fuß der Eiche, welche die Felsenhöhe krönt, erreicht haben.

Hier finden sie eine zahlreiche Gesellschaft. Alle durch die steigende Überschwemmung aus ihren Behausungen vertriebenen Bewohner des Hügels haben sich hier versammelt und unterhalten sich über dieses überraschende Ereignis.

Allerdings, ein höchst überraschendes Ereignis! Es ist nicht das erste Mal, daß ein plötzliches Steigen des Flusses sie gezwungen hat, höher gelegene Stellen aufzusuchen. Die älteren unter ihnen erinnern sich unter anderem eines Tages, wo infolge eines heftigen Gewitters das Wasser bis fast an die Stelle, an der sie sich augenblicklich befinden, herangetreten war. Aber sonst strömte der Bergfluß unter ähnlichen Umständen nur kurze Zeit so wild und hoch daher und sank allmählich auf sein gewöhnliches Niveau zurück. Aber in dieser Nacht sollten die Dinge nicht in gewöhnlicher Weise verlaufen. Das Wasser schien, statt brausend dahin zu schießen, ruhig, wie das eines Sees und stieg in größter Stille.

Als gegen Morgen die leichte Dämmerung durch das Gebüsch drang, bemerkte Grille durch den schwachen

Nebelschleier den Hirschkäfer und den Puppenräuber, die unten vom Tale heraufgeflogen kamen, wo sie ohne Zweifel Nachrichten eingezogen hatten.

Er begab sich mit seiner Frau zu den beiden Freunden.

„Wir hatten mit unserer Vermutung recht," sagten diese zu dem Kreise von Neugierigen, der sich sofort um sie versammelt hatte, „der Fluß ist da, wo die Menschen beschäftigt gewesen sind, abgedämmt. Was wir uns sagten, ist Tatsache! Sie haben dort unten quer durch das Tal eine dicke Mauer aufgeführt. Diese Mauer hält das Wasser der Maina auf und deshalb sahen wir es diesseits steigen."

„Ist jene Mauer fest gebaut"? fragte einer der Umstehenden.

„So fest, daß man wohl glauben muß, sie allein sei die Ursache der Überschwemmung."

„Glaubt Ihr, daß das Wasser den Gipfel des Hügels, auf dem wir versammelt sind, erreichen wird?"

„Da handelt es sich nicht mehr um glauben! Ich bin fest davon überzeugt!"

„Wenn es sich so verhält, dann wären wir ja verloren!"

Es war Grille, der diese wenig tröstliche Äußerung tat.

„Meiner Treu! bester Freund", antwortete ihm der Puppenräuber, von Schönleib hieß er, er war adelig, stammte er doch von Raubrittern ab, „wenn Ihr nicht fliegen oder schwimmen könnt . . . ."

„Ich habe zwar so etwas wie Flügel", sagte der andere, „aber ich verstehe mich ihrer nicht recht zu bedienen, und was das Schwimmen angeht, so bin ich in der nämlichen Lage wie Ihr, und so geht es vielen hier."

„Es bleibt Euch doch noch eine Möglichkeit", erwiderte von Schönleib. „Es kann sein, daß auf die gestrigen

Regengüsse eine Reihe trockner Tage folgt, daß die Maina versiegt, und daß das hinter dem Damme angesammelte Wasser zum Teil verdunstet und zum Teil in die Erde sickert und so fällt. Dann könntet Ihr das feste Land drüben gewinnen, was Ihr so rasch wie möglich tun müßtet."

* * *

Die günstigen Aussichten, von denen von Schönleib sprach, schienen sich in den vierzehn Tagen, die auf das, die ganze Bevölkerung des Hügels in Aufregung versetzt habende Ereignis folgten, bewahrheiten zu wollen. Die Überschwemmung machte keine weiteren Fortschritte. Das Ehepaar Grille konnte in seine Wohnungen zurückkehren.

Die Lage der Inselbewohner — denn der Gipfel des Hügels bildete jetzt eine Insel — war nur insoweit eine andere geworden, als sie auf einem weit kleineren Raume viel dichter bei einander waren. Im übrigen waren die Verhältnisse, in denen sie sich befanden, nicht gerade unerträglich. Wenn sie sich der Kröte, deren Anwesenheit mitten unter ihnen sie fortwährend mit Abscheu erfüllte und sie nötigte, zu allen Stunden des Tages und der Nacht auf der Hut zu sein, hätten entledigen können, so würden sie sich ohne große Schwierigkeiten in die veränderten topographischen Umstände, in die ihr Gebiet geraten war, haben schicken können.

Eines Tages aber sollte der Bergfluß sich wieder regen. Finstere Wolken türmten sich hoch oben im Tale, ein Wolkenbruch überschwemmte das Land und verkündete den Bewohnern des Inselchens, daß es wieder gelte, Reißaus zu nehmen. Die nämlichen Szenen, die sich neulich abgespielt hatten, wiederholten sich, aber diesmal mit weniger Überstürzung und Unordnung, denn die Insekten, durch die

Erfahrung gewitzigt, brachten sich in Sicherheit, bevor das Wasser so hoch wie damals stieg und ihr Leben bedrohte.

Die Ameisen hatten es am eiligsten damit, ihre Siebensachen, die sich in ihren Wohnungen befanden, zu retten und fortzuschaffen. Klug, wie ihre Rasse nun einmal ist, hatten sie die Maßregeln, die angesichts einer derartigen Katastrophe zu nehmen waren, nicht bis zum letzten Augenblicke hinausgeschoben. Sie hatten es vorausgesehen, daß ein solches Ereignis sich eines Tages wiederholen würde, und hatten in einer Astgabel der Eiche eine Interimswohnung eingerichtet, deren hohe Lage sie zu einem sicheren Zufluchtsorte machte. Bei den ersten Donnerschlägen, die sich hören ließen, begannen sie mit dem Transporte ihrer Eier, Larven, Puppen und Vorräte, den sie in guter Ordnung und mit tadelloser Disziplin ausführten. Jede Trägergruppe wurde von einer Kompagnie ihrer Garden begleitet, die sie gegen die Angriffe anderer räuberischer Tiere schützen sollte, wie ihrer immer bereit zu sein pflegen, um aus einem derartigen Wirrwarr Kapital zu schlagen und dabei ihren schlimmen Trieben zu frönen.

Der Umzug war in einigen Stunden bewerkstelligt und abgesehen von zwei oder drei Scharmützeln, durch welche die Ameisen aber kaum zu Schaden kamen, war, als die ersten Tropfen den Losbruch des Gewitters verkündeten, alles glücklich zu Ende geführt.

Die weniger vorsichtigen Hummeln hatten keine Vorbereitungen getroffen, und als das Wasser in ihr kleines Moosstädtchen einzudringen begann, mußten sie die Wiegen ihrer Larven und die Gehäuse, in denen ihre Puppen der letzten Verwandlungsstufe entgegenschlummerten, im Stiche lassen. Wohl gab es Szenen der Verzweiflung und des Jammers im Augenblicke der schrecklichen Trennung, aber

Das Blutbad im Hummelnest.

sie mußten, gedrängt durch die unerbittliche Notwendigkeit, auf ihre eigene Sicherheit bedacht sein und sich durch die Flucht einer völligen Überschwemmung entziehen. Traurig flogen sie auf, eine nach der anderen. Nachdem sie noch einige Zeit über ihrem teuren Städtchen, wo sie geboren waren, und wo sie friedlich zu leben und zu sterben gedacht hatten, umhergesummt hatten, entfernten sie sich langsam, um irgendwo in unbekannter Ferne eine neue Niederlassung zu gründen.

Ihre Abreise gab Veranlassung zu einer jener blutigen Szenen, wie sie, leider Gottes! bei den Insekten nur gar zu häufig vorkommen. Eine aus Laufkäfern verschiedener Arten, großer und kleiner, bestehende Bande, ein Geschlecht geborener Räuber und immer bereit, ein allgemeines Unglück auszunützen, drang, sobald nur die letzte Hummel sich fortgemacht hatte, in das verwaist zurückgebliebene Moosnest ein. Hier warfen sich die Schnapphähne und Gurgelabschneider ohne das geringste Erbarmen auf die Larven und Puppen und ermordeten diese harmlosen Wesen in ihren Wiegen. Nachdem sie diese Heldentat vollbracht hatten, schwelgten sie im Blute ihrer Schlachtopfer, und es bedurfte keiner geringeren Veranlassung, um ein Ende ihrer wilden Orgien herbeizuführen und sie zu nötigen, ihren Raub im Stich zu lassen, als der immer mehr steigenden Überschwemmung.

Die beiden Grillen warteten in ihren kleinen Grotten, in denen sie, wie Philēmon und Baucis, so viele glückliche Tage verlebt hatten, bis zu dem Augenblicke, wo das Wasser bis an ihre Schwellen trat. Begleitet von ihren Freunden, den Herren von Lucanus und von Schönleib, begaben sie sich auf den Gipfel des Eichbaums. Hier waren sie so glücklich, den Stumpf eines abgestorbenen Astes zu finden mit einem Loche, dem Werke eines Buntspechtes, darin, das sie aufnahm. Freilich kostete es den beiden Alten einige Anstrengungen, hierher zu gelangen, aber sie kamen in den Besitz eines Obdaches, das ebenso bequem und gemütlich war, wie das, welches sie aufgegeben hatten. Die Entdeckung dieses Schlupfwinkels war ein um so größerer Glücksfall, weil es möglicherweise lange dauern konnte, bis sie in die Lage kamen, ihn wieder zu verlassen. Hätten sie offen und ohne Schutz kampieren müssen, etwa auf einem Aste, so wären sie tausend Gefahren ausgesetzt gewesen, von denen der Angriff seitens irgend eines räuberischen Vogels noch nicht die schwerste gewesen wäre.

Der Hirschkäfer und der Puppenräuber hatten sich in der Nachbarschaft niedergelassen, der erstere unter einem lockeren Rindenstücke, der letztere auf einem Blätterbüschel. Sie hätten die Flügel, die ihnen eigen sind, benutzen können, um fortzufliegen, aber der Eichbaum war nun einmal der geliebte Stammplatz der Hirschkäfer, und für den Puppenräuber lag, da er hier seine Lieblingskost, Prozessionsraupen, gleich zur Hand hatte, gar kein Grund vor, auszuwandern und am allerwenigsten bei dem strömenden Regen.

Die Eidechse und die beiden Feldmäuse waren gleichfalls auf den Baum geklettert, auch die größeren und kleineren Laufkäfer, die vorhin das Blutbad im Hummelneste angerichtet hatten, die Schaben, die Spinnen und alle sonstigen Bewohner des Hügels hatten sich nach und nach auf die Äste und Zweige der Eiche geflüchtet. Jeder von ihnen hatte sich nach seinem eigenen Geschmacke und nach Gutdünken eingerichtet für einen Aufenthalt, der, wie wir schon sagten, lange, wenn nicht gar für immer, dauern konnte.

Der Baum war hoch und ehe die Wasser so sehr stiegen, daß sie seinen Gipfel erreichten, war es doch weit wahrscheinlicher, daß die Sachlage wieder eine andere werden würde. Die Zeit drängte nicht, und das war die Hauptsache.

Die Kröte war weniger glücklich gewesen. Als das Wasser noch nicht bis zu den höchst gelegenen Steinen gestiegen war, hatte sie unbeweglich dagesessen und von dem allgemeinen Umzuge, der um sie herum stattfand, keine Notiz genommen. Als der Aufenthalt auf dem Boden nicht mehr sicher war, sah sich der Lurch gezwungen, auf eine der großen Wurzeln, gestaltet wie ein von der Pflanzenkraft errichteter Triumphbogen, zu kriechen. Das steigende Wasser trieb ihn immer höher hinauf, endlich bis zum Stamme. Als er hier angelangt war, mußte er wohl Halt machen, denn die Tiere dieser Art können weder klettern noch schwimmen. Das Wasser stieg immer noch, der Augenblick nahte, wo die Kröte den Halt verlieren mußte, und sie klammerte sich mit der ganzen Kraft der Verzweiflung und so gut sie es nur immer vermochte, an die rauhe Rinde an. Ermüdet versuchte sie ein Flechtenbündel, das über ihr und im Bereiche ihrer Vorderfüße war, zu erreichen, aber die schwache Pflanze, an der sie eine augenblickliche Hilfe zu finden hoffte, gab unter dem Gewichte ihres Körpers nach und sie riß sie, hintenüberstürzend, mit sich. Nach einigen, ganz hoffnungslosen Versuchen, sich noch zu halten, erfolgte ein Plumpsen, und das unglückliche Krötentier paddelte keuchend und ganz erschöpft mit seinen schwimmhautlosen Füßen im Wasser, drehte sich noch zwei- oder dreimal um sich selbst, zeigte abwechselnd seinen warzigen Rücken und die fleckige Haut seines Bauches. Seine stieren, glotzenden Augen flehten in der Todesangst um Hilfe, die ihm doch niemand leisten gekonnt oder gewollt hätte. Schließlich sah man, wie es langsam unter Wasser kam und an den überschwemmten Steinen hinabglitt. Sein schwärzlicher Körper verschwand zwischen den im Wasser untergetauchten, leise hin und her schwankenden Pflanzen.

Fünfzehntes Hauptstück.

Die letzten Tage einer einst blühenden Kolonie.

Die neue Lage, in welche die letzte Überschwemmung der Maina die alten Bewohner des Hügelchen versetzt hatte, änderte sich während der nächstfolgenden Wochen wenig. Das Wasser hatte allerdings noch nicht aufgehört zu steigen, es war wenigstens nicht gefallen, erreichte vielmehr schon die untersten Äste der Eiche, aber das Völkchen, das sich auf deren Gipfel geflüchtet hatte, konnte seinen Geschäften nachgehen, so gut wie vorher. Am angenehmsten empfand das Grillsche Ehepaar die Verlegung seines Aufenthaltes. Da es gewohnt war, auf dem Boden zu laufen, wagte es sich lange nicht aus seiner luftigen Grotte heraus. Madame Baucis Grille wurde jedesmal vom Schwindel befallen, wenn sie es unternahm auf den Ast, der die alte Terrasse ersetzen mußte, hinaus zu treten. Eines Tages wäre sie beinahe ins Wasser gefallen und ohne den Beistand des Herrn von Lucanus, der sie noch in dem Augenblick, wo sie ausglitt, ergreifen konnte, wäre es um sie geschehen gewesen. Sie getrauten es sich nicht bei einigermaßen windigem Wetter vor die Türe zu treten, und wagten es erst hinauszuschauen, wenn sie sich vorher vergewissert hatten, daß kein räuberischer Vogel in der Nähe sei.

Sonst flossen ihnen die Tage dahin, ohne daß ernstere

Ereignisse deren Verlauf gestört hätten. Von Zeit zu Zeit gingen ihre Freunde aus, um Erkundigungen einzuziehen, und wenn sie abends heimkehrten, sprachen sie regelmäßig noch einmal bei ihnen vor. Es wurde dann noch ein wenig musiziert, man plauderte und erzählte einander, was man den Tag über gesehen und gehört hatte. Der Hirschkäfer nahm seinen Flug oft nach dem Damme und hielt Grilles über Stand und Fortschritte der Arbeiten auf dem Laufenden. Der Damm würde höher und höher, erzählte er, die Tätigkeit der Arbeiter lasse nicht nach, und nichts deute darauf hin, daß sie bald aufhören würden. Eine schwere Sorge peinigte die Insektengesellschaft. Die künftige Sicherheit ihrer kleinen Kolonie hing von der Dauer des schönen Wetters ab: einige von Platzregen begleitete Gewitter hintereinander könnten nicht verfehlen, das Wasser zum weiteren Steigen zu bringen und dann . . . .

Glücklicherweise für die Gemütsruhe unserer Insekten gehört es nicht zu den hervorragenden Eigenschaften ihres Charakters, sich über die Zukunft Gedanken zu machen. Sie leben in den Tag hinein, ohne sich um das Morgen viel zu scheren, sie freuen sich ihres Daseins, wie es die täglichen Ereignisse ihnen gestalten, und kümmern sich um das Ende nur wenig, aus dem einfachen Grunde, weil der Zeitpunkt, an dem es eintreten wird, noch unbestimmt und verworren im Schoße der Zukunft schlummert.

Während so der Hirschkäfer und die Seinen ihre Freunde, Grilles, von dem, was draußen vorging, auf dem Laufenden hielten, erzählten ihnen diese die verschiedenen Ereignisse, die während ihrer Abwesenheit in der Kolonie stattgefunden hatten. Nicht weit von ihnen befand sich das Nest eines Singvogels, eines Rotkehlchens, für dessen Verfertigung sie sich seiner Zeit sehr interessiert hatten. Dann hatten sie das Auskriechen der Jungen mit kaum geringerer Ungeduld als die artigen Vögel selbst erwartet. Frau Grille bewunderte die Beharrlichkeit und Hingabe des Weibchens und bemerkte ihrem Gatten beiläufig, er könne sich an der liebenden Sorgfalt, die das Männchen der Wöchnerin widme, ein Beispiel nehmen. Ihr Mann hatte aber für die ernsteren und würdigeren Seiten des Charakters dieses Vogels weniger Sinn und Verständnis, er schätzte mehr seine Talente als Künstler, und, Musiker, wie er war, schöpfte er großes Ergötzen daraus, den klangvollen Trillern und den frischen, harmonischen Koloraturen seines Nachbars zu lauschen.

* * *

Als die Hirschkäfer eines Abends zum üblichen Stelldichein erschienen, fanden sie Frau Grille ganz außer sich, was eigentlich gar nicht in ihrem Wesen lag. Herr von Schönleib war schon vor ihnen eingetroffen und wußte schon, was den Zorn ihrer Freundin erregt hatte. Es machte ihm Spaß, sie mit allerlei Foppereien zu necken, was auch nicht gerade dazu beitrug, die Laune der vortrefflichen, alten Dame zu bessern.

„Denkt Euch," erzählte sie, „heute nachmittag mußte ich Augenzeugin eines Vorganges sein, wie man ihn sich abscheulicher nicht vorstellen kann."

„O, o!" sagte Lucanus, „was habt Ihr denn gesehen, teuere Nachbarin?"

„Ihr kennt doch das Rotkehlchen?"

„Freilich. Und. . .?"

„Seine Jungen sind heute morgen ausgeschlüpft."

„Ja, darin kann ich doch nur ein glückliches Familienereignis finden."

„Hört nur. Sie sind also heute morgen ausgeschlüpft, fünf allerliebste kleine Dingerchen . . . eins von ihnen bedeutend ansehnlicher als die anderen.“

„Jawohl,“ sagte Lucanus, „das eine Ei war schon nicht unbedeutend größer als die übrigen.“

„Wißt Ihr, was er heute nachmittag getan hat, das Scheusal? — ich spreche von dem Großen.“

„Was hat es denn getan?“

„Seine vier Geschwisterchen ins Wasser geworfen!“

„Ih, geht mir doch!“

„Was sagt Ihr dazu?“

„Sie sind vielleicht zufällig hineingefallen, und Ihr habt geglaubt . . . .“

„Bewahre, bewahre! Er hat sie hineingeworfen, ich habe es mit meinen eigenen Augen gesehen.“

„Und die Mutter?“

„Sie saß dabei und ließ ihn gewähren, nur steckte sie das Köpfchen unter den Flügel, um weiter nichts zu sehen.“

„Das ist allerdings wunderbar.“

„Sie hat sich gar nicht gesträubt, sie so wenig, wie ihr Mann.“

„Die Zeiten sind schlecht,“ murmelte Schönleib, „und fünf kleine Kinder füttern . . . .“

„Schämt Euch! Man muß selbst sehr wenig Herz haben, wenn man so denken und reden kann! Wäret Ihr vielleicht imstande, auch so zu handeln?“

„Nie, meine hochgeschätzte Freundin, nie. Ich habe Euch schon vorher bemerkt, daß wir vom Geschlechte der Puppenräuber unsere Eier nicht ausbrüten, und daher . . .“

„Es sind also vier Junge, die ins Wasser geworfen wurden?“ fragte Herr von Lucanus.

„Ja.“

„Er hat sie hineingeworfen."

„Ach, es ist vielleicht besser so!"

„Was sagt Ihr?"

„Ich sage, da die Kleinen doch einmal dem Untergange geweiht waren, so ist es besser, daß sie heute als später geopfert werden."

„Wieso?"

„Früher oder später hätte sie das große Scheusal doch aus dem Neste gedrängt, nachdem es ihnen alle Nahrung, welche die Mutter herbeigeschleppt, zu seinem Nutz und Frommen weggeschnappt hätte. So sind sie wenigstens nicht des langsamen Hungertodes gestorben."

„Was soll das Geschwätz, was Ihr da macht?" knurrte Frau Baucis.

„Das ist kein Geschwätz, verehrte Freundin, sondern die reine, lautere Wahrheit. Aber in gewisser Beziehung ist die Sache weniger schrecklich, als Ihr denkt. Es handelt sich um keinen Brudermord. Das größte der fünf Kinder des Rotkehlchens ist nicht dessen eigenes, es ist ein untergeschobenes, ein junger Kuckuck."

Alle Anwesenden sahen Herrn von Lucanus an, als zweifelten sie, ob er im Ernste rede.

„Ich versichere Euch," sagte jener, „es verhält sich so. Es ist unter uns Baumbewohnern eine ganz bekannte Sache, daß der Kuckuck kein Nest baut und seine Eier nicht selbst ausbrütet, sondern, daß er sie in die Nester anderer Vögel legt. Wenn der junge Kuckuck ausgekrochen ist, entledigt er sich ohne Gewissensbisse seiner schwächeren Milchgeschwister, indem er sie einfach aus dem Neste wirft, um für sich allein die ganze Sorge, welche die Mutter sonst auf alle Familienmitglieder gleichmäßig verteilen würde, in Anspruch zu nehmen. Das Wunderbarste an der Sache ist dabei, daß die Eltern, entweder weil sie völlig übertölpelt oder voll Furcht sind, eine solche scheußliche Selbstsucht dulden. Nun, Ihr habt ja heute nachmittag selbst ein nettes Pröbchen davon erlebt."

„Wie erklärt Ihr Euch das?" fragte Frau Grille.

„Es fällt mir," antwortete der Hirschkäfer, „schwer zu glauben, daß sich das Rotkehlchen einbilden sollte, daß sie das die anderen an Größe übertreffende Ei selbst gelegt habe. Darf man annehmen, daß es im Mutterstolz das seiner Kinder, mit dem es, seiner Stärke und Größe wegen, die meiste Ehre einzulegen glaubt, bevorzugt und ihm größere Sorgfalt widmet? Und wenn das der Fall wäre, so begreife ich doch nichts von seinem albernen Betragen. Es flößt mir Abscheu ein!"

„Ich erkläre mir," warf Philēmon Grille hier ein, „die Sache anders, wie ich Euch zeigen will, aber das soll gleichwohl keine Entschuldigung für das Rotkehlchen sein. Es ist der Vorgang des Brütens selbst, der die Liebe der Vögel zu ihren Nachkommen immer mehr steigert und nicht der ganz vorübergehende Akt des Legens. Der junge Kuckuck kriecht zuerst aus, die leiblichen Kinder des Rotkehlchens erscheinen erst später, und neben dem Kuckuck nehmen sie sich aus wie Kümmerlinge, die doch nicht lebensfähig sein würden. Wir Insekten brüten unsere Eier allerdings nicht aus, aber wir geben uns gewiß alle Mühe, um sie so unterzubringen, daß den Larven beim Ausschlüpfen gleich die nötige und geeignete Nahrung zur Verfügung steht. Aber darauf beschränkt sich unsere Sorge für die Nachkommenschaft. Ist es nicht so?"

„Gewiß," bestätigte von Schönleib. „Als ich mit meinen Brüdern und Schwestern das Licht der Welt erblickte, war es mitten in einem Neste voll Prozessionsraupen. Unsere gute Mama hatte ihre Eier darin abgelegt, damit wir keine große Mühe hätten, uns erst Raupen, die unsere ausschließliche Nahrung bilden, zu suchen. Was den jungen, neugeborenen Kuckuck anlangt, so würde ich ihn, wenn ich nur könnte, erwürgen!"

„Weshalb?" fragte der alte Grille erstaunt.

„Wegen seiner Missetat von vorhin. Und außerdem, um es ehrlich heraus zu sagen, weil er mir einmal Konkurrenz, und was für Konkurrenz, machen wird. Die Kuckucke sind, wie wir Puppenräuber, große Liebhaber von Prozessionsraupen, aber sie vertilgen weit mehr als wir. Die Mutter von jenem dort im Rotkehlchenneste wußte, was sie tat, als sie ihn gerade auf diesem Baume unterbrachte." —

Die folgenden Tage waren durch kein bemerkenswertes Ereignis ausgezeichnet. Grilles vertrieben sich die Zeit damit, zu beobachten, was um sie herum vorging. Ein Eisvogel hatte einen bestimmten unteren Ast der Eiche zu seinem Standquartiere erkoren, und es war unterhaltend, ihm zuzusehen, wie er von Zeit zu Zeit in das Wasser tauchte und wieder erschien mit einer jungen Forelle im Schnabel, deren es in der Maina viele gab. An einem anderen Tage sahen sie den jungen Kuckuck, dem mittlerweile die Flügel gewachsen waren, bei seinem ersten Ausfluge zu. Er flog in Gesellschaft seiner Pflegeeltern von dannen.

Auf den umgebenden Blättern des Baumes spielten sich nicht weniger interessante Szenen ab. Unsere Insekten beobachteten eines Tages einmal einen schönen, roten Rüsselkäfer, der eifrig beschäftigt war, ein Blatt zusammenzurollen. Er hatte dessen Stiel schon einige Tage vorher halb durchgebissen, so daß es wohl welk, aber nicht ganz dürr geworden war, was ihm seine Arbeit wesentlich erleichterte. Er widmete ihr große Aufmerksamkeit und einen außerordentlichen Fleiß. Grilles fragten ihn, was dieses seltsame Tun für einen Zweck habe.

„Ich arbeite,“ versetzte Attelabus, so hieß der Rüsselkäfer, „um die Existenz meiner Kinder sicher zu stellen. Ich habe auf dieses Blatt ein Ei gelegt, und die Larve, die daraus entsteht, wird sich von dem Blatte ernähren. Aber weil sie einmal fußlos ist und sich also nicht festhalten kann, dann aber auch, weil sie von dem ersten besten Räuber, der sie bemerkte, gefressen werden würde, habe ich, um sie dieser doppelten Gefahr zu entziehen, es als allerpraktischstes befunden, sie dadurch vor aller Blicken zu verbergen, daß ich das Ei in das Blatt selbst, das der späteren Larve zur Nahrung dienen soll, einwickele.“

Nach diesen Worten begab sich Attelabus wieder an seine unterbrochene Arbeit.

* * *

Es kam aber der Tag, an dem das Wasser bis an die Hauptäste der Eiche stieg. Die Ameisen, die sich, wie wir schon erzählt haben, in der ersten Gabelung eingerichtet hatten, sahen sich in die Notwendigkeit versetzt, nochmals umzuziehen. Dieses Ereignis wurde für ihre Kolonie verhängnisvoll, denn sie fanden auf den höheren Ästen keine Stelle, die breit genug gewesen wäre, daß sie sich darauf hätten niederlassen können. So wurden sie gezwungen, ihre Larven, Puppen und Vorräte im Stiche zu lassen, um nur das eigene, nackte Leben zu retten. Sie zerstreuten sich einzeln über die Zweige und Blätter des Baumes und gingen, eine nach der anderen, unter den mörderischen Zähnen ihrer zahlreichen Feinde zugrunde.

Die Prozessionsraupen litten unter der Katastrophe,

die über die Bewohner des Hügels hereingebrochen war, nicht im geringsten, aber sie wurden die Ursache eines wirklichen Bürgerkrieges, der mit ihrer völligen Vernichtung endigte. Man höre, wie sich die Sache zutrug:

Es ist bekannt, daß diese Raupen niemals einzeln die Blätter des Eichbaumes, auf dem sich ihr Nest befindet, aufsuchen. Alle Abende rücken sie in langen Reihen aus, ihre Weideplätze auf benachbarten Bäumen aufzusuchen.

Diese hier waren, um Nahrung zu finden, auf die einzige Eiche beschränkt, auf der sie zugleich wohnten. Sie dezimierten die Blätter ganz regelrecht und zwar so umfassend, daß man sehen konnte, wie diese täglich mehr und mehr abnahmen, zur großen Besorgnis anderer Insekten, die auch von Eichblättern lebten oder sich zwischen ihnen verborgen hielten.

Gerade diese letzteren wurden durch jene, mit jedem Tage mehr in die Augen springenden Verwüstungen, welche die Raupen, ohne an Größe entsprechend zuzunehmen, anrichteten, sehr beunruhigt. Sie versammelten sich eines Abends und kamen zu dem Schlusse, mit den Raupen müsse gründlich und ein- für allemal aufgeräumt werden. Sie kamen ohne weiteres überein, die großen und kleinen Laufkäfer damit zu beauftragen und gleich in der nächsten Nacht, die der inhaltsschweren Beratung folgte, nahm das Massakre seinen Anfang. Die Puppenräuber machten vergebliche Anstrengungen, die, von denen sie selbst ihren Lebensunterhalt gewannen, zu retten, — sie zogen den kürzeren. Gräßliche Szenen fanden statt, Szenen des Würgens und Mordens. Als am nächsten Morgen die Sonne aufging, hatte das Volk der Prozessionsraupen aufgehört, zu existieren. Ihre zahllosen Leichen trieben unter der Eiche auf dem Wasser herum. Alle, die herabgestürzt waren, lebendige und tote, wurden die Beute der Gelbränder, der Larven der Libellen und einer Schar anderer fleischfressender Tiere, die auf das erste Gerücht über diesen unverhofften Vorrat, der ihnen tatsächlich vom Himmel gefallen war, von allen Seiten herbeieilten.

Dieses Ereignis war der Ausgangspunkt eines regelrechten Krieges, in dem sich die letzten Bewohner des Baumes dahinschlachteten in dem Maße, wie das Wasser stieg und sie auf den äußersten Zweigen des Baumes mehr und mehr zusammengedrängt wurden. Es verging kein Tag, an dem nicht eine oder die andere Schlächterei ihre schon so sehr zusammengeschmolzene Zahl noch mehr verringerte. Die Raubinsekten waren binnen kurzem die einzigen Herren und da sie bald nichts mehr zu fressen fanden, fingen sie an, sich untereinander zu vernichten, wie ja das in der Regel das Ende vom Liede ist. Lange schon hatten die beiden Feldmäuse und die Eidechse ihre alten Mitbürger ihrem traurigen Schicksal überlassen und hatten schwimmend das Festland erreicht. Die Puppenräuber, Silphen und Rüsselkäfer waren nach glücklicheren Gegenden geflogen, und im Monat Juli, zu derselben Zeit, wo die Insekten am unteren Laufe der Maina ihre große Volksversammlung abhielten, sahen Grille und seine Frau, die bis auf die äußersten Spitzen der Zweige des Eichgipfels hinaufgeflohen waren, den letzten Tag vor der vollständigen Überschwemmung heranbrechen.

Außer dem Grilleschen Paare war niemand von der alten Bewohnerschaft des Hügels zurückgeblieben, als nur zwei violettrandige große Laufkäfer und man konnte die Stunde kommen sehen, wo auch die letzten Überlebenden der Kolonie als Opfer eines mörderischen Kampfes verschwinden würden.

Verschiedene Male schon hatten die beiden Laufkäfer versucht, die alten Grilles zu überfallen, mit der deutlichen Absicht, sie aufzufressen, aber diese waren Tag und Nacht auf ihrer Hut und die Banditen waren gezwungen gewesen, sich vor den beiden tapferen Alten zurückzuziehen.

Allerdings stand die Partie nicht gleich. Während die unglücklichen, vom langen Fasten erschöpften Laufkäfer sich kaum noch auf den Beinen halten konnten, hatten Grilles ihre ganze Frische bewahrt und ihr Aussehen war ein gesundes, blühendes.

Woher rührte diese Erscheinung? Das war sehr einfach: ihre Freunde von Schönleib und die Hirschkäfer sorgten für ihren Unterhalt, denn sie kamen alle Tage angeflogen, um sie zu besuchen und ihnen frische Lebensmittel zu bringen. Die anhänglichen Freunde hatten sich nicht weit wegbegeben. Sie hatten am Ufer des Sees eine alte Eiche gefunden, die ihnen zu ihrem Aufenthalte geeignet schien.

Da das immer noch höher und höher steigende Wasser Grilles nötigte, nun ihr letztes Refugium zu suchen, hatte sich Herr von Lucanus erboten, sie an das Ufer zu schaffen. Dieses Anerbieten erschien ihnen anfangs lächerlich, auch hatten sich verschiedene Schwierigkeiten gezeigt, zu seiner Ausführung zu schreiten und so wurde diese denn von einem Tage zum anderen verschoben.

„Ihr habt ja," sagte Vater Grille zu seinem Freunde, „ein paar tüchtige Flügel, aber Euer Körper ist recht massiv und schwer und nimmt Euch die Möglichkeit, uns mit Euch durch die Luft zu tragen."

„Man müßte es auf einen Versuch ankommen lassen," wandte von Lucanus ein.

„Das wäre denn doch gefährlich. Wenn wir uns über der Erde befänden, hätte die Sache nicht viel auf sich, aber über dem Wasser würde ein Mißerfolg beiden Beteiligten das Leben kosten."

„Was hindert mich und meine Frau, Euch mit vereinten Kräften ans Ufer zu tragen?"

„Ich habe auch schon daran gedacht," sagte Grille, „aber da ist ein Hindernis?"

„Welches?"

„Ihr könnt mich und mein Weib nicht zugleich tragen."

„Schön, so tragen wir euch nacheinander."

„Unmöglich! Wer von uns beiden hier bliebe, würde den Laufkäfern zum Opfer fallen. Zu zweit halten wir sie uns leicht vom Halse, aber die Sache wird anders, wenn nur eins von uns beiden allein ist."

„Wir könnten die beiden schlimmen Nachbarn vorher ins Wasser werfen. Was meint Ihr dazu?"

„Nein, nein, mein Freund, das wäre ein übles, letztes Auskunftsmittel, das ich nicht anwenden möchte, und könnte ich unser Leben dadurch retten."

„O, Ihr seid zu zartfühlend."

„Nun, ich will das nicht gerade in Abrede stellen. Einen Mord zu begehen, auch an einem Feinde, ist mir ein zu schrecklicher Gedanke. Ja, in meiner Jugend wäre ich vielleicht nicht davor zurückgeschreckt, aber mit dem Alter ist mir die Achtung vor dem Leben meiner Mitgeschöpfe gekommen. Dieses Gefühl erscheint Euch übertrieben, aber ich habe es nun einmal und werde es unter allen Umständen heilig halten."

„Deshalb ist es wohl auch, daß Ihr mich ersucht habt, Euch keine andere als Pflanzenkost zu bringen?"

„Eben deshalb und aus keinem anderen Grunde. Was die beiden Laufkäfer angeht, so glaube ich, sie werden es selber auf sich nehmen, uns von ihrer Gegenwart zu befreien. Seht sie nur an! Der Hunger hat jedes Gefühl der Brüderlichkeit in ihnen erstickt. Sie beobachten sich mit Mißtrauen. Schon mehrfach haben sie Händel miteinander angefangen, und es wird kaum noch lange anstehen, daß sie noch weit ernster gegen einander vorgehen werden. Warten wir noch, vorläufig drängt es noch nicht so sehr, von hier wegzukommen."

Lucanus widersprach nicht länger und ließ die Sache für diesmal auf sich beruhen.

So mögen denn die letzten Mitglieder dieser verunglückten Ansiedlung auf günstigere Umstände warten, die ihnen erlauben, das Festland zu erreichen, ohne ihr Leben und das ihrer Erhalter auf das Spiel zu setzen. Wir aber wollen zum Damme zurückkehren, wo wir unsere Freunde von der Kommission als die Opfer einer schrecklichen Katastrophe zurückließen.

Wir haben unseren Lesern schon angedeutet, daß es nicht völlig ausgeschlossen war, daß einige Mitglieder das Ereignis überlebt hätten. Sehen wir, ob diese Ansicht begründet ist, und ob die Hoffnungen, die wir erweckten, sich nicht als eitel erwiesen.

Sechzehntes Hauptstück.

Phili in der Klemme.

Der Tag, an dem die Felsen, wo die Mitglieder der Kommission Quartier gesucht und gefunden hatten, durch Sprengen über den Haufen geworfen worden waren, war verstrichen, ohne daß auch nur ein einziger Angehöriger der verunglückten Gesellschaft unter den Trümmern, von denen sie überschüttet worden war, wieder zum Vorscheine gekommen wäre.

Es war nur zu wahrscheinlich, daß alle ihr Leben eingebüßt hatten. Welcher Grund hätte denn auch noch vorgelegen, anzunehmen, daß die schwachen Insekten, die von gewaltigen, hundertfach durcheinandergewürfelten Steinmassen bedeckt waren, bei einer solchen Katastrophe heil und gesund geblieben sein sollten?

Trotzdem waren sie nicht alle diesem furchtbaren Durcheinander erlegen. Dieselbe Lufterschütterung, die sie mit einem Schlage von obenher von ihrem Steinsimse, wo sie versammelt waren, um den Arbeiten der Steinbrecher bequem zuzusehen, wegfegte, warf einen von ihnen, der sich weniger weit vorgewagt hatte, in die Grotte zurück. Dieser eine war unser würdiger Freund Phili.

Der dicke, plumpe Phili war dem Unglück entgangen. Allein war er in der Höhlung, aus der seine Gefährten so gewaltsam entführt worden waren, zurückgeblieben. Weshalb regte er sich nicht? Warum lag er ganz bewegungslos auf dem Boden seines Zufluchtsorts? Hatte die Explosion ihn so erschreckt, daß er die Besinnung verloren hatte? Bewahre, denn seine Augen sind hell und klar, seine Fühler und Taster zucken von Zeit zu Zeit und seine Beine, die er ab und zu krampfhaft bewegt, verraten, daß das Selbstbewußtsein ihn nicht verlassen hat.

Nein, Phili ist nicht tot. Er lebt und zwar sehr! aber ach, vielleicht wäre es besser für ihn gewesen, wenn er das Schicksal seiner Freunde geteilt hätte!

Phili war durch die gewaltige Kraft der ausgedehnten Luft bei der Explosion heftig auf den Boden geschleudert worden und brauchte einige Zeit, um sich von dem Schreck, den er zufolge dieses unerwarteten Ereignisses gehabt hatte, zu erholen. Nach und nach kam er wieder zu sich und um zu sehen, ob er bei der Geschichte ohne Verletzung davon gekommen sei, versuchte er sich zu erheben, aber er konnte zu seiner nicht geringen Überraschung keinen Schritt tun.

Vergeblich stemmte er sich mit seinen sechs Beinen auf den Boden, alle seine Anstrengungen brachten ihn nicht den hundertsten Teil einer Linie vom Flecke. Man höre, weshalb: der Zusammenbruch des Felsens hatte eine leichte Senkung der Decke seines Zufluchtsortes hervorgebracht, sodaß sie sich dem Boden genähert hatte, zwar nicht stark genug, um den Käfer zu verletzen, aber doch immerhin so, daß er fest eingeklemmt war. Ausschließlich auf seine eigenen Kräfte angewiesen, konnte er sich nicht aus dieser unangenehmen Lage befreien, dazu war sein Panzer viel zu wenig geschmeidig. Phili war völlig eingekeilt.

Nachdem er sich eine Stunde lang vergeblich abgequält hatte, um sich zu befreien, wurde es ihm klar, daß er ohne kräftige Hilfe nicht hoffen dürfe, sich aus dieser Affäre zu ziehen, und er ließ alle Hoffnung, dem elendesten Tode zu entgehen, sinken.

Es wäre ihm ein Trost gewesen, wenn der Mangel an Lebensmitteln und die Sorgen, die er sich machte, allmählich den Umfang seines Leibes vermindert hätten, dann hätte er Grund gehabt, noch einige Hoffnung auf eine heilsame Entfettungskur zu setzen. Er wußte es aber nur zu gut, daß das bei Insekten seiner Art nicht der Fall ist. Die sterben und trocknen innerlich ein, ohne an äußerem Umfange einzubüßen.

So vergingen zwei lange, lange Tage. Es wäre unmöglich, die Gedanken wiederzugeben, die während der langen, bangen Stunden der aufgezwungenen Bewegungslosigkeit, zu der Phili durch die Enge seines Aufenthaltsortes verdammt war, durch seine Seele und sein Herz zogen. Man wird wohl gerne glauben, daß es keine freudigen waren. Warum mußte ihn, gerade ihn, der ein solcher Freund der Bequemlichkeit und der Behaglichkeit war, in seinen alten Tagen ein solches Mißgeschick treffen? Verhungern — welch doppelt bitterer Tod für einen Feinschmecker, um nicht zu sagen: Schlemmer! Und dabei hatte er noch den nicht allzuweit gelegenen See vor sich, dessen glänzender Spiegel zu ihm herauf leuchtete und wo er in der Einbildung die lustigsten Schwimmkünste ausführte ...

Wenn unser Käfer die Geschichte von Tantalus gekannt hätte, so würde er seine Lage recht passend mit der jenes unglücklichen Königs von Lydien haben vergleichen können, — indessen ein Unterschied war dabei: nämlich Tantalus hatte sein Geschick verdient, während an Philis Taten und Charakter nicht das Geringste auszusetzen war.

Wir sagten schon, daß zwei Tage, das sind zweimal

24 Stunden dahinschlichen, ohne daß das Schicksal des armen Käfers im geringsten erleichtert wurde. Kurze Zeit hatte er auf Hilfe gehofft: zwei Ameisen waren plötzlich nicht weit von ihm aufgetaucht. Unmittelbar hätten sie ihm freilich nicht zu helfen vermocht, aber sie hätten ihm einige kräftigere Insekten schicken können, die ihn befreit hätten. Die Ameisen näherten sich, leise miteinander sprechend, betrachteten ihn eine Weile und liefen dann, so rasch sie konnten, davon. Phili nahm an, und nicht ohne Grund, sie könnten vielleicht zu jenem Volke gehören, mit dem seine Gefährten und er unterhalb des Dammes das Zusammentreffen gehabt hatten, und das erklärte ihm auch, weshalb sie so gar kein Erbarmen mit seiner traurigen Lage gezeigt hatten.

* * *

Als am Abend des zweiten Tages die Bauleute des Dammes ihre Arbeit verlassen hatten, war tiefste Stille auf die zahlreichen und lauten Geräusche, die kurz vorher noch die Luft erfüllt hatten, gefolgt. Plötzlich glaubte Phili eine Art Knistern über sich zu hören. Er spitzte die Ohren. Kurz darauf hörte er etwas krabbeln, worauf ein Steinchen herabrollte. Der Käfer schloß daraus, daß jemand über ihm in der Nähe auf dem Felsen herumklettere. Wäre es einer seiner Genossen? War es Hilfe, die kam, oder vielleicht ein nur Gleichgültiger oder am Ende gar ein Feind? Die erste Regung bei Phili war, um Hilfe rufen zu wollen, aber nach reiflicherer Überlegung hielt er es für klüger, Stillschweigen zu bewahren, aber seine Spannung stieg aufs äußerste.

Plötzlich sah er über sich am Rande des Steines, der über ihm lag, zwei Fußspitzen erscheinen, darauf zeigten sich nach und nach zwei Fühler und endlich zeigte sich der Kopf, der sie trug.

Der neue Ankömmling macht Halt und schaut hinab, wo andere Blicke die seinen kreuzen. Sofort entfährt jedem der beiden gleichzeitig ein Schrei:

„Phili!" — „Weber!"

Ja, in der Tat, es ist Weber, der mit hurtigem Antrieb sich auf den Sims herabschwingt und auf seinen Freund zuläuft.

„Gott sei Lob und Dank," rief Phili, „ich fürchtete, Ihr wäret tot, wie alle unsere übrigen Freunde auch. Wo kommt Ihr her? Wie ist es Euch ergangen? Wo habt Ihr so lange gesteckt?"

„Meiner Seel! Phili, wenn ich auch nicht tot bin, so hat doch nicht viel daran gefehlt, daß ich es wäre, und wenn ich so lang weggeblieben bin, so liegt das daran, daß ich eben nicht eher kommen konnte."

„Waret Ihr verwundet?"

„Das nicht, dem Himmel sei Preis und Dank dafür, ich bin, vom Wirbel bis zur Sohle, frisch und gesund aus der schrecklichen Katastrophe von vorgestern davongekommen, aber, ich wiederhole es, es hätte nicht viel daran gefehlt, daß ich zwischen zwei Steinen, mit denen ich ins Rollen kam, so dünn wie Briefpapier gequetscht worden wäre, denkt Euch nur!"

„Und die andern?"

„Marcha, Max und Moritz sind am Leben, das Schicksal unserer übrigen Gefährten ist mir unbekannt."

„Weshalb haben jene drei Euch nicht begleitet?"

„Sie konnten nicht. Ihr Leben blieb zwar verschont, das stimmt, aber ihre Lage ist sehr unangenehm. Sie sind zwischen Felsblöcken eingeschlossen, und es ist ihnen unmöglich, sich aus dem geräumigen Gefängnisse, in das der Zufall bei der Explosion sie geschleudert hat, zu befreien."

„Sagtet Ihr nicht: Marcha, Max und Moritz?"

„Allerdings. Im Augenblick, als die Katastrophe stattfand, waren sie gerade beieinander. Sie fühlten, wie sie emporgehoben wurden, und klammerten sich instinktiv aneinander an, daher betraf sie auch das gleiche Geschick."

„Habt Ihr sie denn gesehen?"

„Das nicht, aber mit ihnen gesprochen. Und Ihr, Phili, — na, mein Junge, ich kann Euch gar nicht sagen, wie ich mich darüber freue, Euch lebend wiederzusehen. — Aber weshalb bleibt Ihr da still in Eurem Loche hocken? Macht doch, daß Ihr 'rauskommt!"

„Ich kann nicht, teuerer Freund, das ist mir völlig unmöglich."

„Seid Ihr denn verwundet?"

„Nicht die Spur! Mir tut kein Hornstückchen am Leibe weh und alle meine Glieder sind ganz."

„Also . . . ."

„Ich bin nicht, wie ihr andern, mit in die Luft geflogen, ich bin ruhig an Ort und Stelle geblieben, aber bei dem durch die Minen verursachten Einsturz fiel dieser verwünschte Stein, unter dem ich liege, auf mich und schlug mich zu Boden. Ich kann mich nicht mehr bewegen, als ob ich versteinert wäre. Mir geht's beinahe, wie der guten Marcha: ich stecke an einer Nadel, die mir quer durch den Leib geht."

„Ist's möglich! allerdings, da steckt Ihr in einer wunderlichen Klemme!"

„Wunderlich und im höchsten Grade unangenehm, das könnt Ihr mir glauben. Ich habe alle nur möglichen Anstrengungen gemacht, um mich zu befreien, aber ohne den allergeringsten Erfolg. Seit zwei Tagen lebe ich in völliger Bewegungslosigkeit und habe auf unnütze Versuche, mich zu befreien, verzichtet. Aber, Gott sei Dank! Da seid Ihr, und Ihr werdet mir beistehen."

„Sofort," rief Weber, und trat an seinen Freund heran, „gebt mir Euere Vorderfüße."

Phili streckte seine Vorderbeine aus und Weber packte sie mit seinen Kiefern. Darauf fing er an, aus Leibeskräften zu ziehen. Phili bat ihn, er möge das unterlassen, denn er fürchtete, die Beine könnten ihm ausgerissen werden. Das arme Käfertier war so fest zwischen seine Felsen eingekeilt, daß es sich, trotz aller Anstrengungen seines Freundes, nicht mehr regte, als ob es selbst aus Stein bestünde.

„So kommen wir nicht weiter," sagte Weber, „wir müssen es mit anderen Mitteln versuchen."

„Aber wie?"

„Ich will ein Stengelchen oder Holzstückchen, oder etwas der Art suchen, dessen ich mich als Hebel bedienen kann, wodurch es mir, wie ich hoffe, gelingen wird, Euch zu befreien. Ein wenig Geduld. Ich komme gleich wieder."

Unter diesen Worten ging Weber den Weg zurück, auf dem er gekommen war. Seine Abwesenheit dauerte nicht lange. Bald erschien er wieder und schleppte mühsam ein Ästchen hinter sich her, das er von einem Busche in der Nähe abgebissen hatte.

„Das ist der wahre Jakob," rief er lustig, „nun sollt Ihr sehen, wie er für uns arbeiten wird. Stecken wir einmal das eine Ende dieses Instrumentchens zwischen Euern Leib und den Boden der Grotte. So, das hätten wir! Nun will ich auf das andere Ende drücken. Jetzt vereinigt Eure Kräfte mit den meinen, arbeitet mit den Beinen, so viel Ihr könnt, gebt Euch Eurerseits alle Mühe."

Während Weber so sprach, hatte er den Hebel in der von ihm vorgeschlagenen Art angebracht. Darauf ließ er sein oberes Ende einen viertel Kreisbogen beschreiben und drückte ihn so kräftig von unten gegen den Körper von Phili, daß er erschüttert wurde und anfing, nach und nach aus der Spalte, in dem er wie in einen Schraubstock eingeklemmt gewesen war, hervorzukommen.

Phili tat auch seinerseits sein Bestes und stemmte sich mit seinen sechs Beinen gegen den Boden, während sein Freund aus Leibeskräften mit dem Hebel herummanöverierte.

Es war ein Glück, daß die Flächen der beiden Steine, zwischen denen Phili stak, vorn weiter auseinander lagen, als hinten. Dank diesem Umstande war es wesentlich leichter, ihn mit Hilfe des Hebels nach und nach hervorzuziehen.

Das Erste, was er tat, sobald er sich frei fühlte, war, daß er seine Glieder reckte und streckte.

„Uff!" machte er drei- oder viermal heftig einatmend, „uff! endlich kann ich wieder atmen, wie mir's gefällt! Da unten war ich ganz zusammengedrückt. Dank Euch, vielen Dank, Weber! Ohne Eure Hilfe war es aus und vorbei mit mir. Übrigens habt Ihr mir noch gar nicht erzählt, wie es Euch gelang, der Katastrophe glücklich zu entgehen, die für uns alle so verhängnisvoll hätte werden können, warum Ihr erst so spät wieder auf der Bildfläche erscheinet und was Ihr neues wißt von Max und Moritz und den anderen. Erzählt, schießt los!"

„Gern!" sagte Weber. „So hört denn zuerst, wie mir's gegangen ist. Als die Minen losbersteten, stand ich mit Geiger neben Max und einigen der anderen. Zugleich mit dem Knalle der Explosion erhob sich ein so

Während Weber so sprach, hatte er den Hebel in der von ihm vorgeschlagenen Art angebracht.

heftiger, ungestümer Windstoß, daß ich mich von der Terrasse weggefegt und mitten zwischen einer Masse von Steinen, die auf eine schreckliche Weise hierhin und dorthin durcheinander flogen, geschleudert fühlte. Ich brauche Euch nicht zu sagen, daß ich in dem Augenblicke nicht wußte, was oben oder unten, vorne oder hinten war. Wie lange dieses wüste Durcheinander dauerte, weiß ich nicht. Wenn ich nicht hundertmal geknufft, gestoßen, hin und her gedreht worden bin, so weiß ich's nicht! endlich fiel ich heil und gesund auf den Boden nieder. Als ich wieder völlig zu mir kam, war aller Lärm vorüber, und ich befand mich in tiefster Finsternis. Mein erstes war, daß ich mich allenthalben betastete und ich gewann dabei die tröstliche Überzeugung, daß ich mich noch im Besitze aller meiner Gliedmaßen befände. Aber das war am Ende noch nicht genug, daß ich lebte und unverletzt war, ich mußte auch wieder ans Tageslicht gelangen. Hierüber beunruhigte ich mich weiter nicht groß, denn ich sagte mir, daß die Steine, unter denen ich verschüttet lag, unregelmäßige Formen hätten, und daß es daher zwischen ihnen Spalten und Räume genug geben müsse, durch die ich ohne große Schwierigkeit nach außen kommen könne. Aber nach welcher Richtung sollte ich mich wenden? Dort unten mußte ich das ganz dem Zufalle überlassen. Ich marschierte also auf gut Glück los und unternahm eine unterirdische Reise durch ein unentwirrbares Labyrinth, die mir kein Ende nehmen zu wollen schien, denn hundertmal wenigstens mußte ich umkehren, indem ich immer durch die Räume, die um mich waren, tappte, bald einmal nach rechts, dann wieder nach links, kurz und gut, nach allen nur denkbaren Richtungen. Vergeßt nicht, daß die Finsternis absolut war und ich daher auch kein Mittel an der Hand hatte, die Zeit zu berechnen, so daß ich nicht wußte, welche Tageszeit es sei, und noch nicht weiß, wieviel Stunden zwischen der Katastrophe und dem gegenwärtigen Augenblicke verstrichen sind."

„Zwei Tage und zwei Nächte," sagte Phili, „das macht genau 48 Stunden nach der Zeiteinteilung der Menschen. Ich habe sie wohl gezählt, alle, eine nach der anderen, und sie sind mir lang genug vorgekommen, das kann ich Euch versichern. Während Ihr ohne Unterlaß Eure Beine anstrengen mußtet, war ich dazu verdammt, in gewaltsam aufgezwungener Ruhe fast zu erstarren."

„Zwei Tage! ich merkte es wohl, daß ich lange marschiert war."

„Aber Ihr habt mir gesagt, daß Karabus I. und II. und die gute Marcha nicht verunglückt seien? Woher wißt Ihr das?"

„Laßt Euch erzählen! Während ich da so zwischen den Steinen herumtappe, höre ich mit einem Male Stimmen nicht weit von mir flüstern. Ich spitze die Ohren, es ist mir, als ob ich die Stimme von Moritzen erkenne. Stellt Euch meine Überraschung vor! Ich rufe, man antwortet. Ich erfahre, daß unsere Gefährten, die beiden Laufkäfer und mit ihnen Marcha, zwischen zwei Steinen eingeschlossen sind, wie in einer wirklichen Schachtel und nicht heraus können. Sie hatten sich in dem Augenblicke, wo die Explosion erfolgte, aneinander gehalten, und so waren sie übereinander gepurzelt. Es war ihnen wie mir gelungen, zwar dem Zerschmettertwerden zu entgehen, aber schließlich sahen sie sich, weniger glücklich als ich, zwischen zwei aufeinanderliegenden, ausgehöhlten Steinen eingesperrt, die an den Rändern so genau aufeinanderschlossen, daß sich nirgends eine Spalte fand, groß genug, daß sie sich hätten dazwischen hindurch quetschen können."

„Eine fatale Lage," sagte Phili.

„Das sagten sie mir auch, und das ist auch meine Meinung. Sie hatten stundenlang ihr Gefängnis an allen Ecken und Enden durchstöbert, aber ohne Erfolg und hatten schließlich zu ihrem nicht geringen Entsetzen finden müssen, daß sie so fest eingeschlossen seien, daß ihnen eine Hoffnung, entkommen zu können, nicht geblieben sei.

„Und so habt Ihr sie ihrem traurigen Lose überlassen?"

„Ich mußte wohl. Ich war nicht imstande, das mindeste für sie zu tun. Ich verließ sie daher und suchte einen Ausgang für mich selbst."

So miteinander plaudernd, waren die beiden Freunde an den Rand der Terrasse gekommen. Phili konnte von hier aus im letzten Tageslicht noch gemächlich die ungeheueren Steinhügel, welche die Explosion der Minen über und um sie aufgehäuft hatte, erkennen.

„Also darunter stecken sie?" fragte er seinen Gefährten.

„Ja," sagte Weber, „dort sind sie. Wie ich Euch den Weg zu ihnen zeigen sollte, ist mir unerfindlich. Auf alle Fälle könnt Ihr Euch aber selbst überzeugen, daß es ein Ding der Unmöglichkeit ist, ihnen Hilfe zu bringen. Wenn Gott kein Wunder tut, dann müssen sie verhungern, so viel steht fest."

„Leider! leider!"

„Auch nur den kleinsten Stein der Trümmermasse, unter der sie eingeschlossen sind, zu entfernen, übersteigt alle unsere Kräfte und Mittel."

„Das springt leider nur zu sehr in die Augen. Und über die anderen wißt Ihr nichts?"

„Nichts!"

„Sie werden vernichtet sein!"

„Wahrscheinlich. Was uns angeht", fuhr Weber

fort, „so scheint mir das beste, was wir tun können, zu sein, daß wir uns so bald wie möglich aus dieser gefährlichen Nachbarschaft fortmachen. Wir sind hier durchaus nicht sicher, können vielmehr erwarten, wieder mit einer Mine in die Luft zu fliegen. Außerdem hält uns auch nichts hier zurück. Machen wir uns nach dem Seeufer auf den Weg und versuchen wir, von den Umwohnern die nötigen Erkundigungen einzuziehen. Danach kehren wir in unsere Heimat zurück und statten unseren Landleuten Bericht ab über alles, was wir getan, gesehen und erfahren haben."

Phili stimmte zu und beide ließen sich an den Felsen hinabgleiten und machten sich nach dem Ufer des Sees, den sie in geringer Entfernung vor sich sahen, auf.

Siebzehntes Hauptstück.

In dem man endlich weiß, woran man ist.

Die Nacht war seit mindestens einer Stunde hereingebrochen, bevor die beiden Freunde an das Seeufer anlangten. Als sie mitten im Gebüsche eine alte, halb abgestorbene Eiche erblickten, gingen sie auf sie zu in der Hoffnung, sich in ihr niederzulassen und zu übernachten, im Falle der Stamm hohl sei und ein Loch habe, durch das man in sein Inneres eindringen könnte.

Sie fanden bald, was sie suchten.

„Vorsicht", flüsterte Weber seinem Freunde ganz leise zu, „überzeugen wir uns vorher, ob der Platz noch nicht besetzt ist. Wir könnten es zu bereuen haben, wenn wir so blindlings eindrängen. Wartet hier auf mich, ich will die Gelegenheit erst sorgsam untersuchen."

Mit diesen Worten verließ Weber den Schwimmkäfer und kroch lautlos in das Baumloch. Einige Minuten verstrichen bis zu seiner Rückkehr.

„Ich glaube, die Wohnung steht leer", sagte er, als er wieder zu seinem Freunde stieß, „wie ich wenigstens aus dem Stillschweigen, das darin herrscht, entnehme, denn die Finsternis ist so dicht, daß man von seinen Augen keinen Nutzen hat. Aber so viel kann ich Euch sagen, die Luft, die man drinnen atmen muß, ist nicht gerade die beste."

„Darauf kommt es jetzt weniger an", erwiderte Phili,

„wenn wir nur wenigstens in Sicherheit sind, das ist die Hauptsache."

Der Geruch, den die beiden Insekten beim Betreten der Eichenhöhle gewahr wurden, war allerdings der denkbar abscheulichste. Woher er rührte, konnten sie nicht entdecken. Karpfenstecher und Weber tappten nichtsdestoweniger bis zu dem, was sie für die der Öffnung gegenüberliegende Wand der Höhlung hielten. Hier schmiegten sie sich dicht aneinandergedrückt in eine der zahlreichen Vertiefungen, die sie da vorfanden.

Sie waren noch keine fünf Minuten im Lokale, als ein großes Tier darin erschien. Sie hörten ein eigentümliches Geräusch seiner Kinnbacken, das sehr deutlich verriet, womit der neue Ankömmling beschäftigt sei.

„Wer mag nur unser Nachbar sein?" flüsterte Weber Karpfenstecher ins Ohr.

„Ich glaube fast, es ist ein Otter", antwortete dieser ebenso, „ich kenne die Sorte".

„Ein Otter?"

„Ja, und wir befinden uns in seiner Höhle, daran ist nicht mehr zu zweifeln. Jetzt wird es mir auch klar, warum es hier so übel duftet."

„Allerdings", stimmte Weber zu, „es riecht nach faulen Fischen. Laufen wir aber keine Gefahr?"

„Nein, so viel ich weiß. Das Tier ist jetzt ganz in seine Mahlzeit vertieft. Dann schläft es, bis es sich am Morgen oder am Vormittag davon macht, um sich wieder in den See zu stürzen. Wir können ruhig neben ihm schlafen."

Die Dinge verhielten sich, wie Phili vorher gesagt hatte, und die Nacht verlief ohne Störung. Beim ersten Grauen des Morgens erhob sich der Otter und verließ

Der Otter verläßt den Schlupfwinkel.

seinen Schlupfwinkel, ohne unsere Insekten überhaupt nur bemerkt zu haben und die er auch im entgegengesetzten Falle kaum beunruhigt haben würde, da Tiere seiner Art so nichtige Kost verschmähen, es sei denn, daß sie sehr großen Hunger hätten.

Nach und nach drang das Tageslicht in die Baumhöhle, und unsere beiden Insekten konnten nun in aller Gemütsruhe den Ort, wo sie die Nacht zugebracht hatten, mustern. Es war ein großer Hohlraum, dessen Boden aus einem krümligen Humus bestand, untermischt mit Fischgräten, allerlei sonstigem Abfall, Tiermist und Stückchen verwesenden Holzes, die von einer Anzahl von Löchern, den Spuren der stillen Tätigkeit winziger Larven, durchsetzt waren, wie es Weber, der seine Kindheit unter ähnlichen Verhältnissen zugebracht hatte, seinem Gefährten auseinandersetzte. Die sehr rauhen Wände zeigten Spuren einer ähnlichen Verwüstung. Sie erhoben sich mit allerlei Knorren und Furchen bedeckt bis ins Dunkle hinauf, wie weit, ließ sich bei dem gänzlichen Mangel von Öffnungen, die dem Lichte Einlaß gewährt hätten, nicht abschätzen.

„Was ist denn das da?" fragte Phili seinen Freund und zeigte auf zwei leuchtende Punkte, die gerade über ihnen durch die tiefe Dunkelheit, die oben herrschte, schimmerten.

„Hilf Himmel!" flüsterte Weber mit ersterbender Stimme, „das sind die Augen einer Eule*)."

---

*) Hier reproduziert der gute Herr Weber ein Ammenmärchen. Es gibt keine einzige Vogelart, deren Augen nachts leuchten und leuchten könnten, aus dem einfachen Grunde, weil keine ein s. g. Tapetum lucidum hat, wie es wohl verschiedenen Säugetieren, besonders Raubtieren, zukommt. Eine gewiß oberflächliche Ähnlichkeit der Eulen mit den Katzen hat im Volke den Aberglauben hervorgerufen, daß auch die Augen jener in der Nacht leuchteten.

„Eine Eule?“ wiederholte Karpfenstecher, „das wolle Gott nicht! Ob sie uns wohl erblickt hat?“

„Wer weiß! Jedenfalls halten wir uns ganz still.“

„Wenn sie uns gesehen hat, dann sind wir verloren,“ murmelte Phili.

„Das ist nicht wahrscheinlich. Aber uns bleibt zunächst nur ein Ausweg übrig, der ist, daß wir uns tot stellen.“

Die beiden Insekten legten sich flach auf den Boden und beobachteten völlige Bewegungslosigkeit.

So verging eine gute Stunde. Karpfenstecher unterbrach zuerst das Stillschweigen.

„Weber!“ flüsterte er leise.

Dieser antwortete mit einem fragenden Seufzer.

„Müssen wir hier bis in alle Ewigkeit ausharren?“

„Solange, wie es eben nötig ist,“ antwortete Weber ebenso leise.

„Und wie lang denkt Ihr wohl, daß es nötig sein wird, Weber?“

„Das kann ich nicht wissen. Aber haltet den Mund.“

Eine zweite Stunde verstrich ebenso. Da gab der Bockkäfer seinem Gefährten ein leichtes Zeichen.

„Der Augenblick, uns aus dem Staube zu machen,“ flüsterte er Phili ins Ohr, „ist gekommen. Die Lichter dort oben sind verschwunden, was beweist, daß unser Feind die Augen geschlossen hat. Ohne Zweifel schläft er. Schlüpfen wir lautlos hinaus.“

Mit diesen Worten hob Weber das eine Bein, dann ein anderes und fuhr fort, gewissermaßen auf den Fußspitzen, zur Öffnung der Höhle zu schleichen. Phili folgte ihm ebenso. Von Zeit zu Zeit warfen unsere Flüchtlinge einen prüfenden Blick nach der Gegend, wo vorher die leuchtenden Augen des Nachtvogels zu sehen gewesen waren, und hielten sich fertig, sich sofort wieder tot zu stellen, sobald sich die schrecklichen Nachtlichter abermals zeigen sollten. Zu ihrem Glück erschienen sie nicht wieder, und sie konnten die Strecke, die sie von der Außenwelt trennte, unangefochten zurücklegen.

„Hurra!" rief Phili, sobald sie aus der Höhle heraus waren, „gerettet, gerettet!"

„Kommt hierher," sagte Weber zu ihm und wendete sich nach einer großen Wurzel des Baumes, unter der eine mit Moos ausgepolsterte Grube sichtbar war, „hier ist ein gemütliches Winkelchen, wo wir ungestört und ohne Furcht vor Überraschungen darüber reden können, was wir nun zu tun haben."

* * *

Der Baum, in dem unsere beiden Abenteuerer die Nacht verbracht hatten und zu dessen Füßen sie sich jetzt niedergelassen hatten, stand auf einer kleinen Bodenerhöhung unmittelbar am Ufer des Sees, vom Wasser nur durch einen abschüssigen, mit kurzem, trockenem Moose bewachsenen Abhang getrennt.

Die große Wasserfläche, die sich vor ihnen ausdehnte, war allen Anzeichen nach erst neuerdings entstanden. Sie zeigte noch keine Spur einer eigenen, schwimmenden Vegetation, und an ihren unregelmäßigen kleinen Buchten und Landzungen standen, mehr oder weniger tief im Wasser eingetaucht, Büsche und niedere Landpflanzen. Hin und wieder ragten aus seiner Oberfläche sogar die belaubten Spitzen verschiedener ansehnlicherer Sträucher, die mit ihrem größten Teil im Wasser standen, hervor.

Unmittelbar am Rande war ein dichtes Pflanzengewirr und in ihm hauste, nach den dumpfen Lauten, die fortwährend aus ihm aufstiegen, eine zahlreiche Tierbevölkerung. Das tiefe Brummen und Summen einer Anzahl hin und wieder fliegender, huschender, schwebender Insekten bildete ohne Unterbrechung die Baßbegleitung zu den scharfen, schnarrenden Tönen der Grillen, Grashüpfer und Heuschrecken.

Worauf war wohl die überreiche Tierwelt dieses Gebüsches, das sich von irgend einem andern, meist doch nur gering bevölkerten Unterholze eines Waldes dem Augenscheine nach nicht unterschied, zurückzuführen? Der Pflanzenwuchs war nicht dichter, nicht mannigfacher als sonstwo, im Gegenteil: die Uferflora, so reich an Arten, so voll von Blumen und Blüten, so gern besucht von Insekten, war hier nicht entwickelt, der See hatte sich mit seinen Wassern in das Gebiet bescheidener Pflanzen eingedrängt und eingeschlichen. Hier bedeckten Heidel- und Preißelbeeren, trockenes Heidekraut und öde, von Tieren gemiedene, wenn auch noch so zierliche Farnkräuter, den Boden.

Wir hatten in einem der vorhergehenden Hauptstücke gesagt, daß der größte Teil der Bewohner des unteren Tales der Maina, soweit ihnen die Flugfähigkeit wenigstens die Möglichkeit dazu verlieh, ihre alten Heimstätten, jetzt der Verödung durch das Ausbleiben des Wassers preisgegeben, verlassen und sich in Masse oberhalb des Querdammes angesiedelt hatte. Die alten Ansiedler dieses Teiles des Mainaufers und die neu hinzugekommenen wurden hier beide durch das langsam, aber stetig steigende Wasser aufwärts auf die Gehänge des Tales gedrängt, und ihre unzähligen Scharen hatten sich in die Gebiete der ursprünglich auch an diesen Stellen vorhanden gewesenen Bevölkerung eingenistet. Auf diese zweifache Einwanderung war das ungewöhnliche Zusammenströmen von Insekten zurückzuführen, die sich an den Seeufern zu der Zeit, als Karpfenstecher und Weber dort ankamen, eingefunden hatten.

Der Vorrat an Lebensmitteln, der in diesen Geländen vorhanden war, stand zu dieser großen Anhäufung von Individuen in einem doch immerhin beschränkten Gebiete in keinem Verhältnisse, und fast nur die Räuber und Fleischfresser lebten im Überfluß und freuten sich der allgemeinen Umwälzung, die durch die Tätigkeit der Menschen in diesem Teile des Mainatales herbeigeführt war.

Was die Schmetterlinge und solche zweiflügelige Insekten, die ohne Blütenhonig nicht existieren können, anlangt, so fingen sie an, Hunger zu leiden und der Augenblick war nicht mehr fern, wo sich ihre geflügelten Scharen in andere Gegenden begeben mußten, die noch mit Vorräten, wie sie hier sehr merklich zu fehlen anfingen, wohlversehen waren.

* * *

Wie wir vorhin eben bemerkt haben, hatten sich Karpfenstecher und Weber in einer kleinen natürlichen Aushöhlung, deren Eingang eine Aussicht auf den See bot, niedergelassen. Als sie, um sich von den Aufregungen der Nacht zu erholen, einige Stunden geruht hatten, unterhielten sie sich über die Mittel, die sie anwenden müßten, um die nötigen Nachrichten, die ihnen noch fehlten, einzuziehen.

„Macht Ihr Euch," sagte Phili zu seinem Freunde, „daran, die Landbewohner hierherum auszuforschen. Ihr findet gewiß noch einige ältere Augenzeugen, welche die Menschen beim Beginn ihrer Arbeiten beobachtet haben und darüber unterrichtet sind, was sie eigentlich mit diesem Aufhalten des Wassers wollen und bezwecken. Ich für meinen Teil will mich an eine Untersuchung des Sees machen. Gegen Sonnenuntergang treffen wir uns wieder."

Weber stimmte diesem Vorschlage zu und Phili stieg zum Ufer des Sees hinab, stürzte sich in ihn und war bald den Blicken seines nachschauenden Freundes entschwunden.

Nachdem sich der Bockkäfer die Gegenstände, die ihn umgaben, genau angesehen hatte, damit er seine neue Wohnung später um so leichter zurückfinde, ging er um die alte Eiche herum und verschwand in die Tiefe des Dickichts.

Als Weber einige Minuten durch die Heidelbeerbüsche, die bei weitem den größten, den Hauptbestandteil desselben ausmachten, fortgewandelt war, kam er auf eine kleine Lichtung, wo sich dank dem Lichte und der Wärme der Sonne, die hier leicht Zutritt fanden, eine sehr reiche, mannigfache Vegetation entwickelt hatte.

Einige große bemooste Steine, zwischen denen und um die herum Fingerhut, Skabiosen, Zehrwurz, Gamander und Tausendgüldenkraut wuchsen, verliehen der Stelle etwas äußerst angenehm Romantisches, Weltabgeschiedenes. Zahlreiche Falter tändelten von einer Blume zur anderen. Wespen, Hummeln, Bienen und hunderterlei Arten von Fliegen tummelten sich hier hurtigen Fluges. Ein rundherum im Sonnenschein verteiltes Halbdutzend von Grillen gab ein schrillendes Konzert.

Weber stand ein Weilchen still, um ihnen zuzuhören. Unter den übrigen Zuhörern, die in ziemlich zahlreichen Gruppen sich hier und dort verteilt hatten und nach Stimmung und Alter aufmerksam lauschten oder lustig hin und her sprangen, erblickte er einen Maikäfer von ehrbarem

Aussehen, dessen wohlwollende Physiognomie ihm sehr zusagte. „Sieh da," bemerkte er zu sich selbst, „ein würdiger Eingeborener des Landes, der mir vielleicht Mitteilungen, wie ich sie brauche, machen kann." Er gesellte sich zu ihm, und sie wechselten einige höfliche Redensarten und banale Bemerkungen über das Wetter, die Temperatur und die Leistungen der Künstler, denen sie beide lauschten, wobei der Maikäfer sich als ein täglicher Zuhörer zu erkennen gab. Aber bald kam Weber auf den Gegenstand, der ihm am meisten am Herzen lag, zu sprechen.

„Ihr stammt von hier," fragte er den alten Musikfreund, „Ihr habt gewiß die Veränderungen, die mit diesem Tale vor sich gegangen sind, von Anfang an verfolgt. Wißt Ihr, wie der See, der sich dort unten ausbreitet, zustande kam?"

„Allerdings," versetzte der Maikäfer, „ich erinnere mich der Zeit, wo hier herum noch von keinem See die Rede war. In der Tiefe des Tales floß vielmehr ein Flüßchen."

„So ist es."

„Eines Tages, — ich war damals noch jung — kamen Menschen, die Steine auf Steine häuften, um seinen Lauf zu hemmen. Nach und nach stieg das Wasser: die Menschen fuhren fort, ihre Mauer zu erhöhen, und das Wasser fuhr fort zu steigen. Ich wohnte mit meiner Familie am Ufer des Bergflusses und die Überschwemmung hat uns Schritt vor Schritt bis hierher gedrängt."

„Wißt Ihr vielleicht, zu welchem Zwecke die Menschen dieses Riesenwerk aufgeführt haben?"

„Das ist mir unbekannt."

„Was kann nur ihre Absicht dabei sein? So ohne alle Veranlassung haben sie jenen Damm gewiß nicht gebaut."

„Das ist klar. Außer an den Damm, haben sie aber auch noch viel Zeit und Mühe an die Durchstechung des Berges verwendet."

„Wie? Was wollt Ihr damit sagen?"

„Gar nicht weit von hier haben sie das Gebirge quer durchbohrt, um dem Wasser einen neuen Abfluß zu verschaffen."

„Seid Ihr Euerer Sache gewiß?"

„Man hat mir so erzählt, denn mit eigenen Augen habe ich den Durchstich, von dem ich rede, nicht gesehen."

„Könnt Ihr mir die Richtung, in der er sich von hieraus befindet, angeben?"

„Es muß dort unten herum sein, nicht weit von der Pappel, deren Gipfel Ihr von hier seht."

Diese Mitteilungen waren für Weber sehr wichtig. Er setzte seiner neuen Bekanntschaft die Gründe auseinander, weshalb er eingehendere Einzelheiten über die Existenz jenes Kanals zu erfahren wünsche, und dieser redete ihm zu, seine Exkursion bis an jene Stelle, die er ihm bezeichnet hatte, auszudehnen.

„Es ist freilich ein hübscher Marsch," fügte er hinzu, „aber halbwegs stoßt Ihr auf eine alte Eiche — dort unten, Ihr könnt sie von hieraus sehen — die von einer Familie Cerambyciden bewohnt wird . . ."

„Vettern von mir!" schaltete Weber ein.

„Ach gar? Nun, um so besser! Wendet Euch an sie, sie sind hier seit langer Zeit ansäßig und können Euch über das, was Ihr zu wissen wünscht, besser unterrichten als ich."

„Ich werde den Rat befolgen," sagte der Bockkäfer. Nach diesen Worten bedankte er sich bei dem Maikäfer, verabschiedete sich von ihm und machte sich auf den Weg nach dem Baum, den er ihm gezeigt hatte.

Er erreichte ihn nach einer kleinen Stunde. Der Maikäfer hatte sich nicht geirrt, als er ihm gesagt hatte, er werde dort eine Familie von Cerambyciden antreffen. Diese Bockkäfer, entfernte Verwandte von Weber, lebten hier, eine Generation nach der andern, seit vielen, vielen Jahren. Sie empfingen ihren Vetter herzlich und machten ihm eingehende Mitteilungen über das Vorhandensein und die Richtung des Kanals, der dazu bestimmt war, den Überschuß des Wassers der Maina in ein benachbartes Tal abzuleiten.

Weber erfuhr von ihnen alles, was er wissen wollte. Es war nicht mehr daran zu zweifeln, daß der Fluß für die Bevölkerung des unteren Tales für immer verloren sei, daß seine Abstauung eine bleibende sein würde, und daß die Massenauswanderung schließlich das letzte Auskunftsmittel sei, wenn sie nicht aus Mangel, unter dem sie schon so genug gelitten hatten, umkommen wollten.

Sie erzählten ihm weiter, diese Riesenarbeit sei im Interesse einer benachbarten, bedeutenden Stadt unternommen worden, die einige Meilen talabwärts an dem Buchastrom, von dem die Maina ein Nebenfluß wäre, gelegen sei. Die Leute, die jene Stadt bewohnten, hätten mit dem Buchastrom schon längst ihre liebe Not, denn, je nach der Jahreszeit, hatte er bald viel zu viel Wasser, bald zu wenig. Man hoffe durch die Talsperre den Lauf reguliert zu haben.

* * *

Weber verbrachte den Tag in der Gesellschaft seiner Verwandten. Er erzählte ihnen von seinem und seiner Mitbürger Mißgeschicke vom Augenblicke an, wo die Maina aufhörte zu fließen. Er beschrieb ihnen die große Volksversammlung, in der die Absendung einer Forschungs-kommission beschlossen worden sei, die Reise dieser, die Entdeckung des Dammes und die Katastrophe, von der sie einige Tage vorher betroffen worden sei. Sein Bericht interessierte sie, und als er sie verließ, um seine Wohnung wieder aufzusuchen, fing die Dämmerung bereits an, ihre Schleier über das Gebüsch zu breiten.

Die Nacht war bereits hereingebrochen, als Weber das Seeufer erreichte. Dank dem hellen Mondenscheine fand er die Eiche, an deren Fuß sein Quartier war, ohne Mühe wieder.

Phili erwartete ihn dort und fing schon an, sich über sein langes Ausbleiben zu beunruhigen.

Karpfenstecher hatte den Tag damit zugebracht, die Tiefen des Sees zu untersuchen. Was ihm bei seinem Aufenthalte dort unten am meisten aufgefallen war, das war die Öde in den Gewässern.

„Glaubt Ihr," sagte er zu Weber, „daß ich während der acht bis zehn Stunden, die ich damit zugebracht habe, ihn nach allen Richtungen hin zu durchschwimmen, kaum zwanzig lebenden Wesen begegnet bin? Ab und zu einmal eine Forelle, einige Wasserwanzen, zwei oder drei Libellen-larven, ein paar Taumelkäfer, ein Frosch, das war alles. Keine Seele aus meiner Verwandtschaft, — es ist geradezu unbegreiflich."

„Für den ersten Augenblick, ja," bemerkte Weber, „wenn man sich die Sache aber überlegt, ist sie doch leicht erklärlich. Der See ist doch, im Grunde genommen, noch eine sehr neue Bildung, und seine Bevölkerung war bis vor kurzem noch auf ein recht kleines Gebiet zusammen-gedrängt. Ihre Verteilung in der jetzigen Wassermasse läßt sie aber sehr dünngesäet erscheinen. Wahrscheinlich wird noch geraume Zeit vergehen, bevor sie sich merklich vermehrt haben wird."

„Aber," sagte Phili, „ich kann Euch zu dem, was Ihr gern wissen möchtet, leider nicht den geringsten Beitrag liefern."

„Das macht nichts aus," erwiderte Weber, „ich für meine Person habe so vollständige Nachrichten eingezogen, wie wir sie nur wünschen können."

„In der Tat?"

„Jawohl: der Fluß ist für unsere Landsleute dahin und verschwunden für alle Zeiten, daran ist nicht mehr zu zweifeln."

Hierauf teilte der Bockkäfer seinem Freunde alles mit, was er im Laufe dieses Tages erfahren hatte.

Unsere beiden Insekten plauderten nun noch einige Zeit, bis das Ruhebedürfnis, das zufolge der Anstrengungen des Tages über sie gekommen war, sie in Schlaf wiegte.

* * *

Gegen Morgen wurde Phili durch das Geräusch von Schritten, die sich dem Eingange der Wohnung näherten, geweckt.

„Wer ist da?" rief er.

„Hält sich hier nicht," fragte eine Stimme, „ein fremder Bockkäfer auf, der gestern abend angekommen ist?"

„Allerdings," antwortete Phili, „was wollt Ihr von ihm?"

„Ich habe eine Bestellung an ihn auszurichten," sagte der Neuangekommene und trat ein, „und an Euch desgleichen," fügte er hinzu und faßte Phili ins Auge, „denn ich nehme an, daß Ihr der Freund seid, von dem er mir sprach. — Ja, eine dringende Bestellung und von größter Wichtigkeit für euch beide."

Achtzehntes Hauptstück.

Der Gewittersturm.

Über diesem kurzen Zwiegespräch war Weber erwacht.

„Ach, seid Ihr's, Herr Maikäfer?" fragte er und erkannte beim schwachen Morgenlicht, das eben erst sich bemerklich machte, seinen Musikfreund von gestern.

„Ich bin's" sagte der Maikäfer. „Nicht ohne Mühe habe ich, geleitet durch die nicht sehr bestimmten Angaben, die Ihr mir gestern machtet, Euer Quartier aufgefunden."

„Unser verehrlicher Herr Maikäfer", sagte hier Karpfenstecher, „hat uns, wie es scheint, wichtige Mitteilungen zu machen."

„Wie?"

„In der Tat", bestätigte dieser. „Es bedurfte ernstlicher Gründe, die mich veranlassen konnten, um mich in der Nacht auf die Suche nach euch zu begeben."

Diese Worte erregten die Neugierde der beiden Freunde nicht wenig und sie ersuchten den Maikäfer, sich näher zu erklären.

„Gestern abend", sagte dieser, „machte mich der Zufall zum Zuhörer einer Unterhaltung, die sich um euch drehte. Es scheint, daß ihr Feinde habt hierzulande."

„Feinde?"

„Ja, ihr habt euch die Feindschaft der Bewohnerinnen einer Ameisenstadt zugezogen, die . . . ."

„Wahrhaftig," riefen Karpfenstecher und Weber zugleich.

„Die Ameisen sind von euerer Anwesenheit unterrichtet. Diese Insekten wissen aber auch geradezu alles!"

Phili erinnerte sich, daß er, als er am Abend des ehevorgestrigen Tages eingeklemmt zwischen den Steinen stak, von zwei Ameisen gesehen worden war, die sich darauf flüsternd entfernt hatten.

„Einige ihrer Eklaireure haben den gestrigen Tag damit zugebracht, nach euch zu forschen. Sie haben Erkundigungen eingezogen und haben eueren hiesigen Aufenthaltsort ohne große Mühe erfahren, denn das Land ist dicht bevölkert und euere Ankunft und euere Wohnung sind nicht unbekannt geblieben. Kurzum, die Ameisen wissen, wo ihr zu finden seid."

„Sie haben uns also gesucht?"

„Unfehlbar! und das dürft ihr nicht zu gering anschlagen."

„Ganz gewiß nicht! Dieselben Ameisen haben uns früher schon einmal angegriffen und wir sind ihren Nachstellungen nur durch ein großes Massakre entgangen."

„O, o! Also so stehen die Sachen? Sie haben euch ausschnüffeln lassen und sie werden kommen."

„Ihr sagt, sie seien auf dem Sprunge, anzurücken."

„So bald kommen sie noch nicht, denn sie haben einen langen Marsch zu machen, aber jetzt dürften sie schon aufgebrochen sein?"

„Ihrer wie viele?"

„Zweitausend, sagt man. Eine ganze Armee."

„Der Teufel!" fluchte Karpfenstecher.

„Ich habe euch mitgeteilt, was ich zufällig bei einer Unterhaltung zwischen zweien von ihnen erhorcht habe.

Ich hörte, sie hätten die Absicht, euere Wohnung, deren Umgebung sie gestern abend sorgfältig aufgenommen haben, mit jenem ganzen Heere zu umzingeln. Man hält euch, wie es scheint, für furchtbare Gegner."

„Das will ich gerne glauben", murmelte Phili in Erinnerung an seine Heldentaten.

„Und der Haß, den sie gegen euch hegen, ist grimmig. Sie sind entschlossen, euch zu massakrieren. Glücklicherweise konnte ich euch noch beizeiten warnen."

„Wir sind Euch von ganzem Herzen dankbar" sagte Weber.

„Euere Geschichte von gestern hat mich interessiert", fuhr der Maikäfer fort. „Die ernste Sendung, mit der euch euere Mitbürger vertrauensvoll beehrt haben, machen euch bei den Bewohnern dieses Landes zu geheiligten Persönlichkeiten und ich hielt es für meine Pflicht, über eure Sicherheit zu wachen. Ihr müßt ohne Zaudern fliehen."

„Das wollen wir auf der Stelle tun," sagte Phili. „Was mich betrifft, so lache ich zwar über ihre ganze Armee," fügte er mit einer wegwerfenden Gebärde hinzu, „und wären es 10 000, meinetwegen auch 100 000. Sie mögen mir nur dahin folgen, wohin ich mich begebe, und wären es ihrer noch so viele! . . Aber Ihr, Weber?"

„Ich?" bemerkte Weber, „oh, mein Panzer würde die Probe ihrer Zähne schon bestehen, aber die Gelenke meiner Beine und Fühler . . . ."

„Freilich, das ist ein Fehler an Euerm Harnisch. Ihr dürft Euch der Gefahr nicht aussetzen, daß man Euch zufolge jener schwachen Stellen stückweise zerfleischt."

„Ganz gewiß nicht!" sagte der Maikäfer. „Ihr dürft sie nicht erwarten. Macht, daß Ihr fortkommt und zwar so schnell wie möglich."

„Wenn ich hier auf den Baum kletterte und mich bis zum Abend versteckt hielte?“

„Sie würden Euch finden,“ bemerkte Phili, „nein, nein, das ist ein schlechtes Mittel. Ein noch schlechteres wäre es freilich, wenn Ihr Euch in die Büsche schlagen wolltet, sie würden Euch verfolgen und Ihr würdet das Unglück haben, ihnen zwischen die Kiefer zu fallen.“

„Was tun?“

„Wart' einmal ... Halt, ich hab's! Flieht auch in den See.“

„Etwa auf Euerm Rücken?“

„Auch dieses Mittel ließe sich ohne Bedenken anwenden, aber es gibt ein besseres. Gestern bemerkte ich unter tausend anderen Dingen, die auf dem See treiben, auch Holzstücke von allen Größen. Ich schaffe Euch zu einem, Ihr steigt hinauf und ich bugsiere Euch dann hinüber auf die andere Seite des Sees. Was meint Ihr dazu?“

„Vortrefflich,“ antwortete Weber, „Euer Vorschlag gefällt mir ausgezeichnet. Auch ist er leicht auszuführen. Sucht mir nur ein Floß.“

Karpfenstecher warf sich ohne weiteres ins Wasser und suchte ein der Körpergröße Webers entsprechendes Schifflein. Weber blieb mit dem Maikäfer zurück und erzählte ihm die Begegnung, die er und seine Genossen mit den Ameisen gehabt und von dem Blutbade, das sie unter ihnen angerichtet hatten, und das jene mit dem glühenden Wunsche nach Rache beseelte.

„Ihr sehet also,“ fügte er zum Schlusse hinzu, „daß das erste Unrecht von ihrer Seite ausgegangen ist.“

„Das ist klar,“ sagte der Maikäfer, „aber ihre Erbitterung gegen euch ist darum nicht geringer.“

„Seht, dort naht mein Floß,“ sagte Weber. „Lebt

wohl, Maikäfer! Empfanget nochmals unseren innigsten Dank für den großen Dienst, den Ihr uns erwiesen habt."

„Adieu, Bockkäfer! Gut Glück zur Überfahrt! Ich wünsche von ganzem Herzen, daß eure Mission zu einem guten Ende kommt."

Die beiden Käfer trennten sich bei diesen Worten, und Weber stieg an das Seeufer und begab sich auf das Holzstück, das Phili heranbugsiert hatte. Als er es sich auf demselben bequem gemacht hatte, setzte sein Freund das Floß mit einem derben Kopfstoße in Bewegung, stemmte seine Vorderbeine an den Hinterrand dieses improvisierten Fahrzeuges und fing mit den Hinterbeinen rudernd an zu schwimmen. Dank diesen trefflichen Apparaten, die Phili mit der größten Geschicklichkeit zu gebrauchen verstand, kamen Weber und er bald in offenes Wasser.

Der Maikäfer beobachtete vom Ufer aus einige Zeitlang ihre Entfernung und kletterte darauf, wenig begierig auf die Gesellschaft der Ameisen, auf die Spitze eines Halmes, der da wuchs, lüftete seine Flügeldecken, atmete einige Male tief ein, entfaltete darauf seine glasig durchsichtigen Flügel, erhob sich in Spiralen in die Luft und entschwand bald in das schattige Blätterdach des nahen Waldes.

* * *

Die von unseren beiden Freunden unternommene Überfahrt vollzog sich nicht unter sehr günstigen Umständen.

Die letztverflossene Nacht hatte keine Kühlung gebracht. Die Sonne erhob sich an einem umschleierten Himmel, und dieser Schleier von schlimmer Vorbedeutung, anstatt sich zu lüften vor den Strahlen des Tagesgestirns, zog sich immer dichter zusammen und wurde immer dunkler. Ungeheuere, bleigraue Wolkenmassen zeichneten ihre dunkeln Silhouetten gegen den mattblauen, dunstigen Hintergrund des Himmels ab. Der See dehnte sich wie eine Riesenschüssel voll Öl, ohne die geringste Kräuselung seiner Oberfläche, unter der schwülen Luft aus, und das beängstigende Schweigen, das auf ihm lagerte, wurde nur durch das laute Gezwitscher einiger rasch über ihn hin- und herschießenden Schwalben unterbrochen.

Unsere Freunde achteten in der Freude darüber, den mörderischen Zähnen ihrer Feinde entgangen zu sein, gar nicht auf diese drohenden Zeichen. Sie lachten und plauderten und malten sich die Enttäuschung und die Wut der Ameisen aus, wenn sie das Nest leer und die Vögel ausgeflogen finden würden. Phili schlug sogar vor, sich nur wenig vom Ufer zu entfernen, um ihre Ankunft abzuwarten und sie von dem sicheren Orte aus, wohin sie ihnen nicht folgen konnten, zu verhöhnen. Aber Weber redete es ihm aus.

„Lassen wir sie im unklaren," riet er, „über den Weg, den wir eingeschlagen haben, das scheint mir am klügsten. In ihrer Wut wären sie imstande, uns an der anderen Seite des Sees beim Ausschiffen anzugreifen."

Phili gab das Richtige dieser Bemerkung zu und machte sich ohne weitere Einwände ans Schwimmen.

Das von ihm zur Beförderung seines Freundes ausgewählte Holzstück war ein Brettchen, etwa von der Größe eines Eichenblattes, und er hatte es unter allerlei anderem Auswurf am Rande des Sees gefunden. Es war in jeder Beziehung passend. Unter den kräftigen Bewegungen Philis glitt es über das Wasser dahin, schnell genug, daß unsere Freunde hoffen durften, das gegenüberliegende Ufer in einer kleinen Stunde zu erreichen, wenn sich dieser kühnen Überfahrt nicht etwa Hindernisse entgegentürmen sollten.

Karpfenstecher setzte das Floß mit einem derben Kopfstoße in Bewegung.

Wer, etwa vom Abhange des Hügels aus, wo diese seltsame Einschiffung stattgefunden hatte, jenes sich bewegende Brettchen gesehen hätte, wie hinter ihm, veranlaßt durch das hinterste Beinpaar Karpfenstechers, ein doppeltes Kielwasser herzog, würde es für ein wunderliches, unbekanntes Tier gehalten haben, das an der Oberfläche des Sees dahinschwämme. Er dürfte kaum auf die Vermutung verfallen sein, daß er da die beiden letzten Überlebenden einer amtlichen Kommission vor sich habe, die im Begriffe waren, ihr von grausamen Feinden bedrohtes Leben zu retten, um heim zu ihren Mitbürgern zu kehren und ihnen Bericht abzustatten über das, was sie erfahren hatten.

Nach Verlauf einer halben Stunde machte Phili halt, um sich zu verschnaufen. Er hatte sich mit dem halben Körper aus dem Wasser gehoben und lehnte sich auf das Floß, als er die Augen aufschlug und den Himmel betrachtete.

„Ich glaube," sagte er zu seinem Kameraden, „daß wir Regen bekommen werden."

„Ich auch," antwortete Weber. „Ihr fürchtet Euch doch nicht vor ein bißchen Regen, Phili?" fügte er lächelnd hinzu.

„Durchaus nicht. Ihr doch auch nicht, meine ich."

„Für mich nicht. Aber ich habe eine andere Befürchtung. Hört Ihr den Donner in der Ferne grollen?"

„Natürlich, und was weiter?"

„Wenn das aufsteigende Gewitter sich entlüde, bevor wir das andere Ufer erreicht hätten —"

„So lassen wir es sich entladen."

„Sehr schön, aber wir wären aller Wahrscheinlichkeit nach ein Spielball des Windes und würden Schiffbruch leiden."

„Das kann leicht sein, meiner Treu! Wir sind jetzt,

wie mich deucht, mitten auf dem See angekommen. Wir brauchen also, um bis an das jenseitige Ufer zu kommen, noch ebenso viele Zeit, wie seit unserer Abreise verstrichen ist.“

„Das ist eine halbe Stunde,“ sagte Weber.

„Nun, dann heißt es tüchtig schwimmen,“ sagte Phili, sank ins Wasser zurück und machte sich aufs neue ans Werk.

Eine Viertelstunde verstrich ohne weiteren Zwischenfall, und während der Zeit hatte sich das improvisierte Fahrzeug dem Ufer stark genähert.

„So geht's gut,“ wandte sich Weber an seinen Freund, „wir kommen näher.“

Wie er diese Worte sprach, krachte ein gewaltiger Donnerschlag über ihnen, und schwere Regentropfen machten beim Aufschlagen auf den See große Kringel.

Phili hob den Kopf aus dem Wasser.

„Nun hat uns das Gewitter doch noch überrascht,“ sagte er zu Weber und zeigte auf die Büsche, deren Zweige sich vor dem Sturme hoben und senkten, während ein schnell zunehmendes Brausen sich ohne Unterlaß hören ließ.

„Und es zieht“, fügte Phili hinzu, „zu allem Unglück gegen uns auf.“

Der Teil der Oberfläche des Sees, der sich zwischen dem Floße und dem Ufer ausdehnte, änderte plötzlich seine Farbe: von grau ging er mit einem Male in schwarz über, und fast in demselben Augenblicke machte das Holzstück eine so starke Schwankung, daß Weber beinahe über Bord geflogen wäre. Er klammerte sich, so gut er konnte, an die Rauhigkeiten seines Brettchens fest, während Phili sich halbleibs außer Wasser hob und ihm zurief:

„Haltet fest, Weber, laßt nicht los! was auch kommen mag! Wenn es umschlägt, drehe ich Euch wieder um, laßt nur um Gotteswillen nicht los!“

Weber schlug seine zwölf Krallen fest in das Holz und machte sich auf einen neuen Sprung seines Schiffleins gefaßt.

Der ließ denn auch nicht auf sich warten. Ein zweiter Stoß drehte das Brettchen zu unterst zu oberst, so daß sich Weber einige Augenblicke im Wasser untergetaucht und mit den Beinen nach oben gekehrt befand. Bevor Karpfenstecher, der beschäftigt war, das wacklige Fahrzeug wieder zu richten, ihm zu Hilfe kommen konnte, drehte ein dritter Schwung dasselbe abermals um, wodurch der Bockkäfer in die Lage kam, einen tüchtigen Vorrat von Luft einzuatmen, aus Vorsorge im Falle einer nochmaligen Untertauchung.

Währenddem flog das Floß mit großer Schnelligkeit vor dem Winde daher, und Weber, der nicht losließ, flog mit. Phili fürchtete, von ihm getrennt zu werden, und hatte sich auch an eine der Ecken des Brettchens angeklammert. So ließen sich die beiden Käfer nach allen Enden der Windrose hin und her schleudern und rollen und warteten innerlich ruhig ab, bis das Unwetter aufhören würde.

Das vom Winde getriebene Brettchen hatte einen anderen Kurs genommen: es schwamm nach der Mitte des Sees zu und brachte unsere Flüchtlinge weit hinaus ins offene Wasser. Ihre Lage war gleichwohl sonst weiter nicht gefährlich. Der Sturm mußte sich schließlich doch einmal wieder legen. Sie hatten dann weiter nichts zu tun, als das Stück Weg, das das Brettchen durch den Wind abgetrieben worden war, wieder beizubringen. Indessen brachte eine neue, unerwartet eintretende Verwicklung ihr Leben, oder richtiger das Webers, in Gefahr.

Der heftig niederstürzende Regen hörte mit einem

furchtbaren Donnerschlage auf, wie abgeschnitten, aber die Unterbrechung ging ebenso plötzlich vorbei, wie sie eingetreten war, und machte einem schrecklichen Hagelwetter Platz. Das war für den armen Bockkäfer ein höchst gefährliches Bombardement, das seine Lage sehr bedenklich machte. Nicht, daß er von einem Hagelkorn hätte zerschmettert werden können, sein Panzer war denn doch zu solid, um nicht einem solchen Geschoß Widerstand leisten zu können, abgesehen davon, daß Weber eine zu kleine Körperfläche hatte, als daß die Wahrscheinlichkeit, daß er getroffen werden würde, eine große hätte sein können, aber er konnte betäubt und von seinem Brettchen herabgeschleudert werden.

Allerdings wachte Karpfenstecher über ihn. Er hatte sich unter das Brettchen zurückgezogen und schwamm unter Wasser außerhalb des Bereiches der Hagelkörner, hielt dabei aber fortwährend ein Auge auf seinen Kameraden, und war bereit, ihm sofort beizuspringen, sobald er ihn sinken sah.

Glücklicherweise hatte das Gewitter ebenso schnell ausgetobt, wie es schwer gewesen war. Als unsere beiden Abenteuerer wieder anfingen, in aller Ruhe und Sicherheit zu atmen, stieß ihr Fahrzeug an die obersten Zweigspitzen eines Baumes, der sich sonst unter Wasser befand.

* * *

„Wo sind wir?" fragte Weber, einen Blick ringsum werfend, seinen Freund, der aufgetaucht war, und sich an dem Rand des Brettchens festhielt.

„Wir sind eigentümlicherweise in die Mitte des Sees abgetrieben," antwortete Phili, „und weit weg vom Punkte unserer Abreise. Dem sei, wie ihm wolle, das Unwetter ist wenigstens vorüber. Ruhen wir hier, wo wir gar nicht so schlecht aufgehoben sind, bis sich der Wind völlig gelegt hat. Dann nehmen wir unsere Schiffahrt wieder auf."

„Ich bin jetzt schön 'raus," sagte Weber, „aber ich möchte hoffen, daß meine Abenteuer nun ein Ende haben."

„Ihr seid nicht vom Hagel getroffen worden?"

„Ach, — und wenn auch. Ich habe mehr wie ein Korn auf den Buckel und auf den Schädel bekommen, aber ich war so schlau, meine Fühler und Beine dicht an mich zu ziehen, und mich fest an das Brettchen anzuklammern und so bin ich unverletzt davon gekommen. Man ist ja, Gott sei Dank! noch leidlich fest gebaut, und man ist auch mit einem Panzer versehen, der wohl noch den Puff eines Hagelkornes aushält."

Während Weber lustig plauderte, war er nicht wenig überrascht, sich plötzlich beim Namen genannt zu hören und zwar nicht von der Stimme seines Freundes Phili.

Er schaute in die Richtung, aus der sich diese Stimme hatte vernehmen lassen und erblickte einen großen gelb und schwarzen Schmetterling, vom Stamm der Schwalbenschwänze, über sich, der sich mit zusammengeklappten Flügeln aufrecht an einem Zweiglein der Baumspitze mit seinen Beinen festhielt. Seine Stellung und seine Unbeweglichkeit waren die Ursachen, daß er bis jetzt den Blicken Webers und seines Freundes entgangen war.

„Ihr kennt mich?" fragte Weber.

„Ob ich Euch kenne?" antwortete der Schwalbenschwanz, „sehr gut, und den Phili da auch!"

„Ich kann mich nicht erinnern, Euch jemals gesehen zu haben," sagte der Letztere.

„Nun denn! ich habe Euch wohl gesehen, Euch, wie Ihr auf den Rücken der Schnecke thronend, Euere Reise machtet."

Daran war augenscheinlich nicht zu zweifeln, daß der Schmetterling Herrn Karpfenstecher sogar sehr genau kannte, die angeführte Tatsache bewies das ja schlagend.

Phili und Weber ging das Ding nicht wenig im Kopfe herum, und der Schmetterling amüsierte sich köstlich dabei. Es machte ihm Spaß, ihr Erstaunen noch zu vermehren, und so erzählte er ihnen denn Geschichten von Max Karabus, Joachim Geiger, Jungfer Martha Sachtleben und allen den anderen. Schließlich, als er dachte, er habe die Neugierde der beiden Käfer nun lange genug auf die Probe gestellt, sagte er ernsthaft zu ihnen:

„Verzeiht die Fopperei! Ich bin einer von eueren alten Reisegefährten, und wenn ihr mich nicht erkannt habt, so liegt das daran, daß sich mein Äußeres sehr verändert hat. Erinnert ihr euch nicht mehr an die Raupe, die mit euch auszog?"

„O," riefen beide Käfer zugleich, „wir erinnern uns ihrer noch recht gut!"

„Nun wohl! jene Raupe war ich. Als ich genötigt war, am Fuße des Felsens, — Ihr wißt doch noch, Freund Phili, jenes Felsens, auf dem Ihr „zu Schnecke" hinaufrittet? — zurückzubleiben, wurde ich zu einer Puppe, denn die Zeit meiner Verwandlung war gekommen, und ich mußte, wohl oder übel, dort zurückbleiben. Erst seit gestern abend bin ich zum Falter avanciert und ich nahm rasch meinen Flug talaufwärts in der Hoffnung, euch einzuholen. Ich sah den Damm, ich sah den See, aber es war umsonst, daß ich nach euch Ausschau hielt. Nachdem ich mich, um dem Gewitter zu entgehen, auf dieses Ästchen niedergelassen hatte, war ich nicht wenig überrascht, euch unter solchen Umständen und auf einem so seltsamen Fahrzeuge wieder zu finden."

Die Käfer und der Schmetterling unterhielten sich lange über alle Ereignisse der letzten Tage. Weber und Karpfenstecher erzählten dem Schwalbenschwanz die schreckliche Katastrophe, durch die der größte Teil ihrer Reisegefährten ums Leben gekommen war, und wie sie selbst verschont geblieben seien, ferner von den Nachrichten, die sie über das Vorhandensein des Kanals zum Abfluß des Sees erhalten hatten, und von ihrer Flucht auf dem Holzspan vor den feindlichen Horden der Ameisen.

Weber berichtete ihm, aber nicht ohne Humor, von seinen Beklemmungen bei dem Hagelwetter, das sein Leben bedroht hatte, als sich abermals von der Höhe des Zweiges eine Stimme, wie das erstemal die des Schwalbenschwanzes, hören ließ, die deutlich seinen Namen aussprach.

Er stutzte und spitzte die Ohren.

„Das ist ja Weber," sagte jemand, „den kenne ich, und der da neben ihm ist Phili. Ja freilich, das ist Phili!"

Neunzehntes Hauptstück.

In dem sich die Kommission wieder auftut.

Das ist aber heute bestimmt einmal der Tag der Überraschungen

Unsere beiden Käfer blieben übrigens nicht lange unklar darüber, von wem die gehörten Worte herrührten. Ein Kopf erschien zwischen den Blättern und dieser Kopf gehörte dem alten Herrn Grille.

„I, der Tausend! seid Ihr das, alter Freund", rief Weber, als er den Kapellmeister erblickte. „Das hätte ich mir nicht träumen lassen, Euch hier zu finden. Ihr schweift also manchmal durch die Gipfel der Bäume? Seit wann habt Ihr denn Geschmack an solchen luftigen Residenzen gefunden?"

„O, alter Freund!" rief Grille. „Ihr müßt nicht etwa denken, bitte ich, daß das hier eine Wohnung nach freier Wahl ist."

„Nun, wie geht es denn da zu, daß Ihr hier seid?"

„Ich bin sehr gegen meinen Willen hier. Ihr wißt doch noch, daß ich im vorigen Frühjahr die Gegend am Schwarzenstein verließ, wo Ihr, als wir uns kannten, auch wohntet, um talaufwärts zu wandern. Ich und meine Frau ließen uns hier in der Nachbarschaft nieder. Wir schlugen unsere Wohnung nicht etwa hier auf diesem Zweige auf, wo Ihr mich jetzt seht, sondern am Fuße des Baumes, zu dem er gehört. Eines Tages zwang uns eine Überschwemmung zum Wohnungswechsel und wir wurden genötigt, hier auf dem Gipfel Zuflucht zu suchen. Die Überschwemmung stieg immer höher, und wir auch! Das ist die einfache Erklärung der Tatsache, die Euch so in Erstaunen versetzt hat."

„Ist Madame bei Euch?"

„Nun selbstverständlich! Und Ihr, seit wann seit Ihr denn unter das Schiffsvolk gelaufen? Ich dachte Euere Gewohnheiten wären auch mehr „irdischer" Natur?"

„Mein Geschmack hat sich auch nicht verändert. Mir geht's genau wie Euch: ich befinde mich hier sehr gegen meinen Willen."

„Als ich Euch vorhin so tapfer über den See segeln sah, glaubte ich, daß Euch unser Freund Phili Geschmack am Wassersport beigebracht habe."

„Durchaus nicht", schaltete Phili hier ein, „höchst außerordentliche Umstände haben uns so weit von unserem Vaterlande weggeführt. Ihr kennt uns und wißt, daß wir auch mehr Geschmack am Zuhausebleiben haben und wie schlicht und friedlich wir zu leben pflegen; Abenteuer haben uns gleichwohl hierher verschlagen. — Wer kann in der Jugend sagen, was ihm für seine alten Tage aufgehoben ist! —"

Karpfenstecher und Weber erzählten Vater Grillen die Erlebnisse auf ihrer Reise und die Gründe, die sie zu derselben veranlaßt hatten.

„Unser Ziel ist jetzt erreicht," erklärte Weber. „Wir haben über die Arbeiten der Menschen hierherum und über die Schicksale, die unseren Mitbürgern bevorstehen, alles, was wir brauchen, erfahren. Wir wollen in den unteren

Teil des Tales zurückkehren. Der Himmel gebe, daß unsere Rückreise günstig verlaufe!"

Die Käfer wandten sich an den Schwalbenschwanz und fragten ihn, ob er Lust habe, sie zu begleiten.

„Ganz ohne Zweifel," antwortete er, „das ist gerade meine Absicht. Nichts wäre leichter für mich, als mich der Aufgabe zu unterziehen, unseren Mitbürgern die Mitteilungen, die sie gewiß mit Ungeduld erwarten, zu überbringen. Ich gehöre, wie ihr, zu den Mandataren und könnte, kraft meiner Flügel, in einer Stunde bei ihnen sein, indessen —"

„Indessen — was?" fragte Phili.

„Es ist da ein schwieriger Punkt! Werden sie in mir eins der Mitglieder der Kommission wiedererkennen? Ich verließ sie als Raupe und stelle mich ihnen in meiner neuen Gestalt wieder vor. Wie können sie meine Identität feststellen? Wie kann ich ihnen Vertrauen einflößen?"

„Das ist richtig," sagten die Käfer, „Ihr habt Euer Äußeres so gründlich verändert, daß niemand Euch wiedererkennen würde."

„Ich kann daher nicht daran denken, mich mit der Ausführung einer Aufgabe von solcher Wichtigkeit zu befassen, aber ich kann euch bei eurer Rückreise von Nutzen werden. Laßt mich euer Führer und Eklaireur sein. Wenn ich euch geleite, werden viele Schwierigkeiten vor euch hinweggeräumt. Seid ihr nicht auch meiner Ansicht?"

„Gewiß," sagte Weber, „und wir nehmen Euern Vorschlag mit Dank an. Wir dürfen nicht wagen, zur Rückkehr in unser Vaterland denselben Weg wie zur Herreise zu gebrauchen, aus dem einfachen Grunde, weil es ein erzdummer Streich von uns wäre, wenn wir uns durch das Gebiet der feindlichen Ameisen zurückbegeben wollten.

Wir müssen uns am rechten Ufer halten und da wird uns Eure Führung sehr angenehm sein."

„Nun, das läßt sich hören. Was denkt ihr nun zunächst zu tun?"

„Drüben wieder das feste Land zu erreichen, lieben Freunde. Für Euch, Herr Grille, ist die Gelegenheit sehr günstig. Was sagt Ihr dazu?"

„Ich stimme herzlich gern zu," beeilte sich dieser zu sagen, „für mich und meine Frau."

„Nun, dann schifft euch ein, ihr beiden und haltet euch dazu."

Grille schien noch zu zaudern. Er sprach leise mit seiner Lebensgefährtin, die sich mittlerweile zu den anderen gesellt hatte.

„Nun, woran hängt's denn noch?" fragte Phili ungeduldig.

„Die Sache ist die: wir haben einige Freunde, die uns alle Tage besuchen."

„Einige Freunde? was für Freunde?"

„Hirschkäfer. Ich möchte sie gern wissen lassen, wo sie uns antreffen können."

„Wenn's weiter nichts ist," sagte der Schwalbenschwanz, „deshalb könnt ihr sofort aufbrechen. Ich erwarte sie hier und verpflichte mich, sie davon in Kenntnis zu setzen, daß ihr euch auf das feste Land begeben habt. Sagt mir nur, welche Adresse ich ihnen von euch angeben soll."

„Unter diesen Umständen hält uns nichts mehr zurück. Und Ihr, kommt her! seht Ihr dort unten jene Buche, die große Buche, die ganz allein am Seeufer steht?"

„Ich sehe sie."

„An deren Fuß wollen wir uns niederlassen. Sagt es den Hirschkäfern, daß sie uns dort finden würden."

„Sehr wohl. Das wäre abgemacht. Und ihr anderen?“ mit dieser Frage wendete sich der Schwalbenschwanz an die beiden Käfer.

„Wir anderen? Nun, wir begeben uns zunächst auch dorthin, verbringen dort die Nacht und reisen morgen ab.“

„Sehr schön. Bis morgen also.“

Während dieses Gesprächs hatte das Grillesche Ehepaar neben Weber auf dem bewußten Brettchen Platz genommen. Phili half bei dem Geschäfte des Einschiffens, indem er das gebrechliche Fahrzeug hinten stützte. Mit einigen Schlägen seiner langen Beinruder brachte er es ins offene Wasser.

Der See hatte sich von der Aufregung des Morgens erholt, und die kleinen, in regelmäßigen Zwischenräumen sich folgenden Wellen erschienen unseren winzigen Reisenden, im Verhältnis zu ihrer Körpergröße, als gigantische Wogen. Das Brettchen wurde stark geschaukelt, und sie mußten sich sehr in acht nehmen, daß sie nicht abrutschten. Mutter Grille verriet bald die ersten Zeichen der Seekrankheit und ihr Gatte beschäftigte sich mit ihr. Doch ging, abgesehen davon, die Überfahrt glatt vonstatten. Unsere Insekten stiegen eine Stunde, nachdem sie ihre Wasserwarte verlassen hatten, ans Land, nicht weit von der Buche, die sie als Platz des Stelldicheins mit dem Schwalbenschwanze verabredet hatten.

Als Phili, der die freie Zeit, seiner Liebhaberei gemäß, benutzt hatte, am Abend desselben Tages von seinem Bade zurückkehrte, sah er sich unweit der Buche plötzlich zwei Persönlichkeiten gegenüber, deren Anblick ihm einen gelinden Schreck einjagte.

Das war Herr von Lucanus und seine Frau Gemahlin. Ersterer mit seiner gewaltigen auffallenden Kieferbewaffnung, war für unseren braven Phili nichts weniger als ein sehr vertrauenerweckender Anblick, zumal er noch nie etwas Derartiges gesehen hatte und daher den gutmütigen Charakter dieser großen Insekten nicht kannte.

Von Lucanus sah das schreckhafte Stutzen von Phili, lachte und sagte, um ihm Mut zu machen:

„Fürchtet nichts. Die Waffen, mit denen Mutter Natur mich eines Tags mit übertriebener Freigebigkeit beschenkt hat, sind mir mehr im Wege, als daß sie mir nutzen. Ich bin äußerst friedlicher Gemütsart und es ist mir noch nicht im Traume eingefallen, Leben oder Sicherheit irgend eines Wesens zu bedrohen. In mir sehet Ihr eines der am wenigsten kriegerisch gesinnten Geschöpfe, die es gibt. Wenn ich Euch anrede, so ist es einzig und allein, um Euch um eine Auskunft zu ersuchen."

„Bitte, sprecht," sagte Phili, „ich stehe ganz zu Euren Diensten."

„Wir, meine Gemahlin und ich, suchen ein uns befreundetes Ehepaar, ein Paar Grillen. Man hat uns diese Buche hier als den Ort bezeichnet, wo wir sie treffen würden."

„In der Tat, die bewußten Grillen sind hier. Ich weiß jetzt auch, wer Ihr seid. Ihr werdet von ihnen erwartet. Folgt mir, ich werde die Ehre haben, Euch zu ihnen zu führen."

Phili kam, gefolgt von dem Ehepaare Lucanus, bald zum Eingange einer kleinen Höhle, die Grillens einstweilen als Wohnung bezogen hatten, bis sie ein geeigneteres, dauerndes Logis fanden.

„Heeeda! Grillens," schrie er in der Türe, „zeigt euch, da bringe ich eure Freunde."

Die beiden Paare, das Ehepaar von Lucanus und

Von Lucanus sah Philis schreckhaftes Stutzen.

das Ehepaar Grille, waren bald vereint, und letzteres erzählte, welch glücklichen Umständen sie es verdankten, sich wieder auf festem Boden zu befinden.

Herr von Schönleib war ebenso vom Schwalbenschwanz empfangen und in Kenntnis gesetzt worden, wo sich Grillens befänden, und kam jetzt gleichfalls herzu. Weber wurde den neuen Ankömmlingen vorgestellt, und der Abend verstrich unter Geplauder über dies und das. Herr von Lucanus, den seine Wege oft weit im Tale herumbrachten, gab unseren Reisenden wichtige Winke über das rechte Ufer der Maina.

„Es ist dort eine von Menschen hergerichtete Kunststraße, auf der ihr sehr bequem in euer Vaterland zurückkehren könnt. Am Tage wird sie viel befahren und begangen von allerlei sehr großen Tieren (worunter Lucanus Pferde, aber auch Menschen verstand), und ihr wäret da nicht recht sicher, aber bei Nacht ist das, so viel ich weiß, nicht der Fall, und ihr könntet getrost reisen, um so mehr, als wir hellen Himmel und Vollmond haben."

„Ist es weit von hier bis zu jener Straße?"

„O nein, ihr könnt sie in kurzer Zeit erreichen."

„So werden wir heute nacht aufbrechen. Was meinst du dazu, Phili?"

Karpfenstecher antwortete nicht gleich. Seine Miene war niedergeschlagen und traurig. Er gab Weber ein Zeichen und zog ihn ein wenig beiseite.

„Meiner Seel', lieber Kamerad," sagte er leise zu ihm, „ich sage es Euch rund heraus, daß ich nicht imstande bin, mich an der Reise, die Ihr vorhabt, zu beteiligen. Ich bin mit meiner Kraft ganz zu Ende. Bis hierher konnte ich durch die Hilfe der Schnecke, die so liebenswürdig war, mich während des größten Teiles der Reise auf ihrem

Rücken zu tragen, wohl kommen, aber ich werde keine solche Rückgelegenheit haben. Ich bin sehr traurig darüber, daß ich unseren so nutzbringenden und so ehrenvollen Auftrag nicht mit zu Ende führen kann — aber, — ein Hundsfott tut mehr, als er kann, sagt das Sprichwort, ich würde unterwegs sterben, ohne daß irgend jemand den mindesten Nutzen davon hätte. Die Hauptsache ist ja auch erledigt. Ich verzichte auf das, was von unserer ganzen Mission eigentlich das Schönste und Angenehmste ist, nämlich unseren Landsleuten dort unten an der Maina zu berichten, daß der Schaden nicht unersetzlich ist. Hier finde ich nun, was mir dort unten fehlt: Wasser im Überfluß. Ich will mich für die wenigen Tage, die ich noch zu leben habe, hier zur Ruhe setzen."

In dem Maße, wie Karpfenstecher weiter redete, war Weber ernster und ernster geworden.

„Wenn Ihr das tut, so hapert es gewaltig mit Euerem Pflichtgefühl," sagte er trocken.

„Ihr redet, wie Ihr's versteht," sagte Phili darauf, „mein Bester! Ich bin nicht für das Laufen organisiert, wie Ihr."

„Wenn man einmal einen Auftrag annimmt, so muß man ihn auch bis ans Ende durchführen, und wäre es mit Gefahr, das Leben darüber einzubüßen," entgegnete der unbeugsame Weber.

„Ah! so faßt Ihr die Sache auf? Gut denn! Es sei so!" antwortete Philus. „Entschuldigt! Und sollt ich darüber zugrunde gehen, ich bleibe bei Euch. Ich hatte geglaubt, meine weitere Teilnahme wäre von keinem Belang. Ihr urteilt anders darüber, Ihr redet von Pflicht, nun, ich will Euch zeigen —" der arme dicke Phili erstickte fast vor Aufregung und seine letzten Worte verloren sich in einer Art krampfhaften Schluchzens.

Weber war von der Sache mehr angegriffen, als er sich merken ließ. Seine Blicke hafteten an dem anderen Ende des Dammes drüben und an den benachbarten Felsen. Zwischen jenen Felsen hatte die Explosion stattgefunden, wie man sich erinnern wird, die für die Abgesandten so verhängnisvoll werden sollte.

Phili bemerkte die plötzliche Zerstreutheit seines Freundes und folgte der Richtung seiner Blicke mit den Augen.

„Was betrachtet Ihr dort drüben?" fragte er.

„Etwas von allergrößtem Interesse," antwortete Weber, „seht Ihr dort die am Fuße der Felsen aufgeschichteten Steinblöcke?

„Ich sehe sie."

„Leute sind damit beschäftigt, sie wegzuschaffen."

„In der Tal."

„Dort sind Marcha, Max und Moritz eingeschlossen. Das Wegschaffen der Steine ist für sie möglicherweise ein großes Glück. Sie könnten dabei in Freiheit gesetzt werden!"

„Das wäre ja prächtig!" rief der gute Phili, völlig Feuer und Flamme.

„Es ist durchaus nötig, daß wir uns jener Stelle nähern und den Fortgang der Arbeiten überwachen. Es ist nicht ausgeschlossen, daß wir unsere Freunde wiederfinden!"

„Wohl wahr, aber — es ist Gefahr bei der Sache . . ."

„Ach was, Gefahr hin, Gefahr her, wir müssen hin um jeden Preis!"

„Und die Ameisen — und die Menschen?"

„Auf die Ameisen pfeif' ich und den Menschen können wir aus dem Wege gehen. Wir brauchen mit unseren Untersuchungen nicht vor Einbruch der Nacht zu beginnen. Zu der Zeit haben wir von keinem von beiden etwas zu befürchten.

„In einer Stunde geht die Sonne unter."

„Und die Menschen verziehen sich. Das ist gerade die rechte Zeit, um dort unten einzutreffen. Auf, zu unserem Brettlein! der See ist ruhig und Sturm nicht zu befürchten."

Die beiden Käfer setzten, während sie zum Wasser hinabstiegen, ihre Genossen von ihrer Hoffnung und von ihrem Vorhaben, die möglicherweise noch lebenden Mitglieder der Kommission aufzusuchen, in Kenntnis.

Das Brettchen lag noch an der alten Stelle, wo die Ausschiffung stattgefunden hatte. Weber bestieg es, wie beim ersten Male, Phili schwamm hinterher und stieß es mit dem Kopfe vorwärts.

Diesmal war der See so still, daß unsere Schiffer tüchtig vorwärts kamen und die Überfahrt in weniger als einer Stunde bewerkstelligten, wie Weber vorausgesehen hatte. Als sie landeten, verließen die Menschen gerade den Fleck.

Die beiden Käfer wendeten sich sofort den Felsen zu, die sich, wie man sich erinnern wird, unweit des Seeufers erhoben. Die gewaltige Steinhalde, welche die Explosion an ihrem Fuß verursacht hatte, war verschwunden, die Menschen hatten sie entfernt, um das Material zu verwenden. Wo waren Marcha, Max und Moritz hingeraten?

„Man hat sie aus ihrem Gefängnis befreit," sagte Weber, „so viel steht fest. Nun müßten wir nur wissen, ob die Menschen den Stein, der sie bedeckte, aufgehoben oder weggeschoben haben. Im ersteren Falle sind sie entschlüpft, im letzteren wahrscheinlich zerquetscht."

„Eure Meinung scheint mir zutreffend."

„Hoffen wir, daß das erstere stattgefunden hat. Es handelt sich also darum, sie wiederzufinden. Wohin könnten sie sich wohl geflüchtet haben?"

„Suchen wir," sagte Phili.

Die Nacht war, während die Insekten ihre Ansichten austauschten, hereingebrochen. Glücklicherweise schien der Mond, und die Dunkelheit war daher nicht so groß, daß sie sich nicht ohne zu viel Mühe hätten orientieren können. Sie machten sich sofort daran, zwischen den einzelnen Blöcken hin und her zu gehen, sie betrachteten die unteren Teile der Pflanzenbüschel, das Moos entlang des Fußes der Felsen, kurz alles, von dem sie vermuten konnten, daß es für ihre Gefährten einen vorübergehenden Schlupfwinkel abgeben könnte. Zuweilen machten sie halt und riefen, aber das tiefste Stillschweigen herrschte um sie. Der Platz, auf dem sie sich befanden, sah wüst genug aus, was sich durch die Art der Arbeiten, welche die Menschen ausgeführt hatten, zur Genüge erklärte. Die Einsamkeit war gleichwohl nicht so vollkommen, daß die Insekten nicht bei ihren Untersuchungen einige Gefahr gelaufen wären. So befanden sie sich einmal unter einem lockerliegenden Steine einer Kröte gegenüber, die sich da versteckt hatte. Die Finsternis in derartigen Grotten und Höhlen war so groß, daß sie das Ungetüm anfangs nicht gewahr wurden, und seine dunkle Körpermasse hob sich von den umgebenden dunklen Gegenständen nicht ab. Weber hatte es, ohne es zu bemerken, mit den Fühlerspitzen berührt, und das Lurch erhob sich plötzlich und ließ ein dumpfes Knurren hören. Man kann sich das Entsetzen unserer beiden Delegierten bei dieser schrecklichen Erscheinung leicht vorstellen. Beide sprangen seitwärts und beeilten sich, aus der Höhle herauszukommen, und sie konnten sich glücklicherweise aus dem Staube machen, ohne verfolgt zu werden.

* * *

So verstrichen mehrere Stunden mit fruchtlosem Suchen.

Auf einmal machte Weber halt und schlug sich mit dem rechten Vorderfuße an die Stirn.

„Phili!“ rief er.

Phili fragte seinen Gefährten, was es gäbe.

„Kannst du dich noch erinnern, daß Marcha uns an dem Tage, als wir alle zusammen bei diesem Felsen ankamen, eine Pflanze, sie nannte sie Labkraut, zeigte und dabei sagte, das wäre so etwas nach ihrem Geschmacke?“

„Ich kann mich nicht darauf besinnen,“ erwiderte Phili, „aber das ist einerlei, immer vorwärts.“

„Ich weiß es noch ganz genau. Wäre es nicht möglich, daß Marcha, sobald sie befreit war, jene Pflanze aufsuchte, um einen Appetit, den die lange Einsperrung sehr verschärft haben mußte, zu stillen? Schauen wir uns danach um.“

„Tun wir das,“ stimmte Phili zu. „Wißt Ihr noch, wo jene Pflanze stand, das — wie hieß sie doch?“

„Labkraut. Freilich weiß ich's noch, dort am Fuße jenes Felsens da unten.“

Die Käfer begaben sich nach der Stelle, wo der Labkrautbusch nach Webers Behauptung gestanden hatte, der einige Tage vorher die Beachtung der Chrysomelen-Jungfer auf sich gelenkt hatte. Es war nicht schwer, sie wiederzufinden.

Als sie darunter angekommen waren, rief Weber halblaut: „Marcha! Marcha!“

„Marcha!“ rief auch Phili seinerseits.

„Lauschen wir,“ sagte Weber, „es war mir, als ob ich da oben im Blattwerke das Geräusch einer Bewegung vernommen hätte.“

Beide wiederholten ihre Rufe und horchten dann

schweigend. Plötzlich hörten sie ein Knistern in den Blättern über sich und hoben die Köpfe. In demselben Augenblicke rollte ihnen ein schwarzes Klümpchen vor die Füße und — da stand Marcha in eigener Person.

„Also endlich doch gefunden!“ riefen beide Freunde, „und dem Anscheine nach recht lebendig!“

„Und ihr auch,“ jubelte das gute Mädchen, „wo kommt ihr denn her?“

„Ihr sollt es erfahren,“ beeilte sich Weber zu antworten, aber sagt uns vorher, ob Max und Moritz gesund geblieben sind?“

„Es kann ihnen gar nicht besser gehen, Maxen wenigstens.“

„Und wo stecken sie?“

„Ganz nahe bei uns, dort unter jenem Steine.“

„Hurra!“ schrie Phili. „Auf! laßt uns die beiden alten Burschen aufsuchen!“

Die drei Insekten liefen in größter Eile nach dem bezeichneten Flecke. Marcha hinkte stark, was ihre beiden Gefährten nicht gleich bemerkten. Ja, da waren sie in der Tat, die beiden, Karabus I. und Karabus II., und zwar schlafend. Die Fußtritte der Herbeieilenden weckten sie, und sie waren nicht wenig erstaunt, Phili und Weber vor sich zu sehen.

Nach einem raschen Austausche von Ausrufen, Beteuerungen und Fragen fingen sie an, ihre verschiedenen Erlebnisse nach der Katastrophe mehr geordnet zu erzählen. Weber erstattete eingehenden Bericht. Die Geschichte der Befreiten war weniger ereignisvoll. Sie hatten mehrere Tage in ihrem Steingefängnisse gesteckt, sehr beschränkt im Raume, ohne Lebensmittel und in tiefster Finsternis. Sie waren nahe daran, hoffnungslos zu verzweifeln, ob sie jemals aus dieser schrecklichen Situation entkommen würden, als es ihnen schien, daß über ihnen die Lage der Steine verändert würde. Dieses Geräusch dauerte den ganzen Tag. Auf einmal wurde die Decke ihres Kerkers weggenommen, und sie sahen sich plötzlich befreit und im hellen Lichte des Tages. Menschen hatten den Steinhaufen, in dessen Mitte sie sich befanden, weggeräumt.

„Ihr könnt euch denken," erzählte Max, „wie wir uns beeilten, so schnell wie möglich einen so gefährlichen Ort zu verlassen. Das geschah erst vor wenigen Stunden. Wir hatten diesen Schlupfwinkel hier aufgesucht, um die Nacht abzuwarten und zu beraten, was wir tun sollten. Wir waren kaum erst eingeschlafen, als ihr erschienet."

„So wäre unsere Neugierde befriedigt," sagte Phili. „Laßt uns hier die Nacht ruhig verbringen. Morgen früh beraten wir, was weiter zu tun sei."

Zwanzigstes Hauptstück.

Heimwärts!

Am folgenden Tage gegen Sonnenuntergang finden wir an der Straße, die Lucanus unseren Abenteurern beschrieben hatte, drei von ihnen neben einem Graben unter einem großen Klettenblatte verkrochen.

Der Ruheplatz ist nicht sehr weit von der Buche entfernt, an deren Fuß wir sie im Verlaufe des vorigen Hauptstückes einquartiert gesehen haben.

Am Morgen haben sie von Phili Abschied genommen, der nun endgültig hier bleibt. Er wollte auch mitreisen, der gute, dicke Kerl. Seine von Weber bearbeiteten Kollegen hatten sich beraten und waren zu der Ansicht gekommen, der Schwimmkäfer sei nicht imstande, die Beschwerden der Reise zu ertragen. Es war nicht leicht gewesen, den Widerstand Karpfenstechers zu überwinden. Die Einwände, die Weber früher gegen einen Plan zurückzubleiben, erhoben hatte, waren ihm denn doch zu Herzen gegangen. „Was denkt ihr von mir, und was soll man überhaupt von mir denken?" fragte er wiederholt. „Ihr wollt mich doch nicht als ehrlos hinstellen?" Nur mit großer Mühe hatte Max seine Bedenken widerlegt. Man hatte ihn traurig und keineswegs überzeugt zurückgelassen, und er verwünschte seinen Gesundheitszustand, der ihn zu größeren Anstrengungen durchaus unfähig machte. Glücklicherweise blieben die alten Grillens bei ihm, um ihn zu trösten.

Die Delegierten und die Zurückbleibenden hatten sich mit herzlichen Worten und Versprechungen, sich nicht vergessen zu wollen, voneinander getrennt, und jene waren unter Führung des Hirschkäfers tapfer in das Dickicht eingedrungen. Nach einem beschwerlichen Marsche von mehreren Stunden durch ein dichtes Gewirr von Pflanzen waren sie auf eine breite, staubige Chaussee gekommen, der sie nach Angabe ihres Führers zu folgen hätten, um direkt in ihr Vaterland zu gelangen.

Lucanus wünschte ihnen glückliche Reise und verabschiedete sich.

Sie warteten einstweilen die Nacht ab, denn die von Menschen noch benutzte Straße war recht unsicher.

Aber wo war Marcha? Weshalb war sie nicht bei ihnen?

Ach, die arme Marcha ist schwer verletzt! Sie ist allerdings aus der Katastrophe beim Sprengen lebend hervorgegangen, aber drei ihrer Füße sind ihr dabei zerquetscht worden und es kann für sie nicht mehr die Rede davon sein, eine Fußreise von mehreren Tagen unternehmen zu wollen. Sie ist, wie Phili, genötigt zurückzubleiben. Sie hat sich bei Grillens in Pension begeben, die versprochen haben, für sie zu sorgen und sie zu beschützen. Es braucht nicht gesagt zu werden, daß Moritz sehr bewegt war, als er von ihr Abschied nahm.

Von den übrigen Mitgliedern der Kommission hat man niemals wieder etwas gehört. Wahrscheinlich waren sie zugrunde gegangen.

Auch den Schwalbenschwanz hat man nicht wieder

zu Gesichte bekommen. War ihm ein Unglück zugestoßen? Niemand wußte es. Wie dem auch sei — fliege, Schmetterling, fliege! Man darf denen nicht zu viel vertrauen, die der leiseste Windhauch entführt!

„Ich denke," bemerkte Weber, „er meinte es ehrlich, als er uns das Versprechen gab, uns auf unserer Heimreise als Führer zu dienen. Mir schien es wenigstens so, und ich glaube es um so eher, als er uns seine Hilfe ganz aus freien Stücken anbot."

„Ach bah!" rief Max, „welches Gewicht kann man auf die Worte eines Schmetterlings legen!"

„Er gab sein Versprechen in herzlichster Weise," sagte Weber, „und nichts zwang ihn, sich überhaupt um uns zu kümmern. Ich bleibe bei dem Glauben, daß ihm etwas zugestoßen ist. Ein Schmetterling ist mehr Gefahren ausgesetzt als unsereins!"

„Genug davon," bemerkte Max. „Seht, die Nacht ist hereingebrochen, der Mond ging auf und die Chaussee ist einsam und verlassen. Wollen wir nicht aufbrechen?"

„Auf denn!" rief Weber und erhob sich.

Moritz hatte sich an der Unterhaltung nicht beteiligt. Er, sonst so jovial und wortreich, war still und niedergeschlagen.

„Was fehlt nur dem Moritz?" flüsterte Max Webern ins Ohr, „er ist ja wie auf den Mund geschlagen?"

„Hm! ich weiß es nicht, aber der Abschied von Marcha scheint ihm doch sehr nahe gegangen zu sein. Habt Ihr es nicht auch bemerkt?"

„In der Tat! aber weshalb?"

„Er hatte vom ersten Tage unserer Reise an eine große Zuneigung zu dem drallen, munteren Mädel gefaßt und diese Zuneigung ist seit ihrem gemeinsamen Abenteuer, bei dem sie zusammen in die Luft flogen — nun Ihr wißt es, Ihr waret ja selbst dabei! — gewachsen."

„Ach nee?!"

„Na, das ist doch deutlich."

„Daher sein Kummer . . . ."

„Ganz ohne Zweifel. Vielleicht wäre es ihm am allerliebsten, er könnte uns verlassen und hier bleiben."

„Nun, nun! Das wäre ja Verrat!"

„Die ganze Sache ist ja nur eine Vermutung von mir", beeilte sich Weber zu bemerken.

„Wenn er sein Leid stillschweigend trägt," sagte Max, „so geht uns das nichts an und ich will nichts davon sehen, wenn er uns aber etwa im Stiche lassen will, ... nun, dann werde ich ein Wörtchen mit ihm reden . . ."

* * *

Max und Weber tauschten beim Wandern weiter ihre Ansichten und Gedanken aus und Moritz ging trübselig und schweigend ein Stück hintennach. Die kleine Gesellschaft war bald beim Damme angelangt. Hier teilte sich der Weg: sein einer Teil bog links ab und führte über den Damm selbst, sein anderer ging geradeaus weiter am Bergabhang entlang und parallel zur Talsohle. Auf diesem mußten unsere Insekten weiter wandern.

Der Mond ergoß ein helles Licht über die Chaussee. Schweigen und Einsamkeit hatten sich mit der Nacht auf die Erde gesenkt, und ihr Marsch hätte glatt vonstatten gehen können, wenn nicht, und besonders an manchen Stellen, der Staub gar so dick gelegen hätte. Aber bisweilen waren sie genötigt, bis zum Rücken in ihm zu waten und er bildete ein nur schwer zu überwindendes Hindernis.

Max und Weber marschierten voran und Moritz trollte hinterdrein. Der Zwischenraum, der sie trennte, wurde immer größer. Die beiden, die voraus gingen, machten, als sie ihren Gefährten aus den Augen verloren hatten, endlich halt, um ihn zu erwarten. Es verging eine Viertelstunde, aber kein Moritz erschien

„Das ist doch sonderbar!" sagte Max, „er müßte doch längst hier sein!"

Die beiden Käfer gingen zurück und stießen von Zeit zu Zeit einen Ruf aus.

„Laßt uns auf jenen Steinhaufen steigen," schlug Weber vor, „von dort haben wir eine weitere Aussicht."

Einige Schritte brachten sie auf den Chausseehaufen und von diesem hohen Standpunkte aus überblickten sie die weiße, staubige Landstraße weithin.

„Dort ist er," rief Max, dessen Augen ausgezeichnet waren, plötzlich, „aber .... nein, ich irre mich nicht, er läuft zurück!"

„Ich sehe nichts," sagte Weber.

„Dort! Dort unten, ganz dort unten ... der schwarze Punkt ...."

„Ja, jetzt seh' ich auch so 'was. Es entfernt sich. Sollte das Moritz sein?"

„Das ist er, der Verräter! aber ich will ihm nach."

Weber lächelt schweigend.

„O! der Verräter, der Lump, der Schuft! o, o, hab' ich dich nur erst!" schnaubte Max ganz außer sich vor Zorn.

„Bei dem Schritte, den er am Leibe hat, dürfte es ein Kunststück sein, ihn einzuholen. Laßt ihn laufen, Max! Ich hatte ihn auf dem ganzen Wege im Verdacht, daß er mit derartigen Gedanken umginge."

„Moritz! Moritz!" schrie Max wütend.

Ein Wimmern antwortete diesem Rufen.

„Aber das ist ja gar nicht Moritz, der dort unten läuft," rief Weber, „ich höre seine Stimme ganz aus der Nähe."

„Mir scheint es allerdings auch," sagte Max, „als ob ich so etwas wie Moritzens Stimme gehört hätte, hier, ganz dichte bei."

„Laßt uns sehen."

Die beiden Käfer wandten sich um und brauchten nicht weit zu gehen.

„Da ist er!" schrie Weber, „halt, er ist auf den Rücken gefallen!"

Mit ein paar Sprüngen waren sie bei ihrem Kameraden.

„Was gibt's, Moritz?" fragte Max, als er seinen Freund erkannte, „warum bleibt Ihr zurück? seid Ihr verwundet?"

„Ich glaube, mit mir ist's aus, Max," stöhnte Moritz mit schwacher Stimme. „Ich fühle etwas, ich weiß nicht was . . . so eine Art Lähmung aller meiner Glieder, so eine allgemeine Erstarrung, die fortwährend zunimmt. Mit mir ist's aus, das fühle ich!"

„Ist es möglich?"

„Das ist seit der Explosion . . . ich fühlte gleich dumpfe Schmerzen im Kopfe — glaubte aber, sie würden sich verlieren — aber sie sind im Gegenteil ärger geworden — die Nachwirkung —, vermutlich —. Wenn ihr später einmal — später — Marcha wiedersehen solltet — so sagt ihr — sagt . . . — . ."

Hier erlosch Moritzens Stimme. Er fuhr eine kurze Zeitlang mit seinen Beinen in der Luft herum, bis er sie nach einigen heftigen Zuckungen von sich streckte. Eine Sekunde darauf regte er sich nicht mehr.

„Moritz!“ schrie Max, „Moritz, mein wackerer Freund! — Aber nein, das ist nicht möglich! — Weber, wir wollen ihm helfen ...“

„Das ist nicht mehr vonnöten,“ sagte Weber feierlich — „er ist tot.“

„Tot! und ich war eben noch sein Ankläger! Moritz, Moritz! Verzeihe mir, alter Freund! — Vielleicht könnten wir ihn ins Leben zurückrufen! Vielleicht ist er nur ohnmächtig! Helft mir doch ihn aufzurichten, Weber!“

„Vergebliche Mühe, sag' ich Euch. Seht Ihr denn nicht, daß er tot ist?“

Max wollte fast verzweifeln. Sein Herz hing an Moritz. Zu dem Kummer über des Freundes Tod kam noch die Reue, daß er ihn des schmählichen Verrats beschuldigt hatte. Das konnte er sich nicht verzeihen und immer und immer wieder sagte er das zu Moritz. Als ob der tote Freund ihn noch hätte hören können!

„Auf, auf, Max,“ rief Weber, „wir müssen fort. Wir können nichts mehr für ihn tun. Jetzt sind wir eben nur noch zu zweit. Denkt daran, daß unsere Mission noch nicht beendet ist und daß unsere Mitbürger an unserer Rückkehr ein lebhaftes Interesse haben. Man erwartet uns mit Ungeduld, dort unten! Auf, auf, weiter! weiter!“

Und die beiden Käfer gingen fürbaß ihre Straße.

* * *

Der Weg senkte sich vom Damme an sanft und unmerklich abwärts bis zur Sohle des Tales, die, wie wir schon bemerkt haben, etwa 60 m tiefer lag, als die Zinnen der Sperrmauer. An seinen Seiten standen verschiedene Baulichkeiten, lange Baracken und ansehnliche Schuppen.

Die ersteren wurden von den an dem Baue der Sperre beschäftigten Arbeitern bewohnt, in den letzteren befanden sich Maschinen und Material, wie man es bei Aufführung eines so kolossalen Werkes braucht.

Es war eine gefährliche Sache für unsere Reisenden, hier vorbeizuhuschen, denn jeden Augenblick konnten unvermutet Leute aus den Häusern kommen und sie zertreten.

Als sie zu einem der letzten Gebäude gelangt waren und sich schon Glück wünschten, daß ihnen niemand begegnete, hörten sie ein leises Geräusch hinter sich, und in dem Augenblicke, wo sie sich umkehrten, um zu sehen, was es gäbe, legte sich eine große Tatze auf Weber und drückte ihn zu Boden.

Bei diesem plötzlichen Angriffe beeilte sich unser Bockkäfer, seine Fühler und Beine einzuziehen, um sie in Sicherheit zu bringen, und in dieser Stellung wartete er, was nun wohl weiter geschehen werde.

Nach und nach minderte sich der Druck, der auf ihm lastete, und die Tatze, die ihn niederdrückte, zog sich zurück. Er konnte jetzt sehen, daß das Tier, das ihn so plötzlich angegriffen hatte, nichts mehr und nichts weniger sei, als eine Katze.

Was konnte die Katze wohl mit ihm vorhaben?

Nachdem diese ihre Pfote von Weber entfernt hatte, zog sie sich ein paar Fuß weit zurück, duckte sich und betrachtete ihn starren Blickes.

Weber rührte sich nicht, warf aber einen Blick ringsherum, um zu sehen, was wohl aus Max geworden wäre.

Er sah, wie er in kurzer Entfernung bis an die Kniee im weißen Chausseestaube stand und versuchte, sich so gut, wie's eben ging, zu verbergen. Er wandte darauf seine Augen der Katze zu, die fortfuhr, ihn starr und steif anzusehen.

Weber wird hypnotisiert.

Das mochte eine gute Viertelstunde gedauert haben.

Mittlerweile überschlichen Webern ganz wunderliche Gefühle. Es war ihm, als ob er sich vom Boden loslöse und sanft durch die Luft schwebe. Dann wurden die vor ihm leuchtenden Augen Sterne, auf einmal waren es nicht mehr zwei, sondern drei im Dreieck stehende, darauf vier, fünf und immer, immer mehr, bis sie einen feurigen Ring bildeten, der bald glühende Funken sprühte und ein so starkes Licht entwickelte, daß er dessen Glanz nicht ertragen konnte. Dann war es ihm wieder, als ob alles mit wahnsinniger Schnelligkeit sich um ihn herum drehe und er mitten drinnen sei, in dem tollen Wirbeltanze. Endlich machte sich eine, mit prickelndem Gefühle gepaarte Erstarrung in den Spitzen seiner Gliedmaßen bemerkbar und diese Erstarrung stieg höher, höher, immer höher, bis sie ihn ganz erfaßt hatte, bis er — das Bewußtsein verloren hatte.

Unser biederer Weber war hypnotisiert!

Was nun weiter mit ihm geschah, davon hatte er keine Ahnung, er erfuhr darüber nur das, was ihm Max später erzählte.

Als er das Bewußtsein verlor, war er auf die Seite gefallen. In diesem Augenblicke stürzte sich die Katze auf ihn, packte ihn mit ihren Vorderpfoten, erhob sich auf den hinteren und schleuderte ihn in die Luft. Das Manöver wiederholte sie zwei- oder dreimal, dann unterbrach sie dieses Spiel und versetzte ihm, bald mit der einen, bald mit der anderen Tatze rasch hintereinander eine Anzahl kleiner Schläge, drehte ihn um und um, packte ihn, ließ ihn fallen, packte ihn wieder und ließ ihn wieder fallen und sie wurde immer aufgeregter bei diesem Spiele, dessen bewußt- und bewegungsloses Opfer der arme Bockkäfer war.

Diese gymnastischen Übungen, an denen Weber ein unbewußter Teilnehmer war, beschädigten übrigens seine Gliedmaßen nicht, dazu waren sie zu fest gefugt und zu stark bepanzert. Sie sollten aber ein sehr unerwartetes Ende finden, und das ging folgendermaßen zu: als die Katze hin und her sprang, stieß sie mit einer ihrer Pfoten an Max, wodurch er seitwärts gedreht wurde.

Unwillkürlich richtete er sich wieder auf und dabei schimmerte sein glänzender Harnisch durch den Staub.

Der Glanz verriet ihn. Als Miez ihn bemerkte, verließ sie Weber und stürzte sich auf die neue Erscheinung mit der offenbaren Absicht, sie ebenso zu behandeln, wie jene. Aber sie hatte die Rechnung ohne Rücksicht auf die Verteidigungsmittel unseres tapferen Karabus gemacht.

Er nahm den Augenblick wahr, wo die Katze sich über ihn bückte, um ihn mit ihrem rosigen Näschen zu beriechen und applizierte ihr eine Ladung jener brennenden, stinkenden Flüssigkeit, von der die Laufkäfer immer eine Portion, um sich bei ihren Feinden Achtung zu verschaffen, mit sich führen, direkt in die Nasenlöcher.

Auf diese unerwartete, brennende Begrüßung hin machte das neugierige Kätzlein einen gewaltigen Seitensprung und entfloh niesend und pustend in direktionslosen Sätzen.

Max verhielt sich noch ein Weilchen regungslos, als er aber bemerkte, daß es seinem Gevatter Weber nicht allzu wohl zu sein schien, näherte er sich ihm.

Der Bockkäfer lag auf dem Rücken, mit schlaff herabhängenden Fühlern und Beinen. Sein Freund hielt ihn anfangs für tot, und das konnte beim ersten Anblick leicht geschehen.

„Weber!“ rief er, sich über ihn beugend, „Weber!“

Aber Weber rührte und regte sich nicht, als ob er

wirklich mit Tode abgegangen sei. Trotzdem zeigte er keine äußerliche Verletzung, keine Spur einer Quetschung.

Max berührte ihn drei- oder viermal mit einem seiner Fühler, aber vergeblich. Darauf zog er ihn bis zum Chausseegraben, um ihn für die Zeit, daß er betäubt bliebe, wenn er nicht etwa gar gestorben war, in Sicherheit zu bringen.

Wir wissen, daß der Bockkäfer keineswegs tot war, nicht einmal verwundet, aber er befand sich in jenem Zustande der Starrsucht und seltsamen Unempfindlichkeit, den man als „hypnotisiert sein" bezeichnet. In diesen Zustand verfallen viele von denen, die lange Zeit auf einen unmittelbar vor ihren Augen befindlichen glänzenden Gegenstand gestarrt haben, sie sind dann wie magnetisiert, was alle Tierarten ebensogut wie Menschen werden können.

Nach und nach erholte sich Weber wieder. Er warf einen verwunderten Blick auf die ihn umgebenden Gegenstände, auf Max, betastete seinen Körper und seine Gliedmaßen und fragte seinen Freund, was denn eigentlich mit ihm geschehen sei und weshalb er sich hier befinde. Er konnte sich auf nichts besinnen.

Der Laufkäfer war froh, ihn außer Gefahr zu sehen, und erzählte ihm, nachdem er sich erkundigt hatte, ob er keine Verletzung davon getragen habe, unter Lachen das Abenteuer, das ihm widerfahren sei, die Kapriolen, die er unter den Tatzen der Katze gemacht habe und auf welche Weise diese vertrieben worden sei. Weber sowohl wie Max wußten nichts von den merkwürdigen Erscheinungen des Hypnotismus. Sie konnten daher nicht begreifen, wie es käme, daß jener, ohne verwundet oder irgendwie verletzt zu sein, eingeschlafen sei, und im Schlafe Stöße ertragen habe, die doch sonst in der Regel ganz das Gegenteil veranlassen, nämlich, daß ein Schlafender davon wach wird.

„Dem sei nun, wie ihm wolle,“ sagte Max, „da Ihr wohlauf und unverletzt seid, so wollen wir machen, daß wir fortkommen, denn hier herum ist es keineswegs sicher.“

Die beiden Käfer nahmen ihre Wanderung wieder auf, und entfernten sich mit großen Schritten.

* * *

Diese Nacht verstrich ohne weitere Abenteuer, ebenso die nächste, aber in der Mitte der dritten gab es einen kleinen blinden Lärm.

Unsere Reisenden befanden sich schon in der Nachbarschaft des dichten Klettengebüsches, durch das die Kommission am zweiten Tag nach ihrer Abreise von früh bis abends marschiert war. Weber machte hier seinen Gefährten auf lange, helle Streifen, die abgeschälten Rinden junger Fichten, unten im Hohlweg aufmerksam, die in derselben Richtung, in der sie marschierten, verliefen. Etwas weiter vor erhob sich, wie sie sahen, wirbelnd eine Rauchwolke.

Auf diese Erscheinung hin machten sie sofort Halt, denn sie hatten die Explosion, die mit Ähnlichem angefangen hatte, nur noch zu gut im Gedächtnis.

Nachdem sie ein Stündchen gewartet hatten, ohne daß sich etwas ereignet hätte, schlichen sie sich mit kleinen Schrittchen an das Hügelchen heran, aus dem der Rauch aufstieg.

„Ich glaube,“ sagte Weber, „wir haben da nichts zu befürchten. Der Rauch kommt von einem Feuer, das im Erlöschen begriffen ist.“

„Ein Feuer?“ fragte Max, „was wißt Ihr von einem Feuer?“

„Habt Ihr niemals Feuer gesehen?"

„All mein Lebtag nicht."

„Feuer ist etwas, das immer Wärme, nachts auch Licht und meistens Rauch verbreitet."

„Ah!"

„Menschenwerk. Nur die Menschen sind imstande, wenn sie wünschen, Hitze und Licht hervorzurufen."

Max und Weber näherten sich vorsichtig dem noch rauchenden Aschenhäuflein, das sich neben dem Wege befand und das der letzte Rest eines Feuers war, welches vor ein paar Stunden noch lebhaft gebrannt hatte.

Der Bockkäfer zeigte sich, wie man bemerkt, über die Fähigkeit der Menschen, Feuer zu machen, sowie über die Eigenschaften des letzteren einigermaßen orientiert. Sein Gefährte war in dieser Beziehung weniger unterrichtet als er.

Max wollte, trotz der Warnung Webers, den Aschenhaufen besteigen, um die Rauchsäule, die seiner Spitze entstieg, genauer zu untersuchen, sank aber sofort in denselben ein, so daß nur wenig daran fehlte, daß er sich die Füße verbrannte, doch kam er noch mit einem blauen Auge davon.

Von hier aus hatten die Wanderer nur noch ein paar Stunden zu gehen, um in das Gebiet des Schwarzensteins zu gelangen. Bei der Gleichmäßigkeit des Weges, der viel weniger Hindernisse, als der bei der Abreise benutzte, bot, durften sie darauf rechnen, die Strecke in einer einzigen Nacht zurückzulegen.

Der letzte Teil ihrer Wanderung vollzog sich ohne Störung und ohne Aufenthalt und gegen Morgen des vierten Tages befanden sie sich an den Grenzen ihres Vaterlandes. Sie brauchten nur das Flußbett zu erreichen, nur noch einen Gürtel von Gestrüpp und Kräutern und einen Rasenstreifen zu durchschreiten. Das war gerade der beschwerlichste Teil ihres Weges, aber sie überwanden auch diese Hindernisse glücklich, und nach einem letzten anstrengenden Tagesmarsch kamen sie in dichtes Gebüsch und gelangten in die unmittelbare Nähe des Schwarzensteins.

„Gott sei Dank, endlich wären wir da!“ rief Max und bei diesem Freudenruf machte der wackere Laufkäfer einen Luftsprung, der durch die Verhältnisse durchaus gerechtfertigt war.

Einundzwanzigstes Hauptstück.

Eine heimliche Zusammenkunft.

Vierzehn lange Tage waren seit der Abreise der Untersuchungskommission verstrichen, und die Bevölkerung des Gebietes am Schwarzenstein erwartete ungeduldig ihre Rückkehr.

Wo war sie hingeraten? War sie völlig zugrunde gegangen und verschollen? Durfte man noch hoffen, das eine oder das andere ihrer Mitglieder wiederzusehen? Hatte sie gegen die Übel, die mit jedem Tage zunahmen, Mittel gefunden? Darum drehte sich die allgemeine Unterhaltung.

Über ihr Schicksal waren unbestimmte Gerüchte im Umlaufe. Man erzählte sich, beim Durchmarsche durch feindliches Gebiet hätte sie einen Kampf zu bestehen gehabt; von Mißgeschicken, die unter ergreifenden Umständen stattgefunden hatten — von einer furchtbaren Strafe, die an einem ihrer Mitglieder vollzogen worden sei — aber alles das hatte keine recht greifbare Gestalt. Spürte man den Quellen dieser Redereien nach, so stieß man auf nichts Gewisses, als auf das ewige „man sagt" und weiter nichts.

Gegen Ende der zweiten Woche hatte die Unruhe im Volke ihren Gipfelpunkt erreicht. Man fing stark an zu zweifeln, daß man die Reisenden jemals wieder zu sehen bekommen würde, und manche waren der Ansicht, man solle eine zweite allgemeine Volksversammlung einberufen, als eines Morgens das Gerücht mit aller Bestimmtheit auftrat, es seien zwei Mitglieder der Kommission in der Nachbarschaft gesehen worden, als sie mit Bewohnern des Bezirkes gesprochen hätten. Aber niemand konnte mit Sicherheit sagen, ob dieses Gerücht in der Tat besser begründet sei als die früheren.

Wir wissen, daß das der Fall war.

Max und Weber waren nach Sonnenuntergang im Gesichtskreise des Schwarzensteins eingetroffen; aber es war vollständig Nacht geworden, als sie dessen Fuß und die Ebene, die sich um ihn erstreckte, erreicht hatten. Diese Ebene, auf der die große allgemeine Volksversammlung stattgefunden hatte, war eine Art Gemeindeplatz oder ein Forum, wo man sich traf, wo man die Tagesereignisse besprach, über Neuigkeiten allerlei Art und über die Tätigkeit der politischen Parteien plauderte, kurz über alles, was die Angehörigen einer aus so verschiedenen Elementen, wie man sich denken kann, zusammengesetzten Bevölkerung interessieren konnte.

„Gott sei Dank! Endlich wären wir da," hatte Max gerufen, als er die Gegend wiedersah, in der er jeden Stein kannte. „Nun handelt es sich nur darum, was wir tun wollen und wie wir es anfangen, unseren lieben Mitbürgern die Neuigkeiten, die wir bringen, mitzuteilen."

„Ich habe auch schon darüber nachgedacht," sagte Weber.

„Nun, und das Resultat Eures Nachdenkens?"

„Einige von den Alten, von den einsichtsvollen Köpfen des Landes, müssen zusammengebracht werden, um uns anzuhören, und es muß mit ihnen zusammen ein Plan gefaßt, es müssen genaue Verhaltungsmaßregeln getroffen werden, die wir dann unseren Mitbürgern in einer allgemeinen Schlußversammlung entwickeln."

„Das nenne ich eine Idee!"

„Ja, eine gute Idee! Je mehr ich darüber nachdenke, desto mehr neige ich mich der Ansicht zu, daß das der einzig richtige Weg ist, der unter den gegenwärtigen Umständen eingeschlagen werden kann. Wenn wir jene allgemeine Versammlung einberufen, ohne ihr einen fertigen Plan vorlegen zu können, so gibt es ein Hin- und Hergerede ohne Ende, man gerät vielleicht sogar scharf aneinander, und das Resultat ist gleich — Null. Mir scheint aber, daß unser Plan unbedingt verwirklicht werden muß."

„Ihr habt einen Plan?"

„Allerdings, er lautet: auswandern, auswandern en masse!"

„Das Mittel wäre ja gut, aber — es ist auch verteufelt kräftig!"

„Das ist es. Es ist eine harte Notwendigkeit, das verkenne ich durchaus nicht. Aber was ist zu tun? Gegen große Übel helfen nur große Mittel!"

„Ich befürchte eine sehr starke Opposition!"

„Wir werden sie überwinden. Welches andere Mittel könnten die Opponenten ihrerseits in Vorschlag bringen?"

„Ich wüßte keines. Außerdem ist das später zu beraten und zu untersuchen. Wo gehen wir jetzt hin?"

„Zum alten Textor, meinem würdigen Ohm. Bei ihm kommen alle Abende die gescheitesten Köpfe des Bezirkes zusammen. Da habt Ihr eine Werre, zwei Heuschrecken, Verwandte von Joseph Joachim Geiger, der mit von der Expedition war, ein Heimchen, drei Käfer aus der Sippe derer von Helops, einige Schaben, eine Spinne aus der hochangesehenen Familie der Segestrien, einen großen Tausendfuß, ein halb Dutzend Asseln, lauter betagte und erfahrungsreiche Leute."

Wie man sich denken kann, machte der Eintritt der beiden ehrenwerten Abgeordneten in der Gesellschaft Aufsehen. Sie wurden alsbald umringt und mit Fragen bestürmt, weshalb sie so lange fortgeblieben wären? Was aus ihren Gefährten geworden sei? Was sie gesehen, was sie gehört, was sie erfahren hätten?

Nachdem die erste Neugierde befriedigt war, ersuchte man Weber, die Ereignisse eingehender zu erzählen, was er in sehr sachlicher Weise tat.

Der Bericht des Bockkäfers war lang und interessierte seine Zuhörer auf das Lebhafteste. Die Beschreibung, die er von der Talsperre gab, erregte allgemeines Staunen. Man ließ nicht nach, sich nach ihrer Länge, ihrer Höhe, ihrer Dicke zu erkundigen, aus was für Material sie bestände? was wohl die Menschen vermocht haben könnte, einem ganzen Lande das zum Leben doch so notwendige Wasser abzuschneiden, um es auf der anderen Seite des ungeheueren Dammes zu sammeln und zurückzuhalten?

„Ihr seht," sagte Weber zum Schlusse, „daß die Verhältnisse, unter denen wir sonst hier lebten, sich von Grund aus verändert haben. Der Fluß, der das Gebiet hier durchströmte und belebte, ist für immer dahin, seine Wässer sind ausgetrocknet, die Willkür der Menschen hatte sie für immer in andere Gegenden abgeleitet. Wir dürfen uns in dieser Beziehung nicht der geringsten Täuschung hingeben. Es gilt jetzt ohne Zaudern zu untersuchen, was zu tun ist, welche Vorschläge wir unseren Mitbürgern gegen-

Eine geheime Zusammenkunft.

über so trüben Aussichten zu machen haben. Das ist es, worüber wir zunächst schlüssig werden müssen."

„Verdammt seien die Menschen!" knurrte der alte Textor ingrimmig. „Wer hätte je geglaubt, daß dieses vordem so blühende, lachende, glückliche Land durch eine bloße Laune jener Tyrannen in eine unbewohnbare Steinwüste verwandelt werden würde?"

„Wenn ihr Interesse in Frage kommt," sagte die Werre, „so scheren sie sich den Teufel um das Leid, das sie uns bereiten."

„Woraus folgt," bemerkte eine Schabe, „daß auch wir in keiner Weise gehalten sind, auf sie auch nur die geringste Rücksicht zu nehmen."

„Ganz gewiß nicht," stimmten die Anwesenden bei.

„Nun," fuhr die Schabe ermutigt fort, „warum zerstören wir denn jene Talsperre nicht?"

Ein längeres Stillschweigen folgt auf diesen kecken Vorschlag.

„Das ist unmöglich," sagte Weber endlich.

„Weshalb unmöglich?"

„Das Bauwerk ist viel zu fest."

„Ich gebe zu, daß hundert, oder tausend oder hunderttausend Insekten nichts gegen jene Mauer auszurichten vermögen, aber wir zählen nach Millionen! Wenn auch jeder einzelne von uns nur schwach ist den Menschen und seinen Werken gegenüber, so sind wir stark durch unsere Zahl."

„Mag sein, daß Ihr recht habt, wenn es sich darum handelt, die Person des Menschen anzugreifen, aber wie wollen wir gegen jenes Steinwerk aufkommen?"

„Gegen die Steine freilich nicht, das gebe ich unbedingt zu, aber könnten wir den Boden unter ihnen nicht unterhöhlen und dadurch machen, daß sie zusammenstürzen? Was wir nicht tun, das tut der gewaltige Druck des Sees dort oben."

Ein beifälliges Murmeln durchlief die Versammlung. Die Worte der Schabe erzielten unverkennbar einen gewissen Erfolg.

„Ich wiederhole Euch: das ist unmöglich!" antwortete Weber. „Euer Vorschlag hat für den ersten Augenblick etwas Bestechendes, doch hält er eine nähere Prüfung nicht aus. Aber Ihr wäret gar nicht darauf verfallen, hättet Ihr, wie Max und ich jene furchtbare Mauer gesehen. Das ist nicht etwa nur ein so gewöhnliches Bauwerk, sondern ein wahrer Berg von Steinen, quer durch das Tal errichtet. Außerdem steht es nicht auf Erde, wie Ihr zu denken scheint, sondern auf dem natürlichen, gewachsenen Felsen selbst. In solche Felsenwände hat man seine Endseiten eingelassen. Diese Masse zu unterwühlen und zu untergraben übersteigt Euere Kräfte bei weitem, verlaßt Euch darauf, ebensogut könntet Ihr den Berg da vor uns zum Einsturz bringen. Tausende und abertausende von Insektengenerationen würden sich da vergeblich aufreiben."

Max bestätigte hier die Worte Webers.

„Nun, habt ihr uns ein anderes Mittel vorzuschlagen?" fragte ein Grashüpfer.

„Es gibt einen Weg, den man einschlagen könnte," sagte der alte Textor, „aber ich glaube, daß auch er keine Aussicht hat, zum Ziele zu führen."

„Redet immerhin," ließen sich einige Stimmen hören.

„Weber hat uns erzählt, jener Damm sei von den Einwohnern von Hellenburg, einer sehr ansehnlichen Stadt weiter unten im Tale der Bucha, aufgerichtet worden. Könnten wir nicht eine Deputation entsenden, die ihnen schildert, welch bitteres Leid und Unrecht durch die Sperrung der Maina geschieht?"

„Man wird besagte Deputation zum Teufel jagen,“ sagte Max.

„Man könnte einen Prozeß gegen die Hellenburger anstrengen,“ sagte ein altes Heimchen, das lange bei einem Rechtsanwalt gehaust hatte, und nicht ohne Kenntnis in juristischen Dingen war.

„O weh! ein Prozeß!“ riefen mehrere.

„Freilich!“ erwiderte das Heimchen, „aber das Recht ist auf unserer Seite.“

Ein ungläubiges Lächeln begleitete die Worte des alten Juristen.

„Lacht soviel ihr wollt,“ fuhr dieser fort, „ich kenne meine Gesetze. Die Menschen haben ein Buch, sie nennens ‚Bürgerliches Gesetzbuch‘, in dem stehen die Gesetze. Ich hab's gelesen, dieses Buch, während ich bei meinem Rechtsanwalte lebte. Es ist eine äußerst unterhaltende Lektüre und in mustergültigstem Deutsch geschrieben. Lauter kleine Sätze, die kein Mißverständins aufkommen lassen, es ist eben ein wirklich „bürgerliches“ Buch, das auch der schlichteste Bürgersmann verstehen kann, wie es sich selbstverständlich für ein solches Buch auch schickt.“

Das Heimchen erzählte nun ein Weiteres und Breiteres, führte auch ein paar Paragraphen dem Wortlaute nach an, nach denen die Insekten wohl annehmen dürften, daß das Recht völlig auf ihrer Seite sei und sie den Prozeß unbedingt gewinnen müßten.

„Es ist ja möglich,“ gab eine alte Schabe kopfschüttelnd zu bedenken, „daß das Recht auf unserer Seite ist, und ich bin sogar davon überzeugt, aber das beweist noch lange nicht, daß wir es auch bekommen und unseren Prozeß gewinnen werden.“

„Weshalb nicht?“ fragte das gelehrte Heimchen.

„Weshalb nicht? Nun, weil das Bürgerliche Gesetzbuch von Menschen für Menschen gemacht ist, und weil die Menschen uns Insekten kein Recht zugestehen, nicht einmal das, zu leben. Ja, ja, für sie sind wir rechtlos, mein Freund, und stehen vollkommen außerhalb des Gesetzes. Sie haben die Gewalt, und sie mißbrauchen sie. So ist's! Und hätten wir tausendmal mehr recht, wir würden gegen sie den Prozeß doch verlieren. Wir können ihn nicht einmal anstrengen!"

„Und weshalb nicht?"

„Aus einem höchst einfachen Grunde. Ich bin überzeugt, kein Rechtsanwalt, auch Eurer nicht, Heimchen, würde die Klage annehmen. Jedenfalls wäre sein erstes: Vorschuß, Vorschuß und noch einmal Vorschuß! zu verlangen, denn er würde den Hals nicht voll genug bekommen können, der Haifisch! Und woher sollten wir das Ungeld für all die Vorschüsse nehmen?"

„Aber, beste Freunde," warf Weber mit Achselzucken dazwischen, „das ist ja doch alles nicht ernst zu nehmen. Ich dächte, wir wären hier nicht zu dem Ende versammelt, um Scherz zu treiben und Witze zu machen, sondern um zu beraten, welche Maßregeln angesichts der drohenden Hungersnot zu nehmen sind. Ich bin da mit mir selbst schon lange im reinen und, wenn niemand unter euch einen besseren Vorschlag weiß, als die bis jetzt gemachten, so will ich euch den meinigen mitteilen."

Das alte, gelehrte Heimchen, ein verdienter, daher natürlich auch verknöcherter Jurist, schien nicht sehr erbaut über die Art und Weise, in welcher der Bockkäfer seine Prozeßidee etwas kavaliermäßig behandelte und beiseite schob, indem er die Diskussion kurzweg abschnitt und die Sache für einen Scherz erklärte. Es machte indessen seiner schlechten Laune bloß durch einige halblaut gemurmelte

Worte Luft, die niemand verstand und wobei auch niemand etwas verlor.

Weber wurde gebeten, seinen Plan zu entwickeln, und er tat es mit folgenden Worten:

„Das Land, das wir bewohnen, werte Freunde, ist in Zukunft der Verödung geweiht. Wenn wir einige Hoffnung hätten, daß sich die Lage, die wir den Menschen verdanken, eines Tages bessern, und daß die Verhältnisse, unter denen wir einst lebten, wiederkehren würden, dann könnten wir einstweilen unsere Prüfungen und Entbehrungen hinnehmen und die Wiederkehr glücklicherer Zeiten abwarten. Aber, — das hieße sich Illusionen hingeben, deren Folgen sich später schwer rächen würden, wenn wir gar zu vertrauensselig sein wollten. Die Wohlfahrt unseres Ländchens ist für alle Zeiten dahin. Die Menschen haben es vergewaltigt, haben es ruiniert. Wir können nichts Besseres und nichts anderes und — ganz besonders — nichts Eiligeres tun, als es ihnen zu überlassen!“

„Das heißt mit anderen Worten: wir müssen von dannen,“ murmelte der Tausendfuß.

„Das ist mein Vorschlag,“ antwortete ihm Weber. „Das müssen wir mit unseren Mitbürgern beraten. Freilich: die Maßregel ist hart, sehr hart. Für viele bedeutet sie den Tod, ich gebe mich darüber keinen Täuschungen hin, aber es ist nun einmal eine Notwendigkeit, ich sehe für unser Volk kein anderes Mittel und kein anderes Heil als — die Auswanderung en masse!“

„Ich für meine Person,“ erklärte der Tausendfuß, „fürchte mich nicht vor einer Auswanderung.“

„Wir auch nicht, wir auch nicht,“ riefen die Asseln, die Grashüpfer und die Schaben.

„So werden es wohl nur die Blattläuse und eine Anzahl von Larven sein, die an dem Plan etwas auszusetzen haben werden," bemerkte der Tausendfuß.

„Wahrscheinlich," sagte Weber, „aber was die Blattläuse angeht, so mögen doch ihre Freundinnen, die Ameisen, sie fortschaffen und die Larven — nun, man könnte sie auffordern, ihre Verwandlung zu beschleunigen."

„Sehr wohl," ließ sich der alte Textor hören, „wir haben die Notwendigkeit der Auswanderung einstimmig als notwendig anerkannt! Selbst Menschen wandern aus und zwar häufig, weshalb sollten wir es nicht tun? Wir müssen das aber vor eine allgemeine Volksversammlung bringen, wo man nicht verfehlen wird, zu fragen, wohin denn dann die Reise eigentlich gehen soll."

„Ich habe eine solche Frage seitens unserer Mitbürger vorausgesehen," antwortete Weber. „Als ich oben am See, bei meinen Vettern, den Cerambyciden, war, habe ich genaue Erkundigungen eingezogen und folgendes erfahren: mehrere Tagereisen von hier talaufwärts gibt es große, nur sehr dünnbevölkerte Gelände, wo der Ansiedlung unseres Volkes nichts entgegenstände. Jene Gelände sind es, denen ich vor allen anderen bei der Verlegung unseres Vaterlandes den Vorzug geben möchte. Sie enthalten Wiesen, Baumgruppen und kleine Gehölze und sind durchrieselt von zahlreichen frischen Bächlein, auch gibt es dort etliche Teiche und Weiher. Feld- und Wiesenblumen wachsen allenthalben im Überflusse und bieten verschiedenen Familien und Ständen die zum Leben und zum Wohlbefinden nötigen Dinge in Hülle und Fülle. Kein anderes Gebiet schien mir von der Natur gleich reich und gleich günstig ausgestattet zu sein. Mit einem Worte, wenn irgend ein Fleck auf Gottes Erde uns unser teueres Heimatstal zu ersetzen vermag, so ist er dort droben zu finden."

„Hurra! Hurra, es lebe das neue Vaterland! Es lebe Weber!" schrieen die Anwesenden.

Die Kinder Israel können bei der Verheißung des Landes Kanaan dem Moses nicht mehr zugejubelt haben.

„Vetter," sagte Textor, als die allgemeine Begeisterung sich gelegt hatte, zu Weber, „ich glaube Euren Worten, aber wie kommen wir in jenes gelobte Land?"

„Wenn wir hier rechts und links die beiden Talabhänge aufwärts steigen wollten, so würden wir in fast endlose Wälder geraten, wo viel unserer Mitbürger ihr Fortkommen nicht finden würden. Hinab in das Buchatal zu steigen, scheint mir noch bedenklicher. Dieses Tal ist sehr volkreich, und seine Bewohner würden sich nicht so mir nichts, dir nichts überfallen und aus ihrem Lande verdrängen lassen, ohne kräftigen und hartnäckigen Widerstand zu leisten. Diese schweren Gefahren können wir vermeiden, wenn wir uns den Hochplateaus zuwenden."

„Hattet Ihr nicht vorhin gesagt, daß diese Hochplateaus schon bewohnt seien?" fragte ein Schabe.

„Ja, aber im Verhältnis zu ihrer Ausdehnung doch nur wenig. Vielleicht müssen wir fechten, um uns dort niederzulassen. Aber es handelt sich höchstens um einige nomadisierende Horden wilder Völkerschaften, die unseren Kolonnen entgegentreten könnten."

„Also eine völlige Eroberung."

„Ein Einbruch."

„Freilich, leider, es ist eine betrübende Tatsache, aber die bittere Notwendigkeit zwingt uns dazu," sagte Weber zum Schlusse.

Die Anwesenden fragten Weber noch nach diesem und jenem, was die Gegenden und Verhältnisse des neuen Vaterlandes betraf: was für Hilfsmittel zu leben man dort finden würde? Welcher Art die Bewohner seien? Wie es mit dem Pflanzenwuchse und dem Klima stände? und dergleichen mehr. Auf alle diese Fragen gab der wohlunterrichtete Bockkäfer bereitwilligst Antwort, so daß sie alle zufriedengestellt wurden und einhellig seinem Plane zustimmten. Sie kamen überein, diesen völlig ausgearbeitet der Generalversammlung vorzulegen, zu deren baldiger Einberufung sie sich demnächst anschicken wollten. —

Als der Termin der Versammlung wurde der übernächste Tag bestimmt, und zwar nach Sonnenuntergang, während am nächsten die Einladungen erfolgen sollten.

Nachdem alles dergestalt anberaumt war, verabschiedete man sich von Textor, um noch bis zum anderen Morgen Kuriere nach allen Richtungen abzufertigen. Die Grashüpfer unterzogen sich dieser Bürgerpflicht.

* * *

Während des auf jene geheime Versammlung folgenden Tages war das ganze Gebiet um den Schwarzenstein herum in einer gewissen Gärung. Die Nachricht von der unvermuteten Rückkehr Maxens und Webers hatte sich wie ein Lauffeuer verbreitet, und ihre Reiseabenteuer wurden auf alle mögliche Art erzählt und wiedererzählt und kommentiert und an allen Stammtischen durchgeklatscht.

Die zweite Generalversammlung fand am festgesetzten Tage zur bestimmten Stunde statt. Wir brauchen sie nicht zu beschreiben, wir wollen nur erwähnen, daß sie lang und stürmisch war. Weber präsidierte. Der Krebs, der bei der ersten Versammlung die Debatte geleitet hatte, war eines Tages verschwunden, niemand wußte wohin. Die Beschlüsse, die gefaßt wurden, werden wir im nächsten Hauptstücke kennen lernen.

Zweiundzwanzigstes Hauptstück.

Die Auswanderung.

In der Nacht des 31. Juli 1877 — ein ewig denkwürdiges Datum in den Jahrbüchern der Insektenwelt des Mainatales — bot der Weg, der den Krümmungen des früheren Flusses folgte, in der Gegend des Schwarzensteins einen höchst seltsamen Anblick.

Die betreffende Nacht war dunkel. Der Mond, der einige Tage vorher voll gewesen war, ging erst gegen Morgen auf, nur der schwache Schimmer der Sterne beleuchtete die Szene, die wir zu beschreiben versuchen wollen.

Der helle Boden des Weges schien, soweit man ihn vorwärts und rückwärts überblicken konnte, mit großen, dunklen Flecken übersäet. Diese Flecke bewegten sich. Sie rückten langsam und gleichmäßig vor, als ob sie aus einer Menge belebter Wesen beständen, die alle die gleiche Richtung verfolgten.

Und so war es auch.

Die Bevölkerung des unteren Mainatales hatte die Nacht des letzten Juli zum ersten August dazu bestimmt, jene lange Reise zu beginnen, an deren Ende sie ein Land zu finden hoffte, das alle Hilfsmittel, die ihnen das verlassene nicht mehr bot, im Überflusse hegte.

Es war ihr gesagt worden, weit von hier, droben, wo ihr Tal seinen Anfang nehme, seien dünnbevölkerte

Gefilde, bloß bewohnt von verstreut lebenden, halb nomadenhaften, wilden Horden, die der Besitznahme ihres Gebietes keinen Widerstand würden leisten können, wenn man in Massen eindränge.

So hatte man sich entschlossen, mit Kind und Kegel auszuziehen und jenes gelobte Land gewaltsam zu erobern, wenn man nicht ein Teil davon gutwillig abgetreten bekommen könnte.

Die ungeheuere Schar der Auswanderer hielt eine vorher von Max und Weber sorgsam bestimmte Marschordnung ein.

Diese beiden hatten durch die Beteiligung an der Untersuchungskommission und die Kenntnis, die sie über die Gegenden am See hinter der Talsperre und über die dorthin führenden Wege erworben hatten, eine gewiß naturgemäße Autorität erlangt. So waren sie denn von ihren Mitbürgern auserwählt worden, die Auswanderung zu organisieren und zu leiten. Sie wurden in der Ausführung ihres Amtes von einigen der Ältesten der Bevölkerung unterstützt, und man war übereingekommen, daß sie am nächsten Abend ihre Disposition getroffen haben sollten.

Die Auswanderer, Individuen von jedem Alter und Geschlecht, hatten sich in der ungeheueren Menge von fünf bis sechs Millionen aufgemacht und boten ein bunt zusammengewürfeltes Bild der verschiedensten Insektenformen.

Ein starkes Geschwader Laufkäfer eröffnete den Zug, ihnen folgte eine Kompagnie Bombardiere. Dann kam das Volk der Grashüpfer, das sich in der Voraussetzung, daß es dazu bestimmt sei, die Lebensgeister der Wanderer durch etliche kriegerische Fanfaren anzufeuern, eigenmächtig mit an die Spitze gestellt hatte. Es war schwer, ihnen zu Gemüte zu führen, daß sie erstens einmal gar keinen

Der Auszug der Insekten aus dem unteren Mainatale.

dahinzielenden Auftrag erhalten hätten, daß man sie zweitens vielmehr dringend ersuche, im größten Schweigen vorzurücken, denn bei einem Nachtmarsche wären ihre Musikstückchen doch nicht so recht angebracht. Nach vielem Hin- und Herreden hatten sie sich zwar schließlich betreffs des zweiten Punktes gefügt, aber nichtsdestoweniger darauf bestanden, den angemaßten Platz in der Zugordnung zu behalten. Ihnen folgten die Schaben und Ohrwürmer, dann die überaus zahlreichen Scharen der Käfer, der Larven aller Art, die dichtgedrängten Heersäulen der Ameisen, unter denen einige mit Bagage von der mannigfachsten Beschaffenheit beladen waren, lange Züge von Spinnen und schließlich ein Troß von allerlei Getier, das sich Hals über Kopf vorwärts hastete aus Furcht vor der Nachhut, deren Nachbarschaft keineswegs sehr vertrauenerweckend war, angegriffen zu werden.

Diese Nachhut bestand nun allerdings aus der ganzen Masse der Sippe der Laufkäfer, mit Ausnahme der an der Spitze marschierenden großen Karaben und Bombardierkäfer. Die Organisateure der Auswanderung hatten ihnen diese Stelle mit gutem Bedacht angewiesen, da sie eine Art Feldgendarmerie bildeten und verhinderten, daß der Schwanz von Nachzüglern ins Unendliche wachse.

Diese unzählbare Schar folgte sich in einem Zuge, dessen Länge man gut und gern auf 60—80 m schätzen durfte.

Es war den Auswanderern bestimmt vorgeschrieben, in allen Punkten den Bewegungen des Vortrabs zu folgen, Halt zu machen, wenn der Halt mache, nach ihrem Beispiel das Marschtempo zu beschleunigen oder zu verlangsamen, und namentlich sich nach rechts und links zu teilen und sich von der Mitte der Chaussee in die sie begleitenden Gräben zu verfügen, wenn die Avantgarde dieses Manöver ausführe. Diese Anordnung war mit Rücksicht darauf getroffen worden, daß es sich möglicherweise nötig machen könnte, die Bahn einem Feinde gegenüber freizugeben, der zu groß sei, als daß man es wagen dürfe, ihn anzugreifen, wie etwa ein Mensch oder ein Pferd oder wie manche leblose Dinge, z. B. ein Wagen.

* * *

Die erste Marschnacht verlief gut; die Schar der Auswanderer hatte keine unangenehme Begegnung.

Bei Sonnenaufgang zog sie sich in das Gebüsch zurück, das die Straße an beiden Seiten einfaßte, sowohl um den Gefahren eines Marsches bei Tage zu entgehen, als auch, um zu furagieren. Als der Abend sich senkte, ordnete sich der Zug wieder und setzte sich aufs neue in Bewegung.

In der dritten Nacht kam man in die Nähe des Deiches. Hier mußte die Vorsicht verdoppelt werden, da man sich menschlichen Wohnungen näherte. Alles ging gut bis gegen Morgen, wo plötzlich eine den Weg bergab ziemlich rasch nehmende Hammelherde erschien. Bei diesem Anblick öffneten sich die Reihen, um ihr die Straße frei zu machen, aber doch nicht rasch genug, daß sich alle beizeiten hatten retten können. Infolgedessen gab es Verwirrung und zahlreiche, zum Teil tödliche Verletzungen.

Am Morgen des vierten Tages erblickten die Auswanderer zum erstenmal den Damm und darauf die Fläche des großen Sees. Alle machten, überwältigt von diesem großartigen Anblick, Halt. Zwar waren sie durch die Erzählungen Webers und Maxens auf ihn vorbereitet, aber die erhabene Schönheit der Wirklichkeit übertraf alles, was sie sich in ihrer Einbildung vorgestellt hatten.

Im Rate der Häuptlinge war beschlossen worden, daß man in hiesiger Gegend einen Aufenthalt von zwei Tagen nehmen wolle. Ein solcher Zeitraum machte sich nötig, wenn man den Schwachen und Kranken die nötige Ruhe, deren sie dringend bedurften, gönnen wollte, außerdem wurde es dadurch den Nachzüglern möglich, sich mit dem Gros des Heeres wieder zu vereinigen.

Weber nahm diese Zeit wahr, um sich zu jener Buche zu begeben, an deren Fuß er den Haushalt seiner lieben, alten Freunde, der beiden Grillens, zurückgelassen hatte. Er hoffte, in ihrer Gesellschaft auch Phili und Marcha wiederzusehen.

Er fand die Stelle, wo er etliche Zeit vorher glücklich ans Land gestiegen war, wieder, und er begab sich sofort an die ihm wohlbekannte Stelle, wo er auch bald die, welche er suchte, fand.

Grillens hatten sich dicht bei der Buche eine bequeme Wohnung gegraben. Sie dachten hier ihre Tage zu beschließen. Sie erzählten Weber, daß Phili oft käme, sie zu besuchen und daß er von Tag zu Tag mehr von seinem neuen Aufenthaltsorte entzückt sei, an dem er nur eins auszusetzen fände: seine zu dünne Bevölkerung. Abgesehen davon sei alles vortrefflich, und Phili sei sehr mit der Schöpfung des schönen Sees, eines Werkes von Menschenhand, zufrieden.

Auch Marcha befand sich in Anbetracht ihres krüppelhaften Zustandes so wohl wie möglich. Der traurige Tod Moritzens entlockte dem guten Mädchen Tränen der Teilnahme und des Schmerzes. Man wird sich erinnern, daß sie für den wackeren Karabus II. stets eine ausgesprochene Vorliebe gezeigt hatte.

Als Weber sich wieder mit Max vereinigt hatte, hörte

er von ihm, daß die, wie wir schon sagten, zahlreiche Uferbevölkerung sich über das plötzliche Erscheinen der Emigranten sehr beunruhigt hätte. Ihre Unruhe habe sich aber wieder gegeben, seitdem man sie davon in Kenntnis gesetzt habe, daß die ganze Menge nur durchmarschieren wolle und daß ihr Aufenthalt im Lande nur ein vorübergehender sei und keine Niederlassung bezwecke.

Das war der Wunsch und auch die Absicht der Chefs. Aber es stellte sich heraus, daß, als man aufbrechen wollte, mehr als die Hälfte der Auswanderer beim Appell fehlte. Besonders waren die Horden der Spinnen und Laufkäfer außerordentlich gelichtet. Sie hatten das Land hierherum ungewöhnlich reich an Beute aller Art gefunden und waren in Menge desertiert, um sich hier, sehr zum Mißvergnügen der alten Einwohner, für immer niederzulassen. Auch die Raupen und Larven zeigten sich wenig geneigt, die Wanderung noch weiter fortzusetzen, denn das Gebüsch am Rande des Sees und an den Abhängen der umgebenden Berge lieferte ihnen einen Überfluß an Blattwerk von allerlei Art. Die Vegetation schien ihnen außerdem hier in dieser herrlichen Gegend sehr üppig und sie stand in ihren Augen zu der, die sie hinter sich gelassen hatten, im auffallendsten Gegensatz. Es war aber gar nicht unwahrscheinlich, daß die neuen Ankömmlinge sich dieser Wohltaten nicht ungestört erfreuen sollten. Alle anderen, denen es wenig verlockend schien, alle Tage fechten zu müssen, um leben zu können, versammelten sich auf die Zeichen der Häuptlinge. Darauf begab man sich auf den Marsch.

Der Weg oberhalb des Sees verlor den Charakter einer Heerstraße und nahm den eines einfachen Landwegs an, wie es vordem überhaupt im ganzen Tale auf und ab nur solche gegeben hatte. Man sah die Maina, die liebe, alte Maina wieder, wie man sie einst auch dort unten im Heimatstale gekannt hatte. Jene enge Talschlucht, der man sich immer mehr näherte, bot noch den erquickenden Anblick einer dem freien Walten der freien Natur überlassenen Gegend. Menschen betraten hier den Boden nur selten und in großen Zwischenräumen der Zeit und dem Orte nach. So konnte die Heerfahrt ohne Gefahr auch am Tage vor sich gehen, und man machte nur Halt während der heißesten Stunden.

Unsere Insekten fühlten wieder jene Empfindungen von ehemals, deren sie lange schon entwöhnt waren, in ihre Brust einziehen. Früher so bekannte und ach! so teuer gewesene Töne schlugen wieder an ihr Ohr. Sie lauschten mit Entzücken dem Trillern des Hänflings, des Stieglitz und der Heidelerche, den klangvollen Lauten eines Kuckucks, der sich allerdings noch mehr als die anderen Vögel in der Jahreszeit irrte, dem Girren der wilden Tauben und den harmonischen Flötentönen der Drossel, dem Schnarren der Heuschrecken, dem Summen und Brummen der Bienen und Hummeln und tausend anderen Lauten. Sie erblickten wieder einmal die buntfarbigen Schwärme der Schmetterlinge, und als ob keiner ihrer Sinne leer ausgehen solle, sogen sie mit Wonne den Duft der lieben Blumen ein, anstatt der übeln Gerüche, die lange schon den langsam austrocknenden Gewässern der Maina entstiegen waren.

Auch hier lichteten sich die Reihen wieder. Zahlreiche Wanderer fanden diese Stätten ganz nach ihren Geschmack. Als die Heersäule die Wälder hinter sich ließ und sich den Hochplateaus näherte, hatte sie etwa noch den dritten Teil der Stärke, in der sie ausgezogen war.

* * *

Wenn man das Tal der Maina noch weiter aufwärts verfolgt, sieht man, in dem Maße, wie man steigt, daß die waldbedeckten Hügel immer weniger steil abfallen und immer weichere Konturen zeigen.

Das Gebüsch lichtet sich, es verliert allmählich sein dichtes, undurchdringliches Aussehen. Auf Eichen, Erlen, und Ulmen folgen luftige, duftige Birken, knorrige Weiden, Wacholderbüsche, hier und da die zerzausten Gipfel verkrüppelter, dicht mit Flechten bewachsener Buchen. Diese Veränderung verkündet die Nachbarschaft der Hochplateaus, wo der Sturm während des größten Teiles des Jahres das Regiment führt. Das Heidekraut aber erscheint viel dichter und viel üppiger, und bald wird man sein ausschließliches Herrscherreich betreten.

Noch einige Schritte aufwärts, und das Gebiet der Hochmoore entrollt sich in seiner ganzen, wilden Größe den Blicken.

Hier stört kein Baum, kein Busch die Aussicht in die Ferne. Heidekraut, nichts als Heidekraut! Eine weite, weite wellige Fläche, deren Grenzen am Horizont mit dem Himmel verschwimmen, rot, mattgrün oder trübbraun von Farbe, je nach der Jahreszeit und der Tageszeit — aber immer ist der Anblick ernst und schwermütig. Doch nein! während einiger kurzen Sommerwochen nicht, wenn das frisch ergrünte Heidekraut blüht und von rosigem Schimmer übergossen ist. Das ist die Zeit, wenn Millionen und aber Millionen von roten Blümchen sich im heißen Sonnenschein öffnen und allmählich die zierlich beblätterten Ästchen des Heidekrauts farbig schmücken.

Ringsum aber kein fröhlicher Laut. Das melancholische Schweigen der weiten Fläche wird nur ab und zu einmal von dem traurigen Rufe eines einsamen Vogels unterbrochen.

Diese Stätten, die auch dann, wenn überall sonst die Natur uns zulacht, nur den eigenen Reiz der Einsamkeit und Schwermut haben, diese Stätten machen im Winter, wenn sich ein immer trüber Himmel über sie spannt, den Eindruck der unbeschreiblichsten Verlassenheit. Hier rasen Regenschauer, Schneegestöber und Stürme um die Wette. Schlimm für den, der sich verirrt, besonders in der Nacht. Verräterische, unter einer trügerischen, schwachen Pflanzendecke versteckte Schluchten verschlingen ihn und lassen ihn verschwinden für immer. In dieser Jahreszeit scheint alles Leben erstorben. Die Insektenhorden und einige wenige Lurche und Reptilien, die einzigen seßhaften Bewohner dieser Höhen, haben sich dann unter die Erde in ihre versteckten Winterquartiere zurückgezogen und schlafen, in tiefe Starrsucht verfallen, den Strahlen der Lenzessonne entgegen.

* * *

Die Hochmoore hatten wieder einmal ihr rosiges Heidekrautgewand angetan, als unsere Insekten, acht Tage nach dem Halt am See, dort oben eintrafen. Einige ließen sich durch das Fremdartige und durch die vorübergehende Schönheit verleiten, sich hier anzusiedeln, aber die Mehrzahl machte kehrt und begab sich zum Waldesrand zurück. Max gehörte zu ihnen. Webers Mission war erfüllt, er verabschiedete sich von den treuen Genossen heiterer und trüber Stunden und beschloß, sich am See niederzulassen, unweit der Buche, an deren Fuße das Grillesche Ehepaar hauste. Er suchte sich eine bequeme, ihm zusagende Wohnung, in der Nähe seiner alten Freunde, mit denen er den täglichen Verkehr, der durch die politischen Ereignisse der letzten Zeit unterbrochen gewesen war, wieder anknüpfte. Ihre Unterhaltungen drehten sich meist um frühere Zeiten.

Der alte Vater Grille entschloß sich eines Tages, die Erlebnisse und Abenteuer Webers niederzuschreiben, wie er es mit seinen eigenen schon getan hatte.

Diese Memoiren spielte uns ein Zufall in die Hände. Wir haben sie hiermit dem Publikum übergeben, nachdem wir uns der Genehmigung des Verfassers hierzu versichert hatten, als einen vielleicht nicht uninteressanten Beitrag zur „Allgemeinen Geschichte der Insekten". Seit etwa einem Jahre haben wir von den Helden dieser Erzählung nichts weiter gehört und gesehen.

Haben sie endlich ein friedliches Dasein dort in ihrer kleinen Kolonie am Seeufer gefunden, oder sind sie zu einem noch friedlicheren, in dem es keine Not, keine Sorge, keinen Kummer mehr gibt, abberufen worden?

GPSR Compliance

The European Union's (EU) General Product Safety Regulation (GPSR) is a set of rules that requires consumer products to be safe and our obligations to ensure this.

If you have any concerns about our products, you can contact us on ProductSafety@springernature.com

In case Publisher is established outside the EU, the EU authorized representative is:

Springer Nature Customer Service Center GmbH
Europaplatz 3
69115 Heidelberg, Germany

Batch number: 10682421

Printed by Printforce, the Netherlands